식생활과
문화

" 이 책을 펴내며 "

    최근 수요 미식회, 삼시세끼, 한식대첩, 냉장고를 부탁해, 오늘 뭐 먹지?, 집밥 백선생, 맛있는 녀석들, 식신로드, 테이스티 로드 등 TV를 켜면 일명 '먹방'이라고 불리는 요리 프로그램들이 인기리에 방영되고 있다. 심지어 자신은 다이어트를 하면서도 음식에 대한 원초적인 욕구를 눈으로라도 보고 만족시키기 위해 유명 스타들을 비롯한 개그맨들이 음식을 먹는 모습을 침을 삼키며 지켜보고 있다.

    국내외에 맛있는 음식과 음식점이 넘쳐나고 이를 소개하는 블로그는 물론, 인터넷의 발달로 인해 음식과 관련된 새로운 정보들을 실시간으로 접할 수 있으며 스마트폰으로 필요할 때마다 조리법을 다운받아 요리도 할 수 있다. 잘생기고 멋진 셰프들은 엔터테이너의 경지에 이르러 셰프테이너라는 신조어도 등장했다.

    생활수준의 향상으로 여름, 겨울철 휴가를 떠나는 인구가 많아지면서 우리나라는 물론 세계 각국으로 갈 수 있는 기회가 많아졌다. 이국적인 자연환경과 멋진 풍경뿐만 아니라 이제까지 먹어보지 못한 새로운 음식들은 그 어느 것보다 우리들의 호기심을 자극한다. 물론 이태원과 특급호텔에 가면 이러한 욕구를 어느 정도 채울 수는 있지만 비행기에 타면서부터 먹기 시작하는 기내식을 시작으로 멜버른의 호젓한 뒷골목에서 먹었던 두툼한 양고기 스테이크 맛은 가끔씩 전율처럼 다가온다.

    중국 사람들이 자기 나라도 다 둘러보지 못하고 죽는다고 하는 말처럼 전 세계에 존재하는 206개의 모든 나라를 다 가볼 수는 없을 것이다. 하지만 바야흐로 글로벌 시대가 도래하였고 조리를 공부하는 전공자들은 더 많은 지식과 경험을 쌓기 위해 부지런히 여행을 시작해야 할 것이다.

    인간이 살아가면서 속하게 되는 문화 중에서도 그들의 색깔을 잘 나타낼 수 있는 것이 식문화가 아닐까 생각하고, 세계 각국의 음식 문화를 알게 됨으로 인해 각자의 고유한 개성을 더욱 체계적으로 발전시켜 나갈 수 있을 것이라 생각한다.

    문화와 언어는 다르지만 몸으로 느낄 수 있는 미각여행을 위해 부족한 내용이지만 이 책에 수록된 정보가 도움이 되기를 바랄 뿐이다. 운 좋게 비행기를 타고 날아가 새로운 음식을 맛보고 수백장의 사진과 함께 돌아오는 그 기쁨은 또 언제쯤 맛볼 수 있을까?

    끝으로 이 책을 출판하는데 여러모로 애써주신 도서출판 효일의 김홍용 사장님을 비롯한 직원 여러분들께 진심으로 감사드리며 함께 집필해주신 윤선영 선생님께도 감사함을 전한다.

무더운 여름 천안에서

저자 드림

Contents

I 세계의 식생활 문화

I 문화의 이해 • 8

II 식생활 문화 • 9

III 식생활 문화의 형성요인 • 10

IV 식생활 문화권의 분류 • 13

II 동양의 식생활 문화

I 동북아시아 • 20

  1. 한국 • 20

  2. 일본 • 33

  3. 중국 • 45

  4. 몽골 • 54

II 동남아시아 • 58

  1. 태국 • 58

  2. 베트남 • 65

  3. 인도네시아 • 73

  4. 말레이시아 • 79

  5. 필리핀 • 84

III 서아시아 • 91

  1. 인도 • 91

  2. 터키 • 101

III 서양의 식생활 문화

I 북서부 유럽 • 110
    1. 영국 • 110
    2. 네덜란드 • 118
    3. 프랑스 • 125
    4. 독일 • 142
    5. 스위스 • 153

II 중남부 유럽 • 161
    1. 이탈리아 • 161
    2. 스페인 • 173
    3. 그리스 • 183

III 동부 유럽 • 191
    1. 러시아 • 191
    2. 헝가리 • 199

IV 남아메리카 • 203
    1. 브라질 • 203
    2. 멕시코 • 214

V 북아메리카 • 223
    1. 미국 • 223
    2. 캐나다 • 236

VI 오세아니아 • 247
    1. 호주 • 247
    2. 뉴질랜드 • 254

참고문헌 • 266
찾아보기 • 268

I

세계의
식생활 문화

I. 문화의 이해   II. 식생활 문화
III. 식생활 문화의 형성요인   IV. 식생활 문화권의 분류

I 문화의 이해

　문화(culture)는 사회의 구성원이 공유하는 지식과 신념, 행위를 모두 포함하는 개념으로, 특정 집단의 구성원들이 그들의 생각과 정보를 교환하고 그에 따라 행동할 수 있도록 습득되고 계승되어 온 생활양식을 의미한다. T.S.Eliot은 문화를 인간 사회의 구성원이 습득하고 공유하며 전달하는 행동양식 또는 생활양식의 총체라고 하였다. 또한 영국의 인류학자인 E.B.Tylor는 그의 저서 〈원시 문화(primitive culture, 1871)〉의 서두에서 '문화는 지식과 신앙, 예술과 도덕, 법률과 관습 등 인간이 사회의 구성원으로서 획득한 능력 또는 습관의 총체이다.'라고 하였다.

　문화는 도구의 사용과 함께 인간의 고유한 특성으로, 상징적 사고의 능력에서 나타나는 것으로 간주하고 있다. 문화의 존재와 활용은 인간 고유의 능력으로, 일단 확립되면 자체의 생명을 가지게 되며 한 세대에서 다음 세대로 전달되는데 그 기능은 인간이 사회 속에서 안전하게 생활하도록 하는 것이다.

　문화의 어원은 라틴어의 cultura에서 파생되었는데 원래는 경작이나 재배(栽培)를 의미한다. 즉, 사람의 관리 하에 식물을 보호, 번식시켜 재배식물로 만드는 것인데 이는 인류가 이 지구상에 출현하여 수렵과 채집, 어로의 생활을 하던 구석기 시대를 지나 신석기에 접어들어 비로소 원시농업과 목축을 시작하면서 일정한 지역에 정착하게 되고 공동생활을 시작하게 되면서부터 시작된 개념이라고 할 수 있다.

　이러한 문화의 첫 번째 특징은 공유성으로 한 사회의 구성원들에게는 다른 집단과 구분되는 공통적인 경향을 발견할 수 있다. 한국인, 중국인, 일본인, 독일인 등이라고 말할 때는 국적뿐 아니라 의사소통과 행동을 위한 동일한 언어와 관습이 존재하게 된다. 문화의 두 번째 특징은 학습성이다. 문화는 가지고 태어나는 것이 아니라 언어와 문자를 바탕으로 세대 간의 공유와 전달을 통해 지속적으로 형성되는 것이다.

　문화는 수많은 부분들로 이루어져 있고, 개별적인 요소들은 각기 독립적으로 존재하는 것이 아니라 상호 연관되어 있다. 예를 들면 벼농사를 주산업으로 하는 지역의 주식은 밥이며 밥을 먹기 편리한 식기와 조리도구 등 식생활의 내용과 또 그에 상응하는 주거 문화 등이 이루어지고 있는 것을 알 수 있는데 이를 문화의 통합성이라고 한다. 또한 문화는 고정 불변의 것이 아니다. 인간집단의 문화는 독특하게 발전하기도 하고 외부로 전파되어 의미가 변해가기도 한다. 이와 같이 문화는 공유와 학습, 통합, 변동이라는 특성을 지니고 있다.

세계에는 약 200개 이상의 국가가 존재하며 각 나라에 따라 다양한 문화가 있는데 크게 동양 문화권과 서양 문화권으로 나눌 수 있다. 가장 기본이 되는 것은 인간의 의식주에 따른 문화라고 할 수 있다. 미국의 경제학자인 P.F.Drucker가 21세기는 문화산업에서 성패가 좌우될 것이라고 말할 정도로 최근 문화는 중요한 개념으로 자리 잡고 있다. 그중에서도 각 나라의 다양한 식생활 문화는 교통과 경제 발전에 힘입어 개방과 융합의 단계를 거듭하고 있으며 우리나라를 비롯한 일본과 태국에서는 세계화라는 슬로건 아래 자국의 음식 문화를 알리고 부가가치를 창출하기 위해 노력하고 있다.

Ⅱ 식생활 문화

고대 인도의 경전인 우파니샤드에는 '태어나는 모든 것은 안나(anna, 식량)에서 태어나고 안나를 먹고 살며 종국에는 안나로 변한다. 안나야말로 모든 존재 가운데 맨 처음 생긴 것이다.' 라는 말이 있다. 이 말은 인간에게 있어서 식생활이 얼마나 중요한가를 이야기하고 있다. 인간은 생물학적 존재이므로 생명을 유지하기 위해서는 음식을 섭취하여야 한다. 음식물을 섭취하는 행위와 관련된 모든 활동을 식생활이라고 하는데 인간은 자기가 속한 환경 속에서 먹을 수 있는 것을 발견하고 불을 발견한 이후부터는 좀 더 다양하게 먹는 방법을 계발하였고 각종 도구와 조리기술을 발전시켜 폭넓은 음식의 맛을 추구해왔다. 처음에는 단순히 배고픔이라는 생리적 욕구를 충족하는 행위에서 시작되었지만 더 나아가 문화적인 생활양식으로 발전시킨 것이다. 프랑스의 인류학자 레비스트로스(Claude Lévi-Strauss)는 문화(culture)와 자연(nature)을 구분하는 기준의 하나가 인간의 식생활이라고 하였는데 이는 본성에만 치우치지 않고 먹는 활동을 통해 문화를 구성하는 인간 고유의 능력을 보여주는 하나의 예라고 할 수 있다.

각 나라의 식생활 문화에는 음식을 조리, 가공하는 방법뿐만 아니라 식사하는 행동, 음식의 재료가 되는 식품의 종류와 획득 방법, 식기류, 상차림, 먹는 방법, 식사예절, 음식을 통한 계급과 민족 정체성의 표시 등 그 나라의 역사와 관습, 전통을 따라 오랜 세월 형성되어 온 유·무형의 모든 것들이 포함되어 있다. 따라서 식품을 연구하는 분야에 조리는 물론 식품영양학, 경제학, 사회학, 지리학, 인류학, 식물학, 의학 등은 물론 음식 문화와 역사학 등 광범위한 내용들이 포함되어야 할 것이다.

최근 웰빙을 추구하는 경향과 함께 발효식품과 같은 슬로우 푸드(slow food)에 대한 연구가 활발히 진행 중인데, '식탁 밑의 경제학'의 저자 사카키바라 에이스케(Sakakibara eisuke)는 [표 1-1]에서와 같이 음식을 자원과 문화라는 두 가지 관점으로 분류하였다.

약 2억 6,000만 명이 살고 있는 미국에서 주로 팔리는 맥주는 버드와이저와 밀러 등 몇 종류에 불과하다. 그러나 인구 8,000만 명의 독일에는 약 4,000종이 넘는 맥주가 있으며 전 세계 맥주공장의 3분의 1이 독일에 있다. 독일인 스스로가 맥주를 보리차(gerstentee)라고 부를 정도로 국민 음료로 자리매김하였으며 우리도 독일하면 맥주를 떠올리게 된다. 200여 민족이 함께 모여 사는 미국의 경우 세계인들의 입맛에 두루 맞는 공통적이고 보편적인 맛을 찾을 수밖에 없는, 글로벌리즘의 한 예라고 할 수 있으며 독특한 지방색에 따른 특화된 맥주를 생산하는 독일의 맥주는 현지화의 한 예라고 할 수 있다. 반면 이탈리아의 피자나 일본의 스시는 현지에서 시작하여 세계화된 음식들이다.

[표 1-1] 음식을 보는 두 가지 관점과 인식

관점	음식을 자원으로 인식	음식을 문화로 인식
국가 그룹	앵글로색슨계 국가 영국, 미국, 캐나다, 호주 등	아시아, 라틴계 국가 중국, 일본, 프랑스, 이탈리아, 스페인 등
키워드	패스트푸드, 빈곤한 식문화, 금융업, 시스템적, 효율 우선, 세계화	슬로우 푸드, 풍요로운 식문화, 제조업, 수공예적, 품질 우선, 현지화

Ⅲ 식생활 문화의 형성요인

지구상의 여러 민족이 각기 다른 식생활 문화를 형성하는데 가장 중요한 첫 번째 요인은 자연 환경이라고 할 수 있다. 지리적 위치와 기후 및 토양, 지형, 수질 등의 자연 환경적 요인은 그 지역에서 잘 자라고 번식할 수 있는 농산물과 가축의 종류에 영향을 주게 되며 이에 따라 주식의 종류가 결정된다. 그중에서도 기후는 가장 큰 영향을 미치는데 지구상의 기후 현상은 매우 복잡하다.

남반구·북반구의 아열대 고압대 사이에 있는 열대 지역에서 나타나는 열대 기후(tropical climate)는 월평균기온이 18도를 넘고 햇빛의 강도가 강하며 연중변화가 거의

없다. 1년 내내 덥고 습기가 많으며 많은 비가 내리므로 울창한 정글이 형성되는 열대우림 기후지역은 남아메리카, 중앙아프리카, 동남아시아, 오세아니아 북동부지역, 중앙아메리카 카리브 해 부근이고 아마존과 동남아시아의 밀림, 말레이 제도 등은 열대우림의 밀림이 형성되어있는 대표적인 곳이다. 이곳에서는 이동식 화전 농업을 하는데 적당한 열대우림을 선택하여 나무를 제거한 후 불을 놓아 경지를 개간하는 방식으로 카사바, 얌, 타르, 고구마 등을 재배한다. 일부 동남아시아 지역에서는 스콜이 발생하며 주로 바나나, 사탕수수, 파파야 등의 열대과일을 키우는 플랜테이션 농업을 한다. 열대 몬순 기후가 나타나는 인도차이나 반도, 필리핀, 인도, 네팔 등 동남아시아와 남아시아에서는 벼, 차, 목화, 커피 등을 재배한다. 특히, 벼가 잘 자랄 수 있는 지역이기 때문에, 일 년에 두세 번 정도 수확할 수 있다. 쌀과 열대성 과일, 어패류 등이 풍부한 이 지역은 음식이 부패되기 쉬워 향신료를 많이 사용하여 불쾌한 냄새나 맛을 줄이고 식욕을 돋우기 위한 자극적인 맛을 내는 조리법을 선택하게 된다. 또 땀을 많이 흘리므로 열량을 보충할 수 있는 기름진 음식이나 기름을 사용하여 튀긴 음식이 많다.

열대와 온대 기후 사이에 분포하는 아열대 기후(subtropical climate)는 아열대 고기압의 동쪽에 나타나는 지중해성 기후와 서쪽의 아열대 습윤 기후로 나누어진다. 지중해성 기후는 여름에 구름이 적고 햇볕이 강하게 내리쬐어 뜨겁고 건조한 반면, 겨울은 고기압과 저기압이 번갈아 진행되는 온화한 기온을 나타낸다. 유럽의 지중해 연안과 캘리포니아, 오스트레일리아의 서남부, 남아프리카 남동부, 칠레 중부 등의 지역이 해당되며 올리브, 코르크, 오렌지, 포도, 레몬, 채소 등을 많이 재배하고 겨울에는 밀, 보리와 목축을 겸한 혼합농업을 한다. 아열대 습윤 기후지역은 연중 고른 강수현상이 나타나며 비교적 많은 강수량을 보인다.

아열대와 한대 지역의 중간인 중위도 지역에서 나타나는 온대 기후(temperate climate)는 월평균기온이 10도 이상인 달이 4~8개월 지속된다. 가장 추운 달의 평균기온이 0도인 선을 기준으로 하여 상대적으로 온화한 온대 해양성 기후와 한랭한 온대 대륙성 기후로 구분되는데, 온대 대륙성 기후는 4계절의 변화가 뚜렷하다.

이 지역은 여러 종류의 먹을거리가 생산, 재배되어 음식의 종류가 다양하며 식품가공법이 발달하였는데, 강우량과 일사량이 많은 아시아와 중국 남부 지역은 벼농사를 짓기에 적합하므로 쌀을 주식으로 하게 되었다.

냉대 기후(subarctic climate, subpolar climate)는 중위도 지역 북부와 고위도 지역에서 발달한 기후이다. 냉대 습윤 기후와 냉대 동계 소우 기후, 고지 지중해성 기후로 구분

하지만, 습윤 대륙성 기후와 아극 기후로 구분하는 경우도 있다. 침엽수림도 울창하고 빙하의 흔적이 있는 곳으로 관광지로도 각광을 받고 있다. 폴란드, 동부유럽, 핀란드, 노르웨이, 스웨덴, 러시아, 캐나다 북부지역에서는 밀을 주로 재배한다.

한대 기후 또는 극기후(polar climate)는 가장 따뜻한 달의 기온이 영상 10도 미만인 지역의 기후대로 가장 따뜻한 달의 기온이 0~10도인 툰드라 기후와 0도 미만인 빙설 기후로 구분한다. 전반적으로 여름이 아주 짧고 겨울이 매우 길다. 툰드라 기후 지역에서는 짧은 여름철에 작은 식물 종류가 자라지만 농경은 불가능하다. 이 지역에는 사람이 일부 거주하기도 하나 인구 밀도가 낮으며 소수 민족인 에스키모 등이 거주하며 생선을 날로 먹고 순록이나 곰 등을 수렵한다. 빙설 기후 지역은 일 년 내내 눈과 얼음으로 뒤덮여 있어 식물을 볼 수 없으며, 정착하여 거주하는 사람도 없다.

건조 기후(dry climate)는 일반적으로 연평균 강수량이 500mm 미만이라고 정의하며 사막 기후와 스텝 기후로 나누어진다. 중앙아시아 대륙 내부, 북부아프리카의 사막 지역으로 요즘에는 관개를 통해서 대추야자 등 간단한 것을 재배하기도 한다.

식생활 문화를 형성하는 두 번째 요인은 관습과 종교, 가족의 형태, 연령, 국제화와 같은 사회적 요인이 있다. 관습이라는 측면에서 보았을 때 인간은 먹었을 때 해가 되지 않는 식품으로 이미 인정된 것 또는 그 사회가 먹을 수 있다고 정해놓은 자연의 일부만을 취하게 된다는 것을 알 수 있다. 또는 인정되어 있으나 특정한 시기에는 금기시 되는 것, 문화적인 측면에서 금기시 되는 것 등으로 나눌 수 있는데 이중에서도 금기식에 가장 큰 영향을 미치는 요인으로 종교를 들 수 있다. 세계의 종교는 역사와 발원지에 따라 크게 이슬람교, 힌두교, 불교, 기독교로 나누어지는데 초기의 종교의식이나 활동은 생존을 위한 식량자원을 확보하기 위한 공동체 의식의 일환으로 시작되었다. 우리나라도 신석기 중기에 이르러 원시 농경이 시작되면서 부여, 고구려, 동예, 옥저, 삼한의 연맹국가시절 각 나라별 제천행사가 있어 한해의 풍요를 신에게 감사하며 다음해의 풍년을 기원하는 행사가 이루어졌다. 가무와 함께 음복을 통해 신인공식(神人共食)의 관계를 지향하던 원시의 이러한 행사를 주관하는 사람은 공동체의 수장이자 제사장의 역할을 동시에 담당하였던 것이다. 종교가 식생활 형성에 미치는 영향 중 식물성 음식에 대한 금기보다는 육식금기에 관한 것을 많이 볼 수 있다. 이는 동물의 생명을 빼앗아 그 고기를 먹는다는 것에 대한 감정적 거부감이 작용한 것도 하나의 요인이라고 할 수 있으며 유대인의 코셔(kosher)와 같이 성서에 입각한 철저한 식생활 규범도 있다.

한편 미국의 문화인류학자인 Marvin Harris는 공리주의를 표방하였는데 이 주장은 비

용 대 효과라는 측면에서 보았을 때 식생활이나 경제적인 면에 있어서 큰 마이너스 요인이되는 육류는 종교를 앞세워 먹지 못하게 하였다는 것이다. 이슬람교의 돼지고기 금기조항이나 힌두교의 쇠고기 금기 등이 대표적인 예이다. 기타 금기식을 보면 티베트인, 아메리카 인디언의 나바호족, 아파치족, 동아프리카의 쿠시트계 민족은 어류는 일절 먹지 않으며 유럽 북부의 게르만족은 연체동물인 문어나 오징어를 먹지 않지만 남부 유럽은 문어나 오징어 금기식과는 별 관련이 없다. 또한 종자의 보존을 위해서나 미신에 근거한 음식금기도 있고 반대로 엽기적인 재료를 음식에 사용하는 경우도 있으며, 먹는 방법에 따른 금기조항도 많이 있다.

식생활 문화를 형성하는 세 번째 요인은 소득이나 경제수준과 같은 경제적 요인으로 곧 식품의 공급력이라고 말할 수 있다. 네 번째 요인은 기술적 요인으로 식품을 생산하여 가공, 저장하는 기술, 또는 유통 시스템의 발달 등을 말한다.

[표 1-2] **식생활 문화의 형성 요인**

형성 요인	예
자연 환경적 요인	기후, 토양, 수질, 지형
사회 문화적 요인	관습, 종교, 계급제도, 국제화
경제적 요인	식품의 공급력
기술적 요인	식품의 생산, 조리가공저장기술, 유통시스템

Ⅳ 식생활 문화권의 분류

1. 주식에 따른 분류

전 세계의 다양한 식문화를 구분하는 첫 번째 방법은 주식으로 분류하는 것으로 주식은 크게 밀과 쌀, 옥수수, 서류로 나눈다.

1) 밀 문화권

인류가 농경을 시작한 이후 역사상 가장 오래된 주식은 밀로 기원전 10,000년경에 아프가니스탄 및 카프카스에 이르는 지역, 특히 카프카스 남부의 아르메니아 지방을 원산지로

추정한다. 기후와 토양의 종류에 상관없이 자라는 밀은 강수량이 30~90cm 되는 온대지방에 가장 잘 적응하지만 북극권에서 적도까지, 해수면 이하에서 해발 3,000m 정도인 곳까지, 그리고 강수량이 30cm 이하인 곳에서 170cm 정도인 지역까지 자란다.

밀의 최다 생산국은 중국으로 한 해에 대략 1억 톤 이상을 거두어들인다. 특히 밀을 대규모로 경작하는 북쪽지방은 밀가루 하나만을 재료로 하여 다양한 조리법으로 만두류, 국수류, 전병류, 수제비 등 수많은 종류의 음식을 만들어낸다. 이 지역의 대도시 식당에서 펼치는 교자연(餃子宴)은 밀가루 음식의 최고의 경지를 보여준다. 그 밖의 주요 생산국은 미국, 러시아, 인도, 우크라이나, 프랑스, 캐나다, 카자흐스탄, 터키 등이다. 석기 시대에 이미 유럽과 중국에 널리 보급되었고 파키스탄과 인도 북부에서 주식으로 이용하고 있었다. 인도는 밀과 잡곡가루를 섞어 반죽한 후 발효시키지 않고 가열한 철판이나 돌 위에서 구운 차파티를 주식으로 하고, 서아시아와 북인도에 이르는 지역에서는 발효시킨 반죽을 탄두르에서 구워 만든 빵인 난을 먹으며, 유럽 북부와 러시아에서는 오늘날에도 호밀을 넣은 검은 빵을 먹고 있다.

2) 쌀 문화권

밀, 보리와 함께 세계 3대 농산물의 하나인 쌀은 벼의 왕겨와 겨층을 벗겨내어 먹을 수 있게 가공한 것이다. 세계 총생산량의 92%가 우리나라를 비롯하여 일본, 중국의 화중, 화남, 동남아시아의 대부분, 인도의 벵갈 평야와 남인도, 마다가스카르 섬의 동부지역에서 생산되고 있다. 벼의 재배 기원을 보면 인도에서는 기원전 7,000~5,000년경, 중국에서는 기원전 5,000년경에 재배하였으며 우리나라에서는 기원전 2,000년경에 재배가 시작된 것으로 보고 있다.

쌀은 조리법이 간단하고 맛이 좋아 오늘날 주식으로 먹는 지역이 점차 늘어나고 있다. 인도의 서쪽 지역과 이란, 터키, 파키스탄에서는 쌀에 기름과 소금, 향신료로 맛을 낸 필라프를 먹고 인도네시아, 말레이시아에서는 아침식사에 볶은 밥인 나시고랭을 주로 먹으며 베트남에서는 쌀국수를 먹는다.

3) 옥수수 문화권

옥수수는 인디언 콘(Indian corn) 또는 메이즈(maize)라고도 하는데 아메리카 대륙이 원산지로 콜럼버스와 다른 탐험가들에 의해 유럽으로 전파된 이후 세계 여러 나라로 전파되었다. 밀 다음으로 경작면적이 넓으며 미국이 세계 총생산량의 약 50%를 생산하고 있고 그 다음이 중국이다. 브라질, 멕시코, 아르헨티나, 페루, 칠레 및 아프리카 지역에서 식

량으로 이용하고 있으나 다른 곡류에 비해 영양가가 떨어진다. 글루텐 함량이 낮아 부풀린 빵을 만드는데 쓰지 못하고 반죽하여 둥글고 얇게 펴서 구워 먹거나 삶아서 낱알 형태로 먹는다.

4) 서류 문화권

감자, 고구마, 토란, 마 등을 주식으로 하며 동남아시아와 태평양의 여러 섬에서 많이 재배한다. 감자는 안데스 산맥이 원산지이지만 1550년경 유럽에 구황작물로 전파되어 현재 유럽의 여러 국가에서 밀과 함께 주식으로 이용하고 있으며 오스트레일리아를 제외한 오세아니아 전 지역은 참마(yam)와 타로(taro) 등을 주식으로 하고 있다.

[표 1-3] **주식별 음식의 이용 방법**

주식	음식 형태	음식 이름	해당 국가	요리 방법
밀	발효	만두류	만터우, 바오즈	중국	발효시킨 반죽을 성형한 후 찐다. 만터우는 속이 없고 바오즈는 속을 채운다.
		빵	난	인도, 파키스탄, 이란, 아프가니스탄, 우즈베키스탄	발효시킨 반죽을 탄두르에서 납작하게 굽는다.
			빵	유럽, 북미	발효시킨 반죽을 오븐에서 굽는다.
	무발효	만두류	자오츠, 라비올리	중국, 이탈리아, 몽골	밀가루 반죽을 얇게 밀어 성형한 후 속을 채워 찐다.
		면류	국수, 파스타		밀가루 반죽을 얇고 가늘게 썰어 끓는 물에 삶아 양념한다.
			고릴테홀		말린 고기로 육수를 내어 끓인 칼국수
		거친 알갱이	쿠스쿠스	서아프리카 (니제르, 가나, 리비아, 튀니지, 모로코)	듀럼밀 중 부서지지 않은 단단한 작은 알갱이를 2~3번 찐다.
		밀밥	부르골	아랍	밀 알갱이를 삶거나 데쳐서 만든 밀밥
		구운 것	차파티	인도, 파키스탄	밀가루 반죽을 기름 없이 철판에서 구움

쌀	밥	쌀밥	동남아시아, 북아시아, 인도 동부, 이란	중국 동남부, 일본, 한국은 끈기 있는 쌀밥을 선호, 인도 서부는 선호하지 않음. 끓는 쌀물을 버리고 약한 불로 찐 것	
		채로 (chelow) 필라프	인도 서부, 이란, 터키, 말레이시아	볶은 쌀에 기름과 채소, 허브, 너트, 육수를 넣어 지은 볶음밥	
		플라우 나시고랭	인도, 인도네시아, 말레이시아	향신료를 넣고 지은 볶은 밥 달걀, 새우, 채소 등을 넣고 볶은 밥	
	볶은 쌀	츄라	인도	물에 불린 벼를 끓인 후 솥에 넣고 껍질이 갈라질 때까지 볶고 절구에서 찧어 납작하게 한 후 겨를 제거한다	
	쌀국수	포(pho)	베트남	불린 쌀가루를 팬에 얇게 펴서 말린 다음 가늘게 썬 것	
옥수수	죽	옥수수죽	멕시코, 중국, 페루	거친 옥수수 가루를 끓여 만든 죽	
	경단	우갈리 (ugali)	동부아프리카	옥수수 가루에 끓는 물을 넣어 반죽한 것	
	찜, 구이		페루	익은 옥수수를 물에 불려 찌거나 덜 익은 옥수수를 굽는다.	
	구운 것	토르티야	멕시코	옥수수 가루를 반죽하여 납작하게 구운 것	
서류	감자	죽	소파	페루	동결건조감자인 츄노를 가루로 만들어 콩과 채소, 물을 넣고 끓인다.
		구이	와따이야		뜨거운 돌 사이에 감자를 넣어 익힌다.
	타로, 얌, 카 사 바	구이, 찜		동남아시아 오세아니아	껍질 있는 상태로 굽거나 찐다.
		경단	바우고	야미족 (대만–필리핀 사이)	썩힌 참마를 절구에 찧은 후 뭉쳐 참마 잎에 싸서 찐다.
			푸푸	서아프리카, 중앙아프리카	카사바와 얌을 삶은 후 절구에 찧어 점성이 생기게 한 것

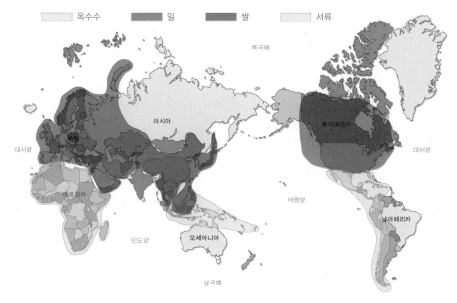

[그림 1-1] 주식에 따른 식생활 문화권의 분류

2. 먹는 방법에 따른 분류

1) 수식 문화권

음식을 먹을 때 손으로 먹는 문화권은 세계 인구의 약 40%를 차지하며 인도를 비롯하여 동남아시아, 서아시아, 아프리카 및 오세아니아 지역이다. 이슬람교 또는 힌두교 지역에서는 반드시 오른손으로 먹는 것을 원칙으로 하는 엄격한 수식 매너가 있다. 중세까지 유럽의 상류층에서도 큰 그릇에 담긴 음식물을 손으로 먹는 것이 일반적이었다.

2) 숟가락, 젓가락 문화권

음식을 먹을 때 젓가락을 사용하는 문화권으로 세계 인구의 약 30%가 이에 해당되는데 우리나라를 비롯하여 중국, 일본, 베트남 등 유교 문화권에 속하는 나라들이다. 인류가 불을 사용하기 시작하면서부터 사용하였다고 추측된다. 특히 우리나라는 국물 음식이 발달하여 중국이나 일본에 비해 숟가락 사용을 오랫동안 지켜오고 있다. 지역과 음식의 특성에 따라 젓가락의 재질도 다르며 길이와 모양도 각 음식의 특징에 따라 잘 맞게 발달하였다.

3) 나이프, 포크, 스푼 문화권

음식을 먹을 때 개인용 나이프, 포크, 스푼을 사용하는 문화권으로 세계 인구의 약 30%를 차지한다. 16세기 경 이탈리아와 스페인의 상류사회에서 사용하기 시작하여 17세기에는 프랑스 궁중에서, 17세기 이후에는 독일과 영국, 그리고 유럽의 각 나라에서 대중적으로 사용하게 되었다. 이후 북남미, 호주 등으로 이주한 백인들에 의해 급속히 확산되었다.

Ⅱ

동양의
식생활 문화

Ⅰ. 동북아시아   Ⅱ. 동남아시아   Ⅲ. 서아시아

I 동북아시아(Northeast Asia)

동북아시아는 아시아 대륙의 동북쪽 지역으로 우리나라와 중국, 일본, 몽골, 타이완을 포함하는 지역이다. 지역별로 조금씩 다르지만, 대부분 계절풍의 영향을 받아 여름에는 덥고 습하며, 겨울에는 춥고 건조하다. 동북아시아에 속한 나라들은 한자와 유교, 불교의 영향을 받았다.

1. 한국(Korea)

우리나라는 유라시아 대륙의 북동부에 위치한 반도국가로 북위 33~43도, 경도 124~132도에 걸쳐 있다. 북쪽으로는 중국대륙과 육로로 연결되고 남쪽으로는 일본열도를 마주하고 있으며 서쪽으로는 황해를 사이로 중국대륙과 마주보고 있다. 이와 같은 지리적 위치로 인해 대륙의 앞선 문화의 영향을 받았고 대륙의 문화를 일본에 전하는 교량역할도 하였다. 삼면이 바다이므로 해양문화의 유입이나 무역교류가 가능하였으므로 이에 따른 식생활의 영향을 엿볼 수 있다.

기후의 특성을 보면 사계절의 구분이 뚜렷하며 연평균 기온은 아주 추운 일부 지역을 제외하고 약 10~14도 정도이다. 여름에는 북태평양의 아열대성 고기압의 영향을 받아 일일 최고 기온이 30도를 넘는 고온다습하며, 연강수량의 40~60%가 7, 8월에 집중되어 쌀농사에 적합하다. 겨울에는 대륙성 고기압의 영향으로 춥고 건조하다. 이와 같은 기후 특성으로 인해 쌀을 비롯한 조, 콩, 수수 등 각종 잡곡류와 다양한 식품들이 생산될 수 있어 각 지역의 생산물에 따른 향토 음식이 발달하게 되었고 겨울철의 추위를 대비하기 위해 김치와 같은 저장 음식이 발달하였다.

전 국토의 70%가 산으로 이루어진 지형적 특성으로 인해 북부와 동부에는 높은 산맥들이 많아 밭작물이 주로 생산된다. 두만 강을 제외한 주요 하천들이 대부분 서해나 남해 쪽으로 흐르고 있으며 남서쪽은 낮은 지형으로 넓은 평야가 형성되어 논농사의 중심지가 되고 있다. 동해안은 해안선이 단조로우나 수심이 깊으며 서해안과 남해안은 대륙붕의 형성과 리아스식 해안으로 수산자원이 풍부하다. 2014년 기준으로 인구는 49,039,986명으로 세계 26위이고 국토의 면적은 99,720km^{2}로 세계 109위이다.

(1) 식생활 문화의 역사

1) 구석기 시대(BC 70만~BC 1만년)

이 시기는 유인원과 갈라져 진화를 시작한 인류가 도구를 만들고 불을 이용하기 시작하면서 이루어 낸 최초의 문화 단계로 수렵과 어로, 채집의 시대이다. 한반도에 사람이 살기 시작한 것은 약 70만 년 전으로 식량이 풍부한 곳을 찾아 옮겨 다녔다. 동굴이나 강가에서 살았으며 산야에 자생하는 식용식물이나 열매, 바다나 강에서 잡은 물고기와 조개 등이 중요한 식량이었다. 구석기 시대는 인류의 진화과정과 도구의 발달 정도 따라 전기, 중기, 후기로 나누는데, 전기는 여러 기능을 가진 찍개류, 주먹도끼 등 뗀석기(打製石器, 타제석기)를 이용한 시기이며 중기에는 석기가 점차 작아지고 기능도 분화되어 여러 종류의 석기들이 만들어졌다. 후기에는 정교하고 전문적인 기능을 가진 도구가 만들어졌다. 구석기 시대 중기 이후 유적에서 불을 지핀 흔적을 볼 수 있다.

2) 신석기 · 청동기 시대(BC 1만~BC 1천년)

약 1만 년 전 빙하기가 끝나면서 한반도의 지형과 동식물상은 현재와 비슷하게 변하기 시작하였다. 한반도의 신석기 문화는 약 6,000년 전부터 시작되는데, 신석기 인들은 강가나 바닷가에 움집을 짓고 살면서 고기잡이, 사냥, 식물채집을 통해 먹을거리를 얻었다. 주로 조개를 채취했기 때문에 먹고 버린 조개껍질들이 모여 조개 무덤을 형성하였고 깊은 바다에서 잡히는 물고기 뼈들이 출토되어 사람들이 먼 바다까지 나갔음을 알 수 있다. 중기에 이르면 원시 농경이 시작되어 피와 기장 등의 잡곡 농사를 지었으며 이 자원들을 운반, 보관, 조리하기 위해 빗살무늬 토기를 만들었다. 김포군 가현리 일대에서 발견된 탄화미로 추정해볼 때 BC 2,000년경 한반도에 벼농사가 시작되었다고 본다. 빠른 동물을 잡기 위해 활과 화살 등의 간석기(磨製石器, 마제석기)를 사용하였으며 신석기 말경에는 가축을 기르기 시작하였다. 여가에는 치레걸이나 예술품을 만들고 옷도 만들어 입었으며, 외부와의 교역도 이루어졌다.

BC 1,500년경 청동기 시대가 시작된 것으로 보고 있는데 이 시기에는 벼농사 등 농업이 발달하면서 오늘날 농촌과 비슷한 대규모 마을이 생겨났고 집단 내에서는 사회적 계층화가 이루어졌다. 낮은 구릉이나 평지에 마을을 이루고 살았으며, 근처의 평탄한 곳이나 구릉에 논과 밭을 일구어 벼, 조, 수수, 콩, 보리와 같은 오곡농사를 지었다. 다소 거친 진흙으로 빚어 구운 바닥이 납작하고 적갈색을 띤, 토기 겉면에 무늬가 거의 없는 민무늬 토기와 함께 시루가 출토되어 곡류를 비롯한 식품의 증숙 조리법이 있었음을 알 수 있다. 청동

기와 옥을 제작한 전문 장인이 출현하였고 개인이 재산을 소유하게 되었으며 계급이 발생하였다. 우리 역사상 최초의 국가인 고조선은 청동기 문화를 바탕으로 건국되었다. 따라서 이 시기는 농업의 시작과 벼농사의 전파기로 볼 수 있다.

3) 초기 철기 시대~연맹국가 시대(BC 500~BC 58년)

우리나라 철기 시대 유적들인 위원 용연동(龍淵洞), 강계 길다동(吉多洞), 덕천 청송리(靑松里) 등에서 철제 이기(利器)들과 함께 명도전이 나오는 것으로 보아 당시 철 기술을 갖고 있던 중국의 연나라로부터 철기 문화가 들어온 것을 알 수 있고, 그 시기는 BC 300년 무렵으로 본다. 그런데 최근 철기 시대 유적에서 나온 철기유물들의 성분을 분석해본 결과 중국의 제철기술이 들어온 것은 사실이나 그 당시 우리나라에서도 자체 생산하여 생산도구의 일부를 철기로 만들었고 청동기와 함께 석기도 여전히 쓰이고 있었다. 철낫, 철보습, 철반달칼, 철괭이 등 농업 생산도구들이 철로 바뀌었으나 동검, 동거울, 청동방울 등 의례와 신분을 상징하는 비실용성 도구들과 꺽창과 같은 무기는 청동으로 만들었다.

철기 시대 사람들이 남긴 유적으로는 무덤과 집터, 생활 쓰레기터 및 쇠를 녹여 만든 쇠부리터 등이 있다. 철의 생산을 직접적으로 알려주는 쇠부리터(冶鐵址) 유적이 여러 곳에서 나왔는데, 가평 마장리(馬場里), 양평 대심리(大心里), 성산 조개더미 유적 아래층에서는 쇠를 녹이던 자취들이 발견되었고 경주ㆍ울산 지역에도 쇠부리터들이 여러 곳에 있었던 것으로 나타난다. 무덤에는 움무덤(土壙墓), 독무덤(甕棺墓), 돌덧널무덤(石槨墓)이 있고 청동기 시대에 주를 이루던 고인돌 무덤은 자취를 감추었다. 철기 시대를 특징짓는 토기로는 와질토기(瓦質土器)가 있다. 와질토기는 물레를 써서 정연한 형태를 이루고 있으나 구운 온도가 낮아 흡습성이 높으며 질이 무른 회색계통의 빛깔을 띤 그릇이다. 그릇 빛깔이나 모양으로 보아 중국 회도(灰陶)의 영향을 받은 것이다. 와질토기와 함께 아가리띠 토기(粘土帶土器), 검은간 토기(黑陶) 등이 이 시기에 사용된 토기들이다. 한편 움 무덤에서는 유리구슬도 나와 이미 유리가 생산되고 있었음을 알 수 있다.

이와 같이 철기 시대는 농경생활의 정착으로 생산력이 일정한 정도로 발전한 모습을 보여주고 있으며, 농사의 풍요를 빌고 추수를 감사하는 마음으로 제천행사를 실시하였다. 또 이와 같은 행사를 위한 술 빚기, 장 담그기, 채소절임과 같은 발효식품의 가공이 있었을 것으로 추정한다. 또 이 시기에 북쪽에서는 고조선의 마지막 단계인 위만조선이 등장하며 남쪽에서는 삼한의 소국들이 일어나고 있었으므로 이미 역사 시대로 들어가 있었다고 보아야 한다.

4) 삼국 시대~통일신라 시대(BC 37~AD 676년)

이 시기는 우리나라의 식생활 구조가 성립된 시기이다. 철제 농기구의 사용과 함께 농경기술의 향상과 중농정책으로 쌀이 증산되었고 철제 솥의 보급으로 밥 짓기가 일반화되면서 밥과 반찬으로 구성되는 식생활의 기본구조가 성립되었으며 밥이 상용화되면서 떡은 명절이나 제사 때 먹는 의례 음식으로 자리 잡았다. 주요 식량이 증산되고 술과 장, 김치, 젓갈 등 가공법도 함께 발달하였으나 계급에 따른 부의 편중으로 인해 식생활에 큰 차이가 나타났다. 삼국에 불교가 들어오면서 살생금지로 육류 음식의 섭취가 제한되었으며 차 마시는 풍습이 생겼다. 통일신라 시대에 북부는 조, 남부는 보리를 주식으로 먹었으며 쌀은 5~6세기경까지만 해도 귀족식품으로 인식되었다.

5) 고려 시대(936~1392년)

통일신라의 제도와 풍속을 계승한 고려는 불교를 더욱 발전시켜 국교로 삼았고 이에 따라 육류나 생선류보다 채소 음식을 주로 하는 식생활이 발달되었다. 침채형 김치를 비롯한 각종 채소 음식의 발달과 함께 콩을 가공한 콩나물과 두부, 그리고 채소를 더욱 맛있게 먹기 위한 조미료의 사용과 기름을 사용한 조리법도 발달하였고 식량의 증산과 비축에 더욱 힘을 쏟았다. 불교가 융성함에 따라 차를 즐기게 되었고 과정류는 연등회, 팔관회 등 불사를 위한 국가행사와 혼례, 각종 잔치의 필수 음식으로 이용되었다.

건국 이후 개방적인 대외정책을 추진했던 고려는 외국과의 교류가 빈번해지면서 각종 외래식품이 유입되었다. 특히 송나라와 원나라를 통해 후추가 들어왔으며 설탕도 수입되어 일부 계층에서 기호품으로 사용되었다. 고려 후기에 원나라의 영향으로 도살법과 각종 육식조리법을 배우면서 육류 선호 풍조가 다시 부활하였다. 또 찐빵의 일종인 상화를 비롯하여 소주, 포도주, 사탕 등을 받아들였고 우리의 음식인 유밀과와 고려만두, 고려병, 상추 재배법 등을 전해주었다.

6) 조선 시대(1392~1910년)

이 시기는 유교를 국가 통치의 근본으로 삼았기 때문에 대가족 중심의 가부장 제도, 남존여비 사상을 비롯하여 양반과 서민을 구별하는 계급 제도, 조상을 위한 봉제사, 접빈객 등의 예절이 엄격하게 이루어졌고 식생활 전반에 큰 영향을 미치게 되었다. 주식과 부식의 분리를 기본으로 중기 이후 신분이나 경제형편에 따라 3첩, 5첩, 7첩 등 반상차림이 격식화되었으며 반상, 죽상, 면상, 교자상, 주안상을 비롯하여 관혼상제의 의례상차림이 확립되었다.

가장 중요한 경제적 기반은 농업이었으므로 농경지를 확대하고 농업기술을 향상시키기 위해 농서의 출간에도 주력하였다. 식생활이 다양해지면서 15세기부터 반가의 음식 만드는 법을 수록한 조리서 등을 저술하여 그 가정만의 독특한 음식문화를 보존하였다. 또한 시식과 절식도 즐기게 되었으며 각 지방의 특색 있는 식재료를 이용한 향토 음식도 발달하였다. 조선 시대는 우리나라 식생활 문화의 전통을 재정비하는 시기였으며 한국 음식의 완성기라고 할 수 있다.

중기 이후에는 남방으로부터 고추를 비롯하여 감자, 고구마, 호박, 옥수수, 땅콩 등이 전래되었는데 특히 고추의 전래는 김치를 비롯한 각종 음식에 지대한 영향을 미쳤다. 또 자연재해나 조선 중·후기에 임진왜란, 병자호란 등 외세의 침입과 민란으로 인해 서민층의 생활이 더욱 어려워졌는데 부족한 식량자원을 공급하기 위한 구황식품에 관련된 서적들도 많이 출판되었다.

7) 개화기~일제 강점기(1910~1945년)

19세기 말 영국을 비롯한 유럽의 여러 나라들이 식민지 쟁탈을 위한 경쟁을 벌이게 되었고 중국은 두 차례의 아편 전쟁 이후, 일본은 명치유신을 계기로 개항하게 되었다. 우리나라는 쇄국정책으로 단호하게 대항하였으나 대원군이 물러난 이후 일본과의 강화도 조약을 시작으로 서양의 각국과 수교를 맺으면서 문호를 개방하게 되었다. 농민들의 생활은 점점 어려워졌고 중국으로부터 천주교와 실학이 들어왔으며 선교사들과 외국에 다녀온 사람들에 의해 서양의 문물과 음식, 신교육 등이 소개되어 사회 전반에 큰 변화가 일어났다. 궁중에서는 러시아공사 웨베르의 처형인 손탁을 통해 서양 요리와 커피가 보급되었고 최초의 유학생인 유길준은 그의 저서 서유견문에서 서양의 음식을 소개하여 그 시대의 지식인들과 상류층에 많은 영향을 주었다.

러일 전쟁에서 승리한 일본은 1910년 한일합방 후 강압적인 무단통치를 실시하였다. 일본은 산업발달과 전쟁에 필요한 물자를 조달하기 위하여 토지는 물론 쌀을 비롯한 물적 자원뿐만 아니라 인적자원까지 수탈하였다. 부족한 식량 때문에 춘궁기에는 초근목피로 연명하였으며 1937년 중일 전쟁 시 많은 곡물을 공출당하여 식생활은 침체기에 빠졌으나 이러한 상황 속에서도 일본인이 경영하는 식품제조업체들이 과자, 술, 청량음료, 식용유, 각종 통조림 등을 만들어 일부 상류층이 이용하였다.

8) 해방 이후~현재(1945년~)

해방 이후 이어진 6.25 전쟁으로 극심한 식량부족 상태가 계속되어 미국의 원조식량인

밀에 의존하게 되어 분식장려운동이 전개되고 밀가루 음식이 확대되었다. 1962~1981년까지 4차에 걸쳐 경제개발계획이 실시되었으며 1982~1986년의 제5차, 1987~1991년의 제6차, 그리고 1992~1996년의 제7차 경제사회발전 5개년 계획의 성공으로 경제가 급성장하기 시작하였고 식생활 수준도 향상되어 영양과 맛을 추구하는 풍요로운 식생활로 변화되었다. 현재는 산업화 및 정보화에 따른 소득 증대, 핵가족화, 여성의 사회진출, 세계화 등의 급속한 변화로 가공식품이나 편이식품 이용이 늘어났고 외식산업이 크게 발달한 반면 가정조리의 쇠퇴, 서구식 식생활 패턴의 정착 등 많은 전통적 식생활의 요소들이 약화되어 가고 있다.

[표 2-1] 한국 식생활 문화의 역사

시대별 구분		식생활의 특징
선사 시대	구석기	수렵, 어로, 채집에 의한 식량 획득
	신석기 중기 이후	농업의 발단과 벼농사 전파
부족국가 시대(삼국정립 이전)		농경생활의 정착
삼국 및 통일신라 시대		식생활의 신분상 구분 식생활 구조의 성립과 확대(주·부식의 분리)
고려 시대	초기	상차림의 기본 구조 형성 육식 삼가, 채소 이용, 다류, 한과류 발달
	중기 이후	몽고지배에 의한 육식 복원
조선 시대	전기	식생활 규범 정착
	후기	남방식품 유입, 한식의 완성기
개화기		개화로 인한 서구식생활 소개
일제강점기		식량의 절대 부족과 빈곤, 식문화 침체기
현대	해방 이후~1960년대	해외원조식량 의존
	1970년대~1990년대	식량 생산증가, 식생활 수준 향상
	1990년대~현재	식생활의 세계화, 외부화, 건강지향의 식생활

(2) 식생활 문화의 특징

1) 곡물의 다양한 이용

인류가 곡물 재배에 성공하면서 갈돌을 이용하여 분말로 만든 곡물을 토기에 담고 채집한 채소와 해산물을 이용하여 만든 죽은 인류 최초의 탄수화물 음식이다. 이후 시루에 넣어 쪄내는 방식의 밥(증숙반)이 만들어졌고 철기의 보급이 일반화되면서 무쇠 솥에 지금과 같은 밥(자숙반)을 만들 수 있게 되었다. 이러한 밥 문화는 지형과 기온에 따라 다르게 발달하였는데 한강 이북 지역에서는 쌀과 함께 좁쌀, 수수, 기장, 콩 등으로 밥을 지은 반면, 한강 이남 지역에서는 주로 보리쌀을 섞었다. 또 동해안 산악 지대에서는 옥수수를 쌀과 함께 주식으로 사용하였으며 감자와 고구마가 유입된 이후에는 감자밥이 주를 이루었다. 상류층은 주로 쌀밥을 먹었으며 기호에 따라 약간의 잡곡을 혼합하였다. 밥은 먹는 사람의 신분에 따라 호칭도 다른데 하층민은 끼니, 일반 백성은 밥, 양반은 진지, 왕은 수라라고 하였으며 제사에서는 메라고 불렀다. 끼니는 때우는 것이고 밥은 먹으며 진지는 드신다, 수라는 젓수신다로 표현하였다.

우리나라에는 각종 곡물을 이용한 다양한 요리가 발달하였는데 밥과 함께 죽, 면, 만두, 떡국을 대표적인 다섯 가지 주식으로 꼽는다. 죽은 주식 외에도 기호식품으로 섭취하거나 의료 목적으로 조리하기도 한다. 일반사죽(一飯四粥)이라는 말은 한 그릇의 밥을 지을 분량의 쌀로 죽을 쑤면 네 사람이 먹을 수 있다는 뜻으로, 구황식품으로서의 죽을 설명하고 있다. 또 우리나라는 조반석죽(朝飯夕粥)이라 하여 아침에는 밥을 먹고 저녁에는 죽을 먹었는데 오늘날 건강을 중시하는 차원에서 보면 영양학적으로 매우 일리가 있는 음식 섭취법이다.

중국에서 가장 오래된 농서인 『제민요술』은 약 1,500년 전 산둥성의 가사협이 지은 책으로 병법 제 82조에 국수류의 원형이 등장한다. 이때의 국수류는 병(餠) 또는 빙으로 떡과 만두 등 밀가루로 만드는 모든 제품을 두루 일컫는 말이다. 우리나라에서는 1123년 고려 인조 당시의 책인 『고려도경』에 '면식' 이라는 밀가루 음식을 총칭하는 말이 등장한다. 그 당시 밀은 중국에서 들어와 귀한 음식으로 취급되었으므로 국수를 만들 때 밀가루 대신 주로 메밀가루나 녹두가루를 사용하였다. 1459년 전순의가 지은 『산가요록』은 우리나라에서 가장 오래된 고조리서로 여기에 생치저비, 창면, 진주면, 세면, 육면, 나화, 수라화 등 다양한 국수들이 등장하며 『규합총서』에는 난면과 화면 등이 기록되어 있는데 난면과 화면 모두 오미자 국물에 말아낸 것으로 음료로 분류하기도 한다. 국수는 긴 면발이 장수의 상징으로 여겨져 잔치 음식으로 많이 먹는데, 한강을 중심으로 이북에서는 겨울에 냉면, 이남

에서는 주로 더운 여름에 칼국수를 먹는다. 만두는 주로 메밀가루가 반죽의 주재료가 되었지만 개성에서는 밀가루로 모양도 독특한 편수를 빚었다.

가래떡을 엽전 모양으로 썰어 끓인 떡국은 정월의 대표적인 절식으로 재복과 장수 기원의 의미를 담고 있다. 이 밖에도 곡물을 이용하여 떡과 수제비, 묵, 술 등을 빚었으며 가루로 만들어 상비해두고 사용하였다.

2) 발효식품의 발달

부식으로 먹는 반찬을 만드는데 가장 중요한 간장, 된장, 고추장 등의 장류를 비롯하여 김치, 젓갈, 식초, 술 등은 우리나라의 대표적인 발효식품이다. 신석기 중기에 원시 농경으로 피와 기장 등의 잡곡 농사가 시작되었고 청동기 시대에는 벼를 비롯하여 보리, 콩, 조, 팥, 수수, 기장 등 오곡이 모두 생산되었으며 철기 시대에 이르러 밀이 추가되었다. 삼국 시대에 이르러서도 콩은 벼 다음으로 중요한 작물이 되었다. 중국의 『삼국지』 「위지동이전」 '고구려조'에 '자혜선장양(慈惠善藏釀)'이 나오는데 이는 고구려 사람들이 술 빚기, 장(醬), 혜(醯), 저(菹) 등을 잘하였다는 말이다. 또 『삼국사기』 신문왕조의 폐백품목에 '쌀, 술, 기름, 꿀, 포, 젓갈과 함께 장(醬)과 시(豉)가 150수레였다.'고 하였으니 이미 장류는 신문왕대 이전에 존재하고 있었던 것을 알 수 있다. 고려 시대에는 거란의 침입으로 인한 의주지방의 병황과 기근을 다스리기 위해 현종 9년(1018)에 소금과 장을 백성들에게 내렸다는 기록이 있어 장류가 구황식품으로 쓰였으며 식생활의 기초식품이었음을 알 수 있다. 또 간장은 어린이의 임질과 어육회의 체기 해소에 이용되었고 된장은 눈에 들어간 불순물을 제거하거나 입술에 난 종기를 치료하는데, 또 화상의 독을 풀어주는 등 약으로도 사용하였다.

우리나라의 대표 발효식품인 김치는 그 원료인 채소를 소금물에 절인 후 숙성시켜 먹는 부식류로 기원이 확실하지는 않으나 신석기 시대부터 소금이 이용되었고 삼국 시대에 소금을 사용하고 채소를 재배하였다는 기록이 있어 삼국 시대 이전부터 만들어 먹었을 것으로 추정하고 있다. 곡류를 중심으로 하는 음식문화가 발달하면서 탄수화물의 소화흡수를 도와주는 음식이 요구됨으로써 채취 가능한 채소를 소금에 절여서 먹는 방식을 취했을 것이며 정착생활의 보편화에 따른 저장성 높은 소금 절임이 성행하였을 것으로 추정된다. 이와 같이 상고 시대의 김치는 소금에 절인 채소를 뜻하는 저(菹)로 시작되어 삼국 시대와 통일신라 시대까지는 소금에 절이거나 소금과 술(또는 술지게미), 소금과 식초를 섞어서 절인 것, 장류에 절인 것 등 혜형(醯形)김치를 먹었을 것으로 추정한다. 저(菹)라는 글자가 우리 문헌에 처음 등장하는 것은 『고려사』인데 부추저, 순무저, 미나리저, 죽순저를 제사의 진설에 썼다고 한다. 지(漬)는 국물을 붓지 않은 절임채소로 우리의 고유한 옛말로는 '디히

(菹)'라 하며 국물을 부어 담근 '침채(沈菜, 팀채, 딤채)'와 함께 '김치(菹=葅)'를 통칭한다. 채소 음식이 발달했던 고려 시대에 침채형 김치의 일종인 동치미가 가장 먼저 만들어졌고 그 외 신건지, 짠무김치, 나박김치가 개발되었다. 1518년 조선 중종 때 『벽온방』에 '무딤 채'라는 말이 나오고 16세기 초의 『훈몽자회』에서도 딤채라는 말이 나온다. 김치는 조선 중기 이후 고추와 젓갈을 사용하면서부터 획기적으로 발달하기 시작하였는데 순무가 댓무 로 바뀌면서 무김치가 먼저 발달하고 조선 중기 이후 배추가 주재료로 등장하였으며 결구 배추가 탄생한 18세기부터 오늘날과 같은 형태의 포기김치가 탄생하였다. 조선 시대 후기 에도 김치의 종류가 계속 늘어났으며 전라도의 고들빼기김치, 개성의 보쌈김치, 공주의 깍 두기 등 각 지방의 특색 있는 김치가 발달하였는데 특히 깍두기는 1940년에 발간된 홍선표 의 〈조선 요리학〉에 조선 제 22대 임금인 정조의 둘째 딸 숙선옹주가 개발한 음식으로 소 개되어 있다. 배추와 무의 원산지는 지중해 연안으로 아시아 지역을 거쳐 2천년 이전에 중 국에 전파되었는데 무는 한사군시절에, 배추는 신라 시대에 당나라에 갔던 사신을 통해 전 래되어 14세기 이후 고려의 수도였던 송도에서 재배 기술이 크게 발달하였다고 한다. 김치 류는 비타민, 무기질, 그리고 식이섬유의 좋은 공급원이며 발효과정을 통하여 생성된 젖산 은 칼슘과 철분 등 무기질의 체내 이용률을 증가시키며 정장작용의 효과가 있다.

3) 다양한 식물성 재료의 이용

고조선과 부여 때는 만주 벌판은 물론 요하지역까지 국경을 접하고 있어 유목민의 영향 을 받았던 우리나라는 일찍부터 육식이 발달하였으나 불교가 전래되자 계율에 따라 법흥 왕 16년(529)에 살생 금지령을 내렸고 상류층 귀족들로부터 채식 위주의 식생활로 점차 변 화되었다. 삼국과 통일신라 시대에 무와 상치에 대한 기록이 나오며 고려 시대에 이르면 오이, 가지, 무, 파, 아욱, 박 등을 볼 수 있다. 이외에도 더덕, 고사리, 산나물 등 약용 식물 이 있고 조선 전기에 토마토, 그리고 후기에 이르면 호박, 고추, 완두, 수박, 토마토, 아욱, 부추, 생강, 갓, 쑥갓 등 현재와 거의 같은 다채로운 채소들을 사용하였음을 알 수 있다. 재 배채소 외에도 버섯과 종실류, 해조류 등 다양한 식물성 재료를 생채와 숙채, 쌈을 비롯하 여 밥과 국, 죽, 찌개, 찜, 전, 떡 등 다양한 형태로 조리하였다.

4) 국물 음식의 발달

중국, 일본과 함께 동북아시아에 속한 우리나라는 세 나라 중 유일하게 숟가락과 젓가락 을 함께 사용하는 나라이다. 중국도 국물 있는 음식을 먹을 때 부분적으로 숟가락을 사용 하기는 하나 밥은 밥공기를 입에 대고 젓가락을 사용하여 먹으며, 일본도 우리나라처럼 끈

기 있는 밥을 먹지만 젓가락을 사용한다. 우리나라는 밥과 국을 먹을 때 숟가락을 사용하는데 두 나라에 비해 '탕반의 문화'라고 할 만큼 국과 찌개, 전골, 나박김치, 동치미 등 국물 있는 음식이 발달하였다.

5) 약식동원 사상

중국의 영향을 받아 우리나라에서도 '음식과 약의 근원이 같다.'는 약식동원의 사상이 발달하였다. '밥이 보약이다.'라는 말과 같이 올바른 식생활을 통해 건강을 유지하고자 하였다. 이러한 생각을 바탕으로 여러 가지 약리 활성을 가지고 있는 식재료를 사용하여 보양식이나 양생 음식, 향약성 음료의 개발에 힘썼다.

6) 복합적인 맛

소금과 후추 등 비교적 단순한 조미료를 사용하는 서구식에 비해 우리나라 음식은 파와 마늘을 비롯하여 한 가지 음식에 흔히 갖은 양념이라 하여 적어도 5~6종류의 조미료를 사용함으로써 복합적인 맛이 나도록 조리하고 있다. 이는 원재료가 가지고 있는 고유의 맛을 포함하여 혀끝이 아닌 입안 전체로 느낄 수 있는 깊은 맛을 내는 우리나라 음식만의 독특한 특징이라고 할 수 있다.

7) 공간 전개형의 상차림

우리나라의 상차림은 공간 전개형으로 볼 수 있는데 마련된 음식을 한 번에 모두 차려 놓고 먹는 것을 말한다. 반면 중국이나 서구의 상차림은 시간 전개형으로, 먹는 순서에 의해 음식이 차례로 나오는 것이다. 밥을 주식으로 하고 반찬을 부식으로 하는 전통상차림은 밥과 국, 김치, 청장을 기본으로 놓고 5첩 이상에서는 조치를, 7첩 이상에서는 찜을, 9첩 이상에서는 전골을 더한다. 부식으로 전과 회, 편육을 놓을 때에는 초간장과 초고추장을 곁들인다. 7첩 이상의 경우 보조로 곁상을 놓는다.

독상 차림의 경우 숟가락은 상의 오른쪽 앞에 가로로, 젓가락은 그 뒤쪽에 나란히 놓는데 상 끝에서 약 3cm 정도 밖으로 나가게 놓는다. 밥은 상의 제일 앞 왼쪽에, 국은 오른쪽에 놓는다. 두 번째 줄에는 간장을 비롯하여 초간장, 초고추장 등의 종지를 놓고 세 번째 줄에는 왼쪽부터 마른 찬, 회, 전, 구이, 찌개를 놓으며 4번째 줄에는 왼쪽부터 생채, 숙채, 조림, 찜을 놓는다. 마지막 줄에는 왼쪽에 배추김치, 오른쪽에 국물김치나 동치미 등을 놓아 국물을 쉽게 떠먹을 수 있게 하였다. 겸상의 경우 수저는 대각선상으로 양쪽에 각각 한 벌 씩 놓고 밥과 국도 각각 따로 놓는다. 더운 음식과 고기 음식은 어른이나 손님 가까이에 놓고 밑반찬은 아랫사람이나 주인 쪽에 놓는다.

반상 이외에 응이나 미음, 죽 등의 유동식으로 차린 죽상에는 맵지 않은 좌반이나 동치미, 나박김치, 맑은 찌개 등을 곁들인다. 더운 국수장국이나 냉면에 반찬을 곁들인 면상 또는 장국상은 평상시에는 점심이나 간단한 식사를 할 수 있도록 차리지만 혼례, 회갑례 등의 경사에는 여러 가지 부식을 곁들인다. 이외에도 교자상, 주안상, 다과상 등 행사의 종류에 따른 여러 가지 상차림이 있다.

최근 외식의 발달과 세계화의 영향을 받아 우리 음식을 코스로 만들어 순서에 따라 서비스하고 있는 곳이 많이 있다. 그러나 지나치게 많은 순서와 음식의 가짓수로 주식인 밥을 먹기 이전에 배가 불러 음식을 낭비하게 되는 경향이 심하며 주식과 부식으로 이루어진 전통상차림의 균형이 깨어지는 인상을 주고 있다.

[표 2-2] 반상차림의 구성 원칙

구분	기본 음식							첩수에 해당하는 음식										
	밥	국	김치	장류	찌개	찜(선)	전골	나물 생채	나물 숙채	구이	조림	전	장과	마른찬부각	젓갈	회	편육	수란
3첩	1	1	1	1				택1		택1				택1				
5첩	1	1	2	2	1			택1		1	1	1		택1				
7첩	1	1	2	3	1	택1 (또는 둘 다)		1	1	1	1	1		택2				
9첩	1	1	3	3	2	1	1	1	1	1	1	1		택4				
12첩	2	2	3	3	2	1	1	1	1	2	2	1	1	1	1	1	1	1

8) 절식과 시식의 발달

벼농사에 적절한 자연환경의 영향으로 우리 민족의 생활 양식은 일찍이 파종과 수확을 중심으로 형성되어왔다. 풍년을 기원하는 제천 의식을 비롯하여 불교와 유교의 영향을 받은 기복 사상과 조상 숭배 등은 개인이나 특수한 사람에게 한정된 것이 아니라 공동체의

신앙과 예술, 놀이, 음식 등에 많은 영향을 주었다. 이러한 공동의 생활관습은 매년 태음력에 의해 계절적으로 반복되는 세시 풍속을 형성하였다. 특히 1년 중 세시 행사가 가장 많은 달이 정월이며 그 중에서도 정월 대보름의 행사가 절반을 차지하여 농경적 요소가 많이 포함되어 있는 것을 알 수 있다.

우리나라의 3대 명절로 설과 단오, 추석을 꼽는데 설은 원단, 세수, 연수, 신일이라고도 하며 일 년의 시작이라는 뜻이다. 단오는 음력 5월 5일로 수릿날, 천중절, 중오절이라고도 한다. 일 년 중 가장 양기가 왕성한 날로 모내기를 끝내고 풍년을 기원하는, 농사를 생활의 근본으로 여긴 우리 선조들에게는 큰 의미를 지니는 날이다. 추석은 음력 8월 15일로 아침 일찍 일어나 햅쌀로 지은 밥과 술, 송편을 빚어 가을 수확을 감사하며 조상에게 먼저 천신한 다음 사람이 먹는다. 식사를 마친 후 조상의 산소에 가서 성묘를 하는데, 추석 전에 미리 산소에 가서 벌초를 한다. 여름 동안 무성하게 자란 풀이 시들어서 산불이 나면 무덤이 타게 되므로, 미리 풀을 베어주는 것이다.

[표 2-3] 절식과 시식

월	명절 및 절기명	풍속	음식의 종류
1월	설	설빔, 차례, 세배, 덕담, 복조리, 세화, 성묘	떡국, 편육, 족편, 각색 전유어, 과정류, 식혜, 나박김치, 장김치, 세주
	대보름	볏가릿대(화적), 용알뜨기, 다리 밟기, 쥐불놀이, 줄다리기, 고싸움, 차전놀이(동채싸움)	오곡밥, 약식, 복쌈, 묵은 나물, 부럼, 귀 밝이술, 팥죽
2월	중화절	머슴날, 노래기부적, 영등할머니	노비송편, 콩 볶기
3월	삼짇날	화류놀이, 활쏘기, 풀놀이	화전, 화면, 수면, 진달래화채, 탕평채, 서 여증식, 각종 국, 떡, 술
4월	초파일	관등, 줄타기	느티떡, 볶은 콩, 미나리나물, 파강회, 증편, 장미전, 어채
5월	단오	창포탕, 창포잠, 단오제, 씨름, 단오선, 그네뛰기, 익모초와 쑥 말리기	수리취절편, 제호탕, 옥추단, 앵두편, 앵두화채
6월	유두	유두천신, 유두연	유두면, 수단, 보리수단, 상화병, 물만두, 밀쌈, 구절판
7월	칠석	책과 옷 말리기	밀전병, 밀국수
8월	추석	강강술래, 반보기와 근친	오려송편, 밤단자, 화양적, 누름적, 배화채, 배숙, 인절미, 토란탕, 토란단자

9월	중구	중양차례, 단풍구경	국화주, 국화전, 유자화채
10월	상달	성주제, 시제, 조상단지모시기, 말날, 김장, 우유 만들기	고사떡, 신선로, 타락죽, 연포탕, 변씨만두, 강정, 애탕, 애단자
11월	동지	책력, 황감제, 용갈이	팥죽, 전약, 냉면, 골동면, 수정과
12월	섣달그믐	납향, 참새 잡이, 대청소, 세의, 폭죽, 묵은 세배	골동반

이밖에도 24절기의 첫 번째 절기인 입춘과 한식, 삼복 등이 있다. 24절기의 첫 번 절기로, 봄으로 접어든다는 뜻의 입춘은 농업의 시작을 알려주는 날로 나무로 만든 소를 내놓고 풍년을 비는 농경의례를 지냈으며 보리뿌리를 캐어보고 그해 농작물의 길흉을 점쳐보기도 하였다. 입춘의 음식으로는 움파, 멧갓, 승검초 등을 데쳐 초장에 무쳐 먹었는데 겨울 동안 부족한 비타민을 보충하기 위한 조상들의 지혜를 엿볼 수 있다.

한식은 동지 후 105일째 되는 날로 성묘를 하고 불을 쓰지 않으므로 찬 음식을 먹는다. 하지 후 셋째 경일(庚日)을 초복, 넷째 경일을 중복, 입추 후 첫째 경일을 말복이라 하는데 삼복은 그해 더위가 가장 극치를 이루는 때이므로 모든 사람들이 지쳐 있을 때이다. 복중의 음식으로는 보신탕과 육개장, 계삼탕, 민어탕, 임자수탕, 증편, 백마자탕(어저귀국) 등을 들 수 있다.

9) 식사 예절

전통적인 우리의 상차림은 철저하게 외상을 원칙으로 하였지만 할아버지가 손자에게 식사 예절을 가르친다는 명분하에 조손간에는 겸상이 가능하였으나 부자간에는 이를 피하였으며 남녀가 같이 겸상을 하는 것은 무례한 것으로 보았다. 상류층에서는 이러한 예절이 철저하게 지켜졌으나 평민들은 '두레상'에서 여럿이 함께 먹었으며 상이 없을 때에는 기름종이를 깔고 땅바닥에서 먹기도 하였다. 또 상물림이라는 것이 있어 어른이 먹고 난 상을 아랫사람이 먹었으므로 음식을 수북하게 담는 것이 일반적이었다. 다음의 내용은 이덕무(1741~1793)의 『청장관전서』「사소절(士小節)」에 소개되어 있는 기품 있는 식사 예절에 관한 것으로, 주요 내용은 우선 음식을 귀하게 생각하고 고루 먹으며 빈부간의 격차가 심하였던 시대이니 만큼 가난한 사람들을 위하여 검소한 식생활을 하라는 것이다. 또한 음식의 맛을 타박하여 조리한 사람에 대한 예의를 잃지 말아야 하며 위생관념을 잘 지켜 같은

공간에서 식사하는 상대방에게 불쾌감을 주어서는 안 된다는 것이다. 몇 가지를 살펴보면 아무리 바쁜 일이 있더라도 밥상이 나오면 즉시 들며 아무리 성낼 일이 있더라도 밥을 대했을 적에는 반드시 노기를 가라앉혀 화평한 마음을 다져야 한다. 그리고 아내와 굶주리고 있는 가족을 배려하고, 집에 색다른 음식이 있을 때 아무리 적어도 노소 귀천 간에 고루 나누어 먹으라고 하였다. 또 탐식을 해서는 안 되며 쌈을 쌀 때 입에 넣을 수 없을 정도로 크게 싸서 볼이 불거져 보기 싫게 하지 말며, 음식을 먹을 때 소리가 나지 않게 해야 한다. 또 음식을 먹을 때 너무 느리게, 또는 급하게 씹지도 말며 기침하지도 말고 웃지도 말며 다 먹고 나서는 하품하지 말고 식사가 끝난 뒤 숭늉을 마시고 나서는 다시 반찬을 먹지 말라, 밥이나 국이 아무리 뜨거워도 입으로 불지 말고 콩죽이나 팥죽은 숟가락으로 저어서 삭게 하지 말라고 하였다. 이밖에도 여자들과 어린이의 식사예절이 있으며 성균관 학생들의 집단 식사예절에 의하면 음식을 넘어 다녀서는 안 되고 식사 시 절대로 말을 해서도 안 되며 자신의 식사가 끝났어도 연장자가 수저를 놓을 때까지 기다려야 한다는 내용이다.

현재까지 지켜지고 또 지켜야 할 식사예절은 음식을 먹을 때 소리를 내지 않아야 한다는 것과 함께 먹는 사람들과 보조를 맞추어서 먼저 식사가 끝나지 않도록 주의해야 한다는 것이다. 식사 시 말을 절대로 해서는 안 된다는 것은 시대의 변화와 함께 달라져야 할 내용이라고 생각한다. 식사 시 대화는 소통과 비즈니스, 교류의 장이 될 수 있으므로 오히려 장려하고 개선해야 할 것이다.

2. 일본(Japan)

일본은 사면이 바다로 둘러싸인 열도로 홋카이도(北海道), 혼슈(本州), 시코쿠(四國), 큐슈(九州) 등 4개의 큰 섬과 수많은 작은 섬으로 이루어져 있다. 호수가 많고 해안선의 출입이 잦아 다양한 종류의 플랑크톤과 해조류가 자랄 수 있으므로 어업자원이 풍부하다. 난류와 한류가 서로 교차하므로 고온 다습한 기후가 형성되어 한여름에는 매우 덥고 습도가 높으며 장마나 태풍이 자주 나타나지만 쌀을 재배하는데 적합하며 삼림도 무성하므로 크고 작은 포유동물과 조류가 많이 서식하고 있다. 반면 강우량이 많아 산지나 고원에 방목하는 목축업은 발달하지 못하였다. 불교의 영향도 있었지만 이와 같은 기후의 영향으로 일본은 육류보다는 수산물과 채식을 주로 하는 식생활 문화를 이루게 되었다.

[그림 2-1] 일본 전도

(1) 식생활 문화의 역사

1) 자연 잡식 시대(BC 10,000~BC 400년)

죠몬 시대라는 별명을 가지고 있는 자연 잡식 시대는 새끼줄을 이용하여 질그릇에 무늬를 내어 사용했기 때문에 붙은 이름이다. 새끼줄 모양의 질그릇은 나무열매 및 패류 껍데기를 담는데 사용했고 활, 작살 등을 이용해서 물고기, 야생동물 사냥을 하며 육식을 주로 하였으며 또 식물의 뿌리, 과일, 열매, 잎 등을 함께 섭취하였다. 음식을 조리하는데 사용된 죠몬식 토기는 주로 불을 이용하여 음식을 익혀 먹는데 사용된 것으로 추정되므로 자연 잡식 시대에는 숙식(熟食)과 생선을 소금에 절여 염장하는 염장법이 사용되었다.

2) 야요이 시대(BC 300~AD 300년)

무문 토기가 야요이라는 조개 무덤 안에서 발견되면서 붙여진 이름인 야요이 시대는 농사가 시작된 시대이다. 한국의 청동기 시대와 맞물려 있는 야요이 시대는 BC 300년경 질그릇의 발견으로 밝혀졌다. 한국으로부터 전파된 벼농사를 토대로 주식은 도정되지 않은 현미를 먹었고 부식으로는 사냥을 통해 얻은 동물성 식품을 섭취함으로써 주곡부육(主穀副肉) 시대가 시작되었다. 야요이 시대는 쌀과 소금을 생산할 수 있었던 시대로 현미는 야

요이 시대 말기에 만들어진 시루에 쪄서 섭취할 수 있게 되었고 해조류를 이용하여 얻어낸 소금도 식생활에 주로 사용되었다.

야요이 시대에 백제인인 수수코리에 의해 누룩이 전해졌고 지금 마시고 있는 음료 형태의 술이 아닌 누룩곰팡이를 이용한 주조법으로 젓가락으로 떠먹을 수 있는 곡주를 만들었다. 야요이 시대 말기부터 고분 시대로 넘어가는 시기에 젓가락이 만들어졌는데 지금과 같이 2개를 사용하는 것이 아닌 한 개의 구부러진 나무를 이용하여 수저와 같이 떠먹는 형태였다. AD 250년경 중국으로부터 밀, 보리를 전수 받아 우동을 만들 수 있게 되었고 간장도 식생활에 이용하였다.

3) 고분(AD 300~592년), 아스카 시대(592~709년)

일본 최초의 불교 문화인 아스카 문화는 백제로부터 불교를 받아들였고 아스카 절을 만들고 593년에 공식적으로 승인하였다. 아스카 시대에는 한국으로부터 솥과 시루, 부뚜막 등 주방 도구들이 전래되었고 중국 수나라로부터 된장을 받아들였으며 당나라(618~907) 때에는 두 개의 젓가락이 도입되어 숟가락과 동시에 사용되었다.

불교를 숭상하게 되면서 아스카 시대인 676년 살생이 금지되었고 에도 시대까지 육식 금지령이 내려졌는데 금지령은 종교적인 이유뿐아니라 정치적으로도 커다란 목적을 가지고 있었다.

4) 나라 시대(710~794년)

나라 시대는 중국 당나라의 화려하고 호화로운 귀족의 생활을 그대로 본받았다. 식생활에서도 형식을 중요시하고 차가운 요리를 한꺼번에 준비하여 더욱더 호화로움을 자랑하였고 불상의 공양물인 당 과자를 수입하였으며, 밀가루와 쌀가루를 이용하여 국수와 우동을 만들 수 있게 되었다.

8세기로 들어서면서 생선과 밥을 혼합하여 발효시킨 나레즈시를 만들었는데, 나레즈시는 밥의 전분과 은어나, 붕어 등의 생선을 사이사이에 넣어 발효시킨 것으로 밥과 생선을 무거운 돌로 눌러 단단하게 만들어 술안주 또는 부식으로 이용하였다.

5) 헤이안 시대(794~1192년)

헤이안 시대의 시라카와 천황은 당나라의 화려함을 그대로 받아들여 헤이안을 도읍으로 정하였다. 헤이안은 지금의 도쿄 지역으로 귀족들의 전성기라고도 할 수 있다. 귀족정치와 불교의 영향으로 귀족계급의 식생활은 형식적이게 되었으며 말린 육포 또는 건어물로 인해 영양실조가 많은 시대였다. 계급에 따라 청동과 은, 옻 등 그릇의 재료와 모양을 다르

게 사용하였으며 조리기술 또한 발달하여 창의성과 예술성이 드러나는 시기였다. 그러나 서민 계층은 불교의 영향을 받지 않아 자유롭게 식생활을 펼쳤으며 식재료 또한 다양하였고 고기, 된장, 생선, 열매 등을 이용하였다. 특히 우메보시라고 하는 매실 절임을 만들어 먹었고 농사를 경작하는 농민들은 자신들의 땅을 지키기 위해 무사 직급에 임하여 점점 그 세력을 확장 시켜 나갔다.

9세기에 들어서면서 중국의 차 문화가 도입되었고 당나라의 화려한 차예도(茶禮道)와 함께 차를 관리하는 조차소(造茶所)를 만들었고 당나라에 의해 두부 제조법을 전수받아 헤이안 시대에 두부가 등장하였다.

6) 가마쿠라 시대(1192~1333년)

귀족이 지배하던 헤이안 시대에 귀족들의 포악한 횡포로 무사 집단이 반란을 일으켰고 이로 인해 무사의 전성 시대인 가마쿠라 시대가 펼쳐졌다. 가마쿠라는 지역의 이름으로 무사였던 미나모토 요리토모가 도쿄 부근의 가마쿠라에 군사 정부를 설치하여 가마쿠라 시대라는 이름을 얻게 되었다. 가마쿠라 시대는 무사가 지배하던 시대로 귀족 지배하의 화려한 헤이안 시대와는 상이한 분위기로 소박하고 단순한 식생활의 특징을 가지고 있다. 체력을 중시한 무사 계급은 육식을 더욱 선호하였고 당나라의 영향을 받은 숟가락 사용이 쇠퇴되어 젓가락만 사용하였다.

7) 무로마치 시대(1392~1573년)

다카지우가 쇼군이 되면서 주요 거주 지역이 교토 지역의 무로마치로 옮겨졌고 무로마치 군사 정부 시대가 설립되었다. 이 시대에는 각 지방마다 다이묘(지역 군주)를 두어 자치권을 행사할 수 있게 되었고 이로 인해 지역 군주의 세력 확장을 가져왔다.

가마쿠라 시대에 이어 무로마치 시대에도 차가 유행하였고 선종(禪宗)의 전래와 영향으로 차와 함께 먹는 요리인 카이세키(懷石料理)가 등장하였고 일본 정찬 요리의 기본인 혼젠 요리(本膳料理)도 시작되었고 선종의 전래로 중국 승려도 증가함에 따라 승려의 요리인 쇼진 요리(精進料理)도 발달하였다. 농업이 발달한 무로마치 시대는 쌀과 보리의 이모작을 시행하였고 수확량의 증가로 인해 오늘날의 밥과 같은 형태인 쌀을 쪄서 먹는 것이 아닌 죽처럼 끓여서 먹는 조리법이 생겨났다.

8) 아즈치 · 모모야마 시대(1573~1603년)

1590년 아즈치 · 모모야마 시대에 여러 서구 나라들과 무역이 활발해지면서 서구의 식품들을 받아들인 일본 식생활 문화는 가장 낮은 위치에 있었던 상인들의 위상을 높여놓은

시대이다.

무역으로 인해 동남아시아와 포르투갈, 에스파냐, 네덜란드 등 주로 유럽국가와 접촉을 하게 되었고 호박, 감자, 옥수수, 토마토, 고추 등은 식용보다는 관상용으로 들어왔다.

가마쿠라 시대에 등장한 카이세키 요리가 확립된 시기이며 무역을 통해 전해진 남만(南蠻) 요리, 일본 요리의 발달이 이루어진 시대이며 권위를 확립하고 과시하기 위해 오사카성을 건립한 도요토미 히데요시는 임진왜란을 통해 상인들에게 상권을 확대시켰고 조선에서 많은 도공을 납치해 일본의 도자기 개발에 활력을 더하였다.

대표적인 남만 요리인 덴푸라는 포르투갈어(語)인 Temperal(조리하다)의 어원에서 유래되었다는 설이 있으며 16세기 포르투갈 상인들을 통해 전해졌다.

9) 에도 시대(1603~1868년)

도요토미 히데요시가 병사(病死)하여 도쿠가와 이에야스에 의해 군사 정부가 세워졌고 에도(도쿄)가 주요 도시가 되었다. 에도 시대는 일본 요리의 완성기로 막부 시대의 말기이며 막부는 스스로 귀족화하고 화폐 개혁으로 상인들의 생활수준을 급격히 상승시켰다. 나가사키 무역항이 개항하여 물자 유입이 활발해지고 유통의 거점을 이루어 상업 발달의 꽃을 이루었다.

19세기 사무라이 정권의 막부 정책에 의해 농경기술 개발, 품종 개량, 어업 기술 등의 발전으로 더욱 많은 식량을 확보할 수 있었으나 또 다시 육식을 금하게 되자 그로인해 일반 서민에게도 생선회가 보급되었다. 니기리즈시, 김, 조개 등을 식생활에 이용하였고 주로 소금, 된장, 식초를 조미료로 사용하였으나, 와사비, 간장, 설탕, 가쓰오부시, 다시마 등도 사용하게 되었다.

10) 메이지 유신(1868년~)

천황(덴노)의 통치 아래 메이지 연호를 사용한 중앙집권국가의 시대로 서양 문물을 거침 없이 수용하면서 서양 요리와 일본 요리의 공존이 이루어졌다. 다양한 요리들의 유입으로 요리 문화에 큰 발전을 가져와 스키야키 요리와 양주가 성행하였고 하루 세끼의 식사와 함께 본격적으로 양력 사용을 실행하였다.

1871년 천황이 육식을 시작하면서 본격적으로 육식을 허용하였다. 또한 파와 두부를 이용하여 만든 냄비 요리인 나베도 만들어졌으며 서양 요리법을 이용한 튀김 요리가 유행하였다.

(2) 식생활 문화의 특징

1) 생선을 이용한 음식의 발달

음식에 대한 일본인의 전통적인 생각이 가급적 조리를 하지 않고 자연에 가까운 상태로 먹는 것을 최상으로 생각하기 때문이기도 하지만 일본에서 생선을 이용한 음식이 발달한 이유는 자연 환경적 요인에 의한 것이 가장 크다고 할 수 있으며 그밖에도 불교와 주식인 쌀의 영향이라고 볼 수 있다.

일본의 가장 대표적인 요리인 사시미의 경우 싱싱한 어육을 잘라 와사비와 간장에 살짝 찍어 먹는, 전혀 열을 가하지 않은 음식이다. 생선을 비롯한 수산자원이나 생선이 아닌 식재료의 경우에도 신선도가 가장 높을 때는 날로 먹고, 그 다음 구워 먹거나 조림을 하게 되는데, 신선도가 보장되는 것은 그 재료 자체의 신선한 맛을 즐기려는 경향에서 나온 조리법이라 할 수 있다.

사시미와 함께 일본을 대표하는 음식 중 하나라고 할 수 있는 스시는 재료와 만드는 방법에 따라 그 종류가 매우 다양하다. 스시는 신맛을 뜻하는 옛 단어 '스파시(酸し)'에서 유래되었는데 쌀과 생선이 풍부한 동남아시아에서 유래된 생선 저장법으로 태국과 베트남, 중국의 운남성 등에서 그 흔적을 찾아볼 수 있다. 소금 간을 한 생선을 밥과 함께 보관하는 식품가공법이며 일본 시가현의 붕어초밥이나 기후현의 은어초밥은 나레즈시(なれずし)로 쌀 전분의 발효력을 이용하여 생선에 유산균이 발생하도록 하는 조리법인데 소금을 많이 쓰고 누름돌이 무거울수록 발효가 잘 되지만 시간이 오래 걸리고 쌀밥은 분해가 너무 많이 되어 먹을 수 없는 상태가 된다. 16세기 후반 무로마치 시대에 쌀을 이용한 식초가 확산되면서 발효시간이 단축되었고 생선과 밥을 함께 먹을 수 있는 음식이 되었다. 1680년에는 에도에서 초밥집이 독립적인 영업을 시작하게 되었으며 현재의 니기리즈시(握りずし)가 등장한 것은 1810년경이다. 하야스시를 개량하여 와사비를 넣고 즉석에서 먹을 수 있도록 만들었다. 1852년에 출간된 「모리사다 만코」에 도쿄에 스시 노점의 비율이 150대 1의 비율로 면 전문식당을 압도하고 있는 것 같다고 서술하였을 정도로 스시는 인기 있는 음식이 되었으며 태평양 전쟁 이후 해외로 이주한 스시 전문 요리사들에 의해 세계로 진출하게 되었다. 젓갈과 같은 형태의 슬로우 푸드에서, 에도 시대의 대표적인 길거리 음식인 패스트푸드로 탈바꿈되었으며 2005년 '일식인구 배증 5개년 계획' 하에 2010까지 일본 음식 체험 인구를 12억 명으로 증진시킨다는 목표 아래 진행된 일본 음식 세계화 사업에 의해 현재는 외국인들에게도 많이 알려진 아이템이다.

[그림 2-2] 참치와 와사비

2) 색채와 계절감각을 반영한 상차림

일본 음식은 눈과 코로 먹는다고 할 정도로 음식의 색깔과 조리법, 그릇에 담겨진 모양이 아름답다. 계절의 변화에 따라 생산된 다양한 채소와 식재료를 사용하여 계절의 풍미를 잘 반영하고 식욕을 돋울 수 있는 조리법을 사용하므로 신선한 맛과 향을 즐길 수 있다.

[그림 2-3] 일본의 장식용 채소

3) 쌀과 술의 다양한 이용

죠몬 시대 말 벼농사가 전파된 이래로 쌀은 일본에서 매우 중요한 식재료가 되었다. 일본의 쌀은 우리나라와 같이 끈기가 있으며 바로 밥을 해서 먹기도 하지만 식초를 넣은 초밥이나 생선회를 얇게 저며 얹어 먹기도 하고 주먹밥으로도 먹는다. 또한 쌀을 원료로 빚은 청주는 일본의 대표적인 술로 곰팡이를 이용하여 만든 양조주인데 일본의 독자적인 양조기술로 빚었으며 증류를 하지 않았으나 도수가 높아 알코올 함량이 20%에 달하는 것이 특징이다. 술은 보통 식사 전에 마시고 술을 마시는 동안에는 밥을 먹지 않으며 오른손으로 술잔을 들고 왼손으로 술잔을 받쳐서 마신다. 술지게미는 다양한 종류의 채소절임에 사용한다.

[그림 2-4] 일본의 다양한 채소절임

4) 대두 음식의 발달

6세기 불교가 일본에 전래되면서 살생을 금하는 불교사상에 기인하여 육식을 금하게 되었으며 7세기 후반부터는 약 100년 사이에 역대의 천왕들이 동물을 죽이는 것을 금하였다. 불교를 받아들인 중국에서는 승려만이 육식과 어패류를 금하고 일반 시민들은 육식을 허용하였으나 일본에서는 오키나와 사람들을 제외하고 대부분 오랫동안 육식을 하지 않았으며 동남아시아의 여러 민족과 같이 가축의 젖을 먹지 않은 관계로 버터나

[그림 2-5] 다양한 종류의 두부

치즈, 요구르트 등 유제품의 식용이 부족한 편이어서 단백질을 보충하기 위해 대두를 많이 이용하는데 일본된장인 미소나 낫토 등이 대표적이다. 특히 두부에 간 생강과 잘게 썬 파 등 각종 양념에 간장을 끼얹어 먹는 단순한 두부 요리를 즐겨 먹는다. 일본도 중국이나 한국과 같이 대두를 이용한 발효성 조미료를 만들어 먹는데 미소는 한국의 된장에 비해 맛이 가벼운 편이며 낫토는 생것을 그대로 먹는다. 간장은 만능 조미료로 사용되며 음식을 직접 찍어 먹기도 하고 식초, 술, 겨자와 함께 소스로도 많이 이용한다.

5) 1인 식기와 상차림의 발달

식사 시 숟가락을 사용하지 않고 젓가락만으로 식사하는 일본인들은 밥그릇, 국그릇, 조림 그릇 등 다양한 종류의 그릇이 발달하였다. 주로 도자기를 많이 사용하지만 칠기와 죽제품, 유리그릇이나 자연물 소재 등 계절감각을 반영한 그릇들도 있으며 전통적인 모양과 현대적인 감각을 살린 제품 등 색깔과 모양이 다양하다.

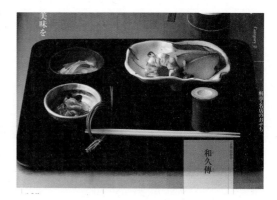

[그림 2-6] 1인 식기와 상차림

6) 차의 발달

일본인들이 주로 마시는 차는 연한 찻잎을 따서 살짝 쪄서 말린 녹차로 일본인들의 생활 속에 깊숙이 자리 잡고 있는 문화이다. 일본의 다도는 격식을 갖춘 차 문화로 손님이 오면 반드시 차를 대접하는데 직장에서도 오후 3시경에 티타임을 갖는다. 식사를 하고 난 후에도 차로 마무리 하는 경우가 많고 특히 혼슈의 시즈오카 차가 유명하다. 차와 함께 화과자 등 다양한 종류의 후식을 먹는다.

[그림 2-7] 화과자

7) 지역별 음식의 발달

일본의 지역 요리는 크게 관동 요리와 관서 요리로 나눌 수 있다. 관동 요리는 무사 및 사회적 지위가 높은 사람들에게 제공하기 위한 의례적인 요리가 발달한 것으로 맛이 진하며 달고 짠 것이 특징이다. 동경을 중심으로 발달하였으며 깊은 바다에서 나는 단단하고 살이 많은 양질의 생선을 이용하여 농후한 맛을 즐기는 것이 특징이다.

관서 요리는 관동 요리에 비해 맛이 연하고 부드러우며 재료 자체의 맛을 살려

[그림 2-8] 일본라멘

요리하는 것이 특징이다. 교토와 오사카를 중심으로 발달하였으며 양질의 두부, 채소, 밀기울, 말린 청어, 대구포 등을 사용한 요리가 많다. 특히 오사카는 생선이나 조개류를 이용한 요리가 많다.

8) 일본의 명절 음식

일본은 아시아의 한자문화권에 속한 나라 중 유일하게 음력을 사용하지 않으며 양력으로 1월 1일부터 3일까지가 정월명절이다. 일본의 설날(お正月)은 한해의 첫날로 '토시가미(年神)' 또는 '토시토쿠진(歲德神)'이라는 신을 맞이하는 날이다. 이 신은 높은 곳에서 인간 세상에 내려와 인간들이 행복한 생활을 할 수 있도록 해준다고 한다. 그래서 사람들은 대문을 신이 내려올 수 있도록 문 옆에 세워둔 소나무 장식인 가도마츠(門松)로 장식하고, 신께 올리는 떡인 카가미모치(鏡もち)를 만들어 바친다. 1~2주일 지난 후 불에 구워 부드럽게 만든 다음 오조니(お雜煮)라는 일본식 떡국을 끓여 먹는다. 오조니를 끓이는 방법은 집집마다 차이가 있으나 된장을 풀어 맛을 내고 카가미모치를 넣는 것이 지역 공통이다. 또한 오세치(お節) 요리라 하여 멸치나 청어알, 연근, 새우, 검은 콩 등으로 손님이나 친지를 접대하기 위한 저장 음식을 만드는데 각각의 식재료들은 자손번창이나 지혜, 성실과 노력 등 좋은 의미를 가지고 있다. 간이 좀 센 편으로 찬합에 담아 보관하는데 요즘은 상품화되어 나오므로 쉽게 이용할 수 있다.

[그림 2-9] 오세치 요리(좌)와 카가미모치(우)

　해마다 3월 3일에 열리는 일본의 전통축제인 히나마츠리는 여자 어린이들의 무병장수와 행복을 기원하는 일본의 전통행사이다. '히나'는 에도 시대(江戸時代)인 17세기 초부터 일본에서 행해진 히나 인형 놀이에서 유래하였다. 3월 3일을 전후해 복숭아꽃이 피는 까닭에 모모노 세쿠라고도 하고, 딸들의 축제라는 뜻에서 온나노 세쿠라고도 한다. 중국의 삼월 삼짇날에 행해지던 액막이 행사가 일본의 히나 인형 놀이와 합해져 17세기 중엽부터 전통 행사로 정착된 것으로 추정된다. 이 날이 되기 며칠 전부터 어린 딸을 둔 가정에서는 갖가지 장식을 한 화사한 히나 인형과 히나 과자, 떡, 복숭아와 복숭아꽃 등을 붉은 천으로 덮은 단(壇) 위에 올린다. 히나 인형의 종류와 수량에 따라 적게는 2단에서 많게는 8단에 이르기까지 단의 형식도 다양하다. 보통 최상단부터 천황과 황후, 궁녀, 음악 연주가, 궁정 대신, 종자, 가재도구, 우마차 인형 등의 순으로 배치하지만, 지방에 따라 조금씩 다르다. 축제 당일이 되면 딸을 둔 가정에서는 온 가족이 모여 음식을 나누어 먹고, 축제가 끝나면 단을 치운다. 이 날 음식을 나누어 먹지 않거나, 축제가 끝났는데도 단을 치우지 않으면 자신의 딸이 늦게 결혼하거나 하지 못한다는 풍습이 전해진다.

　히나마츠리와 반대로 해마다 5월 5일 당고(端午) 때는 남자 어린이들을 위한 행사가 열리는데, 이를 코이노보리라고 한다. 남자아이가 태어나서 처음으로 맞이하는 절구(節句)를 초절구(初節句)라고 하고, 5월 5일 어린이날에 해당하며, 정식으로는 단고노 셋쿠(端午の 節句)라고 한다. 나라 시대부터 행해진 오래된 행사이다. 나라(奈良)와 헤이안(平安) 시대의 단오 날에는, 재난이나 신상에 일어날 수 있는 나쁜 일들을 피하기 위한 행사가 열리는 중요한 날이었다. 궁정에서는 이 날, 처마에 창포나 쑥을 꽂아 달고, 신하들은 창포를 관에

장식하기도 하였다. 무사계급사회에서도 여러 행사를 하게 되어 이후에는 남자아이를 위한 셋쿠(節句)로 바뀌었다. 이 날이 남자아이를 위한 날이 된 이유는 쇼부(菖蒲: 창포)라는 음이 승부(勝負), '무예를 숭상하다.'라는 뜻과 통하기 때문이다. 무로마치 시대에는 종이로 만든 투구에 창포 꽃을 장식하였고, 에도(江戶)중기가 되면서 무사의 집안 뿐 아니라 민간에도 퍼져서 남자아이의 탄생을 축하하

[그림 2-10] 고타츠

는 날이 되었다. 그리고 무사인형과 더불어, 서민들 사이에서 그들의 아이디어로 잉어달기(코이노보리, 鯉のぼり)가 생겨났고 지금까지 남자아이의 축제로 이어지고 있다.

정월 다음으로 큰 행사인 오봉(お盆)은 매년 양력 8월 15일을 기준으로 3일 정도의 명절로서, 우리나라의 추석과 비슷한 명절이다. 조상의 영혼이 1년에 한번 이승의 집을 찾아오는 날이라 하여 각종 음식을 장만해 조상에게 바치고 제사를 지내 그 명복을 빌며 우리의 성묘 풍습처럼 조상의 묘를 찾아 참배를 한다. 또한 강강수월래와 비슷한 봉오도리(盆踊り)라는 원무를 추는 풍습도 있다. 교토에서는 떡을 먹는데 우리나라에는 화과자로 알려져 있다.

11월 21일 동지에는 유자를 띄운 물에 목욕을 하고 유자를 즐겨 먹기도 하며 12월 31일을 오오미소카(大三十日)라고 한다. 이 날 밤에는 온 가족이 모여서 국수를 먹는데 오사카에서는 우동을 먹고 동경에서는 메밀국수를 먹는다. 긴 국수처럼 오래 살기를 기원하는 의미가 담겨있으며 밤 11시 반쯤부터 전국 각지의 절에서 제야의 종을 치기 시작하는데 인간의 백팔번뇌를 없애주는 것이라 한다.

9) 식사 예절

식사 전에 반드시 잘 먹겠다는 인사를 하는 것이 일본의 식사예절이며 젓가락만으로 식사를 한다. 밥상을 받으면 밥그릇, 국그릇, 조림 그릇의 순서로 뚜껑을 여는데 왼손으로 뚜껑을 쥐고 오른손을 대어 물기가 떨어지지 않도록 위로 향하게 하여 상의 왼쪽 다다미 위에 조용히 내려놓는다. 양손으로 밥공기를 들어 왼손 위에 놓고 오른손으로 젓가락을 집어 왼손 가운데 손가락에 끼운 다음 다시 오른손으로 사용하기 편하게 잡은 다음 국에 넣어 끝을 조금 축인 후 밥을 먹는다. 경사에는 밥을 먼저 먹고 흉사에는 국부터 마신다.

국그릇을 두 손으로 들어 젓가락으로 먼저 건더기를 먹은 후 국을 한 모금 마시며 국물을 마실 때에는 젓가락으로 건더기를 누르면서 마신다. 국을 마신 후에 밥이나 조림을 먹으며 국물이 있는 조림은 그릇 째로 들고 먹어도 되며 국물이 없을 때에는 뚜껑에 덜어서 먹는다.

회는 접시의 가장자리부터 차례로 작은 접시에 덜어 먹는다. 생선의 끝에 와사비를 바른 후 간장에 찍어 먹는다.

차를 마실 때에는 찻잔을 두 손으로 들어 왼손을 찻잔 밑에 받치고 오른손으로 찻잔을 쥐고 마시며 다 마신 후에는 뚜껑을 다시 덮어 놓는다.

식사가 끝나면 그릇에 뚜껑을 다시 덮고 젓가락은 처음 놓였던 자리에 가지런히 놓는다.

[그림 2-11] 전통가옥과 현대식 건물

3. 중국(China)

세계에서 인구가 가장 많고 국토의 면적이 세계 4위인 중국은 수천 년의 역사와 문화를 지니고 있을 뿐만 아니라 국토가 방대하여 자원이 풍부하고 지역마다 기후, 풍토, 생활습관이 달라 생산되는 식품도 매우 다양하다. 한족이 90%를 차지하고 있으며 그 외 55개의 소수민족이 모여 살고 국토 면적의 50~60%가 소수민족에 의하여 점령되었으며 예로부터 전통 중국 음식의 중요한 부분을 구성하는 작물이나 조리법이 전해졌다. 중앙아시아에서는 밀과 분식 문화에 따른 제분기술이나 오븐식의 화덕, 양을 요리하는 기술이 전래되었고

동남아시아와 서남 중국의 소수 민족 지역에서는 벼농사와 차 등이 전해져 다양한 식생활 문화를 형성하였다. 넓은 국토에 비해 해안선이 짧은 대륙이므로 해수어보다는 담수어의 이용이 많은 편이다.

방대한 국토로 인해 고산 기후를 비롯하여 열대다우, 온대습윤, 온대몬순, 초원, 사막, 냉대하계습윤의 7가지 기후 유형으로 나뉘며 이러한 기후의 특성을 바탕으로 각 지방의 토질에 따른 특산물과 생활 관습, 종교 등으로 인해 각 지방마다 독특한 식문화가 형성되었다.

[그림 2-12] 중국의 주요 성시(省市)

(1) 식생활 문화의 역사

1) 앙소, 용산 문화(BC 5,000~1,800년)

중국의 신석기 문화 중에는 앙소 문화 또는 용산 문화가 대표적이며 이는 은나라 문화의 기반이 되었다. 이 시대는 화전 경작으로 수수, 조, 채소 등을 재배하였고 일부 저지대에서는 벼농사를 지었으며 개, 돼지, 소, 양 등을 사육하였다.

2) 은(BC 1550~1122년)

황하 강 중류와 하류에서 수수, 밀, 조, 쌀 등을 경작하였으며 가축을 사육하여 중요한 경제수단으로 이용하였다.

3) 주(BC 1122~770년), 전한(BC 202~AD 24년)

철의 발견과 사용으로 철제 농기구의 사용이 본격화되었고 소를 이용한 농경으로 농업이 현저하게 발전하였다. 서방에서 파, 마늘, 참깨, 포도가 유입되었고 남방에서는 가지와 토란 등이 들어왔다.

4) 후한 시대(AD 25~220년)

중농정책의 실시로 생산이 현저하게 증가되었고 벼의 재배도 확산되었다. 농업과 음식 분야를 집대성한 제민요술이 집필되었는데 술과 식초, 장, 누룩 등의 제법이 구체적으로 기록되어있다.

5) 수, 당(581~907년)

수나라는 남북을 통일하여 인구가 증가하였고 경제도 발전하여 번영을 누리던 시대였다. 당나라 때 화북지방은 조와 옥수수, 보리, 기장 등의 잡곡 농사가 활발하였고 화남지방은 벼농사가 발달하였다. 또한 사탕수수, 차, 목화가 양자 강 하류에서 처음 재배되어 보급되었고 인도와의 교역이 이루어지면서 음식 문화도 함께 유입되었으며 주변국들과 활발한 교류를 통하여 음식문화에 많은 영향을 미쳤다.

6) 송(960~1279년), 원(1279~1368년)

이 시대에는 화남지역이 벼농사의 중심지가 되었고 이모작이 가능해졌으며 사천과 복건, 강서에 차의 재배가 확대되었다. 음식에 관련된 책들이 많이 간행되었고 오늘날의 음식과 비슷한 명칭이 나타나게 되었다.

7) 명(1368~1668년), 청(1643~1912년)

벼의 품종 개량과 농업기술의 발전이 이루어져 1일 3식을 하게 되었다. 명나라 말기에는 고구마, 감자, 옥수수, 땅콩, 해바라기, 담배 등의 외래 작물이 보급되었다. 청나라는 중국 요리의 부흥기라고 하는데 궁중 요리가 세련되고 음식재료의 범위도 넓어 화려하고 호화스러움의 극치를 보여주었는데 가장 대표적인 것이 만한전석이다.

[그림 2-13] 중국의 주거와 상차림

(2) 식생활 문화의 특징

1) 음양오행과 중용에 바탕을 둔 음식철학

고대부터 중국인들은 이 세상에 존재하는 모든 물질은 물과 불, 나무, 금속, 흙으로 이루어졌으며 물질 뿐만 아니라 인간의 정신과 관념까지도 이 오행의 구조로 귀납된다고 생각해왔다. 이러한 오행 관념은 중국인들의 식생활에 큰 영향을 미쳤는데 그들이 섭취하는 음식물을 크게 오곡과 오축, 오향, 오미 등으로 구분하였으며 여기에 더 나아가 양과 음의 개념을 더하였다. 음식이라는 단어를 보면 음(飮)은 양을 나타내고 식(食)은 음이다. 또 주식인 밥은 양, 부식인 반찬은 음이며 같은 곡물이라도 콩은 양이고 녹두는 음이다. 그러나 양과 음은 대립의 관계가 아니라 균형과 조화를 이루어서 우주의 본성이며 모든 사물의 최고

48

경지인 '화(和)'의 경지에 이르러야 하는데 이것이 바로 중용이다. 다시 말하면 각각의 특성을 가지고 있는 식품들이 조리되고 섭취되어 체내에서 조화를 이룰 때 가장 좋은 음식이 될 수 있다는 것이다.

[표 2-4] 중국인들의 오행과 음양, 중용철학

五行	맛	변화	계절	기후	장	부	심리	기관	형체	색
木	산(酸)	생(生)	춘	풍(風)	간	담	노(怒)	눈	근	녹
火	고(苦)	장(長)	하	서(暑)	심	소장	희(喜)	혀	혈관	적
土	감(甘)	화(化)	장하	습(濕)	비	위	사(思)	입	육	황
金	신(辛)	수(收)	추	조(燥)	폐	대장	비(悲)	코	피모	백
水	함(鹹)	장(藏)	동	한(寒)	신	방광	공(恐)	귀	뼈	흑

2) 재료의 다양성

국토가 넓은 중국은 음식의 종류뿐만 아니라 사용하는 재료와 조리법 등이 매우 다양하다. 중국인들이 흔히 하는 말 가운데 죽기 전에 다 해보지 못하는 세 가지 중 하나가 자국의 음식을 다 먹어보지 못하는 것이라고 한다. 이 말은 중국의 국토가 얼마나 넓으며 음식의 종류 또한 얼마나 다양한가를 극적으로 나타내는 말이라고 할 수 있다. '바다의 잠수함과 육지의 탱크, 하늘의 비행기를 제외하고는 모두 먹는다.'고 하는데 실제로 제비집과 상어 지느러미를 비롯하여 팔진(八珍)이라고 하는 희귀한 재료를 사용하는 중국 요리는 중국의 식생활 문화를 세계 3대 요리 중의 하나로 인식시키는데 크게 기여했다. 중국인 스스로가 음식을 하늘처럼 여겨왔으며(食爲天), 봉건 시대 황제들의 으뜸가는 소명이 백성들을 굶기지 않는 일이었다고 한다. 안정적인 일자리를 뜻하는 중국어 티에판완(鐵飯碗)은, 곧 먹거리를 제공하는 곳이라고 하니 음식에 대한 중국인들의 확고한 생각을 알 수 있다.

[그림 2-14] 중국의 다양한 식재료

3) 기름의 사용

중국인들이 가장 많이 사용하는 조리
법은 기름을 이용한 것으로 단시간에 강
한 화력을 이용하여 식재료를 볶는 차오
(炒), 튀기는 빠오(爆), 지져내는 지엔(煎)
이다. 또 강한 불에 기름을 끓인 다음 튀
겨내는 짜(炸)와 기름을 넣고 중간 불에
서 볶은 후 다시 물을 약간 넣어 삶아내
는 싸오(燒), 재료를 넣고 기름에 튀겨 반

[그림 2-15] 마파두부

숙시킨 뒤 탕을 넣고 뚜껑을 꼭 덮어 오래 삶는 조리법인 먼(爛) 등 기름을 사용한 요리법이 많아 다소 기름진 맛을 느낄 수 있으며 건강을 염려하는 현대인에게 열량에 대한 부담을 줄 수 있다. 중국 음식에 사용하는 기름은 주로 돼지기름과 닭기름, 새우기름, 파기름, 굴기름, 고추기름 등 매우 다양하다.

4) 숙식 위주의 식습관

중국 요리는 기본적으로 대부분의 음식을 익혀서 먹는 조리법을 사용하고 있으며 뜨거운 물 또는 불을 사용한다. 이는 고대부터 이어져 오고 있는 전통적인 방법이며, 현재에도 사라지지 않아, 생으로 섭취하는 일이 거의 없고 반드시 익혀 먹는 숙식 위주의 식습관을 가지고 있다. 일반적으로 사용하고 있는 조미료인 간장도 그냥 사용하는 것이 아니라 달궈진 냄비에 둘러 캐러멜화 시켜 요리 재료에 스며들게 함으로써 중국 요리 특유의 맛과 향을 내는 방법을 사용하고 있다.

[그림 2-16] 중국의 다양한 볶음 요리

5) 간단한 조리도구

"만한전석"을 가지고 있는 나라 중국은, 그 요리의 가짓수에서도 놀라움을 자아낼 정도이지만 조리도구는 그런 다양한 요리의 종류와는 관계없이 가짓수가 적고 사용방법도 간단하다. 주로 사용하는 도구로는 중국의 대표 냄비 구어(鍋)를 들 수 있다. 구어는 주로 무

쇠를 이용하여 만들고 손잡이가 하나인 것과 양쪽에 달린 것으로 나뉜다. 열전도율이 빨라야 하고 매끄러운 표면을 가지고 있는 것이 좋은 제품이다. 쇼유사오(手勺)라 하는 그물모양의 국자는 원형 모양의 긴 자루 끝에 나무로 만든 손잡이가 달려있고 재료를 요리 중에 집어넣거나 혼합할 때 주로 사용한다. 중국 요리 중 찜 요리를 할 때 주로 사용하는 정티(蒸屜)는 대나무나 알루미늄으로 만든다.

6) 지역별 음식의 발달

광활한 영토와 수 천 년의 세월을 가지고 있는 역사와 만주 지역, 티베트 지역 등을 포함한 다양한 기후와 다양한 재료들을 가진 중국의 요리는 크게 북경 요리(베이징 요리), 광동 요리, 사천 요리, 상해 요리(남경 요리) 등 4개의 지역 요리로 나눈다.

① 북경 요리(베이징 요리)

북경 요리 일명 베이징 요리는 중국의 북쪽 지역의 요리로 기마민족이었던 몽고족과 그 외 변방의 여러 종족들의 요리들인 산동 요리와 양주 요리가 수도인 북경의 궁중 요리와 혼합되어서 조화롭게 발달되어온 요리이다.

경체(京菜)라고도 불리는 북경 요리는 추운 기후의 특성상 칼로리가 높고 생선보다는 육류를 주로 사용하며 산동 요리의 영향으로 기름을 풍부하게 사용하며 맛이 중후하다. 강한 화력을 이용하여 조

[그림 2-17] 북경오리구이

리시간을 단축 할 수 있는 튀김, 볶음 요리처럼 열량이 높은 조리법이 주로 사용되고 있다.

수도인 북경을 중심으로 남으로는 산동성, 서쪽지역의 타이위안(太原) 지역의 요리까지 혼합된 요리로 궁중 요리 등 고급 요리가 발달하여 가장 사치스러운 귀족 요리라고 할 수 있다.

음식의 신선함이 살아있고 바삭한 식감과 짜거나 달지 않고 담백한 맛을 내며 화북평야에서 생산되는 대량의 밀재배로 면류와 만두종류가 발달하였다. 대표적인 북경 요리로는 북경오리구이(베이징 카오야)를 들 수 있는데 화덕에서 오랜 시간 구워 기름기가 빠진 오리 껍질과 파, 양념을 밀전병과 함께 먹는 음식이다.

② 광동 요리

중국 남쪽과 홍콩이 포함되어 있는 지역으로 외국 문화와 가장 먼저 접할 수 있는 특징을 가지고 있어 서양 문물에 제일 먼저 개방되었고 그로 인해 전통적인 요리 방법과 서양 요리 문화가 서로 결합되어서 독특한 요리 문화를 형성하고 있다고 볼 수 있다.

홍콩 사람들은 홍콩을 최고의 중국 요리를 맛 볼 수 있는 지역으로 뽑을 정도로 커다란 자부심을 가지고 있다. 아열대 지역에서 생산되는 재료가 풍부하며 한방 재료를 요리와 함께 이용한다. 간이 싱겁고 기름을 많이 사용하지 않으며 해산물 요리가 발달하였고 요리의 색채와 장식에 중점을 두며 재료 본연의 맛을 중시하여 신선하고 담백한 맛을 자랑한다.

16세기 스페인, 포르투갈의 상인과 선교사들의 영향으로 쇠고기, 토마토케첩, 우스터 소스 등 서양 식재료와 조미료의 도입과 함께 지역 음식 또한 국제적인 음식으로 발전시킬 수 있었으며 쥐, 고양이, 뱀, 전갈 등의 다양한 재료를 이용한 요리가 유명해졌다. 대표 요리로는 광동식 탕수육, 구운 돼지고기, 상어지느러미, 제비집 요리이다.

③ 사천 요리

양쯔 강 상류에서 발달한 내륙 요리로 중국의 전통 요리가 가장 잘 보존되어 있는 요리라고 할 수 있다. 바다와 멀리 떨어진 내륙 지역답게 주로 육류와 향신료, 채소 요리가 발달하였고 해산물의 사용은 적다.

특히 계곡이 험하고 오지가 많아 교통이 불편한 관계로 주로 소금에 절인 식품이나 건조한 식품을 유통, 저장, 보관하였고 4계절의 구분이 뚜렷하여 4계절 대표 농산물이 풍부하고 곡물, 육류, 채소 등을 이용한 요리가 발달하였다.

양쯔 강 상류지역, 미얀마, 티베트 국경에서부터 윈난 지방까지의 요리를 포함하는데 지역의 특성상 나타나는 악천후로 돌림병이 많고 그런 조건들을 이겨내기 위해 기본 조미료로 허브, 마늘, 후추, 파, 고추, 산초 등 매운 맛을 나타내는 조미료를 주로 사용하여 맵고 짠맛이 강하지만 느끼하지 않은 장점을 가지고 있어, 우리나라 사람들의 입맛에 가장 잘 맞는 요리라고 할 수 있다. 주로 찜, 볶음 등의 조리법을 사용하고 다진 돼지고기와 두부, 두반장을 이용한 마파두부(麻婆豆腐)와 양고기 요리인 양러우궈쯔(羊肉鍋子), 새우칠리 소스 요리(간샤오밍샤)가 대표적인 요리이다.

④ 상해 요리(남경 요리)

중국 동남쪽 지역의 요리로 상해 요리, 상하이 요리, 남경 요리, 난징 요리 등 다양한 이름을 가지고 있다. 19세기 이후 서양의 침입으로 상하이가 중심도시가 되면서 서양 요리의 도입이 빨라졌고 중국 요리와 서양 요리의 혼합으로 동서양의 입맛을 다 만족시킬 수 있게

되었고 양쯔 강과 바다와 인접하고 있어 해산물이 풍부하여 해산물 요리가 발달하였다.

기후가 따뜻하여 농산물 또한 풍부한 지역으로 소주(蘇州), 항주(杭州) 지역은 민물고기가 풍부하여 민물고기를 이용하여 오랜 시간 조리하는 방법을 이용한다.

상해의 특산물인 장유는 특유의 간장으로 요리에 매우 독특한 풍미를 낸다. 상해 요리는 화려한 장식 없이 모양보다는 맛에 중점을 두며 주로 간장이나 설탕을 이용하여 달짝지근한 맛이 나며 맛이 진하고 찜 요리, 조림 요리가 발달되었다. 기름기가 많고 맛이 강하며 양이 많은 것 또한 특징 중의 하나이고 장식이 없어서 음식의 색상이 화려하다. 대표적인 요리로는 민물 게 요리, 소동파가 즐겨 먹었던 돼지고기 요리인 동파육(东坡肉), 민물장어 볶음, 훈제 피단(오리알), 소룡포(小籠包)가 있다.

4. 몽골(Mongolia)

1) 역사

기원전 3세기~기원 후 1세기 때에 흉노족에 의해서 세워진 몽골은 흉노족을 시초로 선비(1~3세기), 유연(330~555년), 투르크족(552~745년)과 위구르족(745~840년)이 차례로 지배하였다. 위구르족은 키르기스(840~923년)에 의해 물러나고 거란(901~1125년)에 의해 영토 확장이 이루어졌다.

몽골의 정치 형태는 칸이 지배하는 독특한 형태로 칸은 '하늘의 아들' 이라는 의미로 숭상하며 국가를 중요시 여기고 있다. 이렇듯 많은 싸움이있었던 몽골은 징기스칸으로 추대된 테무진에 의해 1206년 몽골 초원에 흩어져 있던 많은 유목민들이 하나로 통일 되었고 중앙아시아를 통치하게 되면서 동서 문화의 교류와 동서양의 문물이 확대되었다.

2) 지리

중앙아시아에 위치한 나라로 중국과 러시아 사이에 있으며 국토의 40%가 산악으로 구성된 지대로 서고동저(西高東低)의 형태를 나타내고 있으며 나머지 부분은 대부분 초원으로 이루어져있으나 농경지로는 사용하기 어렵다. 남북의 거리는 1,263km이고 동서의 거리는 2,405km이며 총 면적은 남한의 약 16배로 1,566,500km^{2}이다. 2014년 통계로 인구는 138위이고 국토의 면적은 19위이다.

지리적으로 중앙지역과 서쪽에는 호수가 많고 동남쪽은 알타이 산맥, 서남쪽에는 몽골 국토의 21%에 해당하는 고비사막이 있다.

수도는 울란바토르로 인구의 약 30% 정도가 유목민이다. 유목생활은 한곳에 거주하며

경제활동을 하는 것이 아니라 이동생활을 하고 목축을 생업으로 삼기 때문에 몽골 주민의 의식주의 생활양식과 사고방식, 정서에 많은 영향을 주었다.

몽골의 기후는 대륙성 기후로 여름에는 덥고 겨울에는 −40도 이하로 혹한이며 겨울이 길다. 대기가 건조하여 강우량이 연간 200mL로 매우 빈약하므로 농업이 어렵고 풍족한 초원과 기후의 영향으로 목축업이 주를 이루고 있다.

3) 주거문화

가축과 기후, 가뭄, 가족 등의 여부에 따라 집을 옮겨 다니는 유목민의 거주 형태는 해체와 설치가 비교적 쉬운 펠트 천막집인 게르를 사용하고 있다.

게르의 출입문 설치 위치는 태양이 떠오르는 동쪽에서 동남쪽을 향하며 출입문의 맞은편이 가장 상석으로 달라이 라마 사진과 불상, 가족사진 등을 배치한다. 또한 이 상석이 게르의 주인장의 자리이며 남자 손님의 자리도 이곳에 배치된다. 상석 사이에는 두 개의 기둥이 있는데 이 기둥 사이로는 물건을 주고받거나 돌아다닐 수 없다. 이 상석의 오른쪽에는 남자가 왼쪽에는 여자가 자리 잡고 나이가 어린 순으로 출입문과 가깝게 앉는다.

게르는 나무로 만든 그물 벽, 서까래, 지붕창 틀, 기둥, 출입문, 바닥으로 이루어져 있다. 나무로 만든 그물 벽 밖은 펠트를 치고 안쪽은 양탄자를 덧 댄 후에 흰색의 천을 게르 전체에 두르고 끈으로 고정시킨다. 나무로 만든 둥근 돔형의 지붕창을 게르의 한가운데 꼭대기에 만들어 환기와 채광이 잘 이루어지도록 하고 펠트로 만든 사각의 덮개를 덮어 게르 밖에서 조절하여 열고 닫는다. 내부의 중앙에 위치한 커다란 화덕은 취사와 난방을 담당하며 환기를 위한 연통은 지붕창으로 연결되어 있다. 게르 안에 있는 상석과 화덕 사이에 위치한 식탁 위에는 항상 유제품이 놓여있다.

화덕의 연료로는 나무와 석탄을 이용하며 가축의 마른 배설물은 몽골 지역의 건조한 바람에 금방 말라 손으로 만져도 묻지 않고 냄새도 나지 않으며 화력이 강한 특징을 가지고 있어 많이 사용한다.

4) 식생활 문화

유목민의 대표적인 음식으로는 유제품과 고기를 들 수 있다. 몽골인들은 1년 중 한국인이 소비하는 우유나 유제품의 3배에 해당하는 양을 소비하고 각 가정에서는 크림, 치즈, 버터, 요구르트 등을 직접 제조하여 먹고 있으며 대략 한 집안에서 만들어 낼 수 있는 유제품의 종류는 20여 가지가 된다. 유제품은 거품을 낸 뒤 가열, 발효시키고 건조 과정 등을 통해 만들어지며 그 유제품을 다시 섞고 끓여 또 다른 유제품을 만들어내기도 한다. 이렇게

만들어진 유제품은 식탁 위에 놓고 게르에 들어오는 누구나 자유롭게 먹을 수 있으며 주인이 권하기 전에 조금씩 맛보는 것이 예의이다. 유목민은 주로 여름과 가을에 유제품을 가장 많이 섭취하는데 소젖, 말젖, 양젖, 낙타젖 순으로 많이 섭취한다.

젖을 짜는 시기는 봄에 새끼를 낳고 왕성하게 젖을 분비하는 6~8월이며 이 시기에는 가축의 도축을 피하고 있다. 몽골인들은 우리나라처럼 가축의 젖을 가공하여 먹는 일은 드물고 가축의 젖을 이용하여 차를 끓이거나 유제품을 만들어 먹음으로써 단백질이나 부족한 비타민 등의 영양분을 보충하고 다양한 맛을 즐기고 있다.

[표 2-5] **몽골의 유제품**

바슬락	가장 대표적인 연질 치즈로 전지유로 만들고 노란빛이 도는 흰색으로 신맛이나 짠맛은 없다.
수태 차이	몽골 유목민이 상시 음용하는 젖으로 만든 차
아르츠	진한 요구르트인 타락을 데운 후에 걸러서 단백질을 진하게 농축시킨 음료
아롤	말랑한 아르츠 요구르트를 말려 단백질과 지방의 농도를 진하게 하여 오래도록 저장 보관이 가능한 음료
자이르막 또는 무헐드스	아이스크림
에즈기	코티지 치즈의 일종으로 양, 염소, 소의 젖을 응고시켜 유장을 끓여 만든 것
우름	소젖을 열을 가한 후 거품이 형성되면 그 거품을 모아 다시 식히고 또 다시 데워 45~50% 정도의 지방을 농축시킨 크림
샤르토스	우름을 계속 농축시켜 지방을 89%로 만든 버터
저기	우름을 녹인 후 밀가루와 에즈기를 혼합하여 만든 음식
차가	주로 끼니를 채우기 위해 먹는 수분이 많고 신 요구르트의 일종으로 발효시킨 유제품을 끓여 만든다.
타락	우름을 만드는 과정에서 탈지유를 다시 데운 후 발효시켜 만드는 수분이 많고 신 요구르트
하일막	우름, 저기, 에즈기, 아롤을 우유에 넣어 끓여서 녹인 음식
호로드	탈지유를 자연 발효시켜 만드는 연질의 요구르트 치즈

목축업을 주업으로 삼고 있는 몽골인들은 세계적으로 육류 섭취가 가장 높은 나라로 양고기, 쇠고기, 염소고기 순으로 섭취하며 낙타고기도 먹는데 돼지고기나 닭고기는 거의 섭

취하지 않는다. 그 이유는 몽골인들의 전통 생업은 목축업인데 돼지나 닭은 목축에 적합한 동물이 아니기 때문이다.

몽골인은 1년에 1인당 100kg에 해당하는 고기를 섭취하는데 고기는 국에 넣어 끓여먹거나 국수에 넣어 먹고 뼈째 삶아 먹기도 한다. 이러한 요리법을 이용하여 고기를 섭취하게 된 것은 풍부하지 않은 재료를 최대로 불려서 먹을 수 있는 방법을 강구한 것이라 할 수 있다.

몽골인들은 가부장적인 전통을 가지고 있는데 고기를 손질하고 섭취하는데도 이러한 전통이 확연히 드러난다. 집안의 가장이 고기를 손질하고 도축한 가축의 견갑골 부위를 '달'이라고 하여 어르신 또는 아버지, 어머니와 같은 윗사람에게 먼저 대접하며 갈비뼈 부위는 아이들에게 준다. 몽골인들은 고기를 생으로 먹지 않으며 찌고, 볶고, 굽고, 지지고, 튀겨 먹는 것도 드물다. 주로 햄, 소시지, 통조림 형태로 소비하고 있으며 하나도 버리는 부위 없이 모든 부위를 다 먹는다. 창자는 피와 각종 채소를 혼합하여 순대를 만들어 먹고 기름이 붙어 있는 상태로 삶아서 고열량의 식사를 한다.

[표 2-6] **몽골의 육류 요리**

보독	염소 요리로 소금으로 간을 한 후 다른 조미료를 사용하지 않고 염소 안에 불로 달군 돌멩이를 넣어 통째로 익힌 전통 요리
보르츠	도축한 쇠고기의 뼈를 발라낸 후 세로로 길게 잘라 3~4개월 이상 건조한 창고에서 바짝 말린 후 만두소로 쓰거나 칼국수에 넣어 끓이거나 가루로 빻아 더운 물에 타서 마신다.
호르혹	둥근 철통 안에 물을 부은 후 뜨겁게 달군 돌을 넣고 그 위에 적당한 크기로 자른 양고기를 얹고 다시 돌을 얹은 후 양파와 소금을 넣어 만든 양고기 찜 요리

유목민 가정에서는 남자와 여자의 역할이 확연히 분리 되어 있다. 가축의 젖 짜기, 유제품 만들기, 고기 요리, 밀가루 요리 등 식사를 준비하는 것은 여자의 일이고 가축을 잡거나 잡은 가축의 가죽을 벗기고, 고기와 뼈를 부위별로 잘라주는 것은 남자의 몫이다. 그러나 보독은 처음부터 끝까지 남자가 요리를 하는데 그 이유는 사냥을 해서 짐승을 통째 불에 그을리는 일은 여자의 힘으로는 힘들고 보기에도 어렵기 때문에 주로 남성의 일로 간주되고 있다.

5) 식사예절

몽골인은 매일 아침 신선한 우유로 만든 수태차이를 항상 준비한다. 특별하게 끼니가 정해져 있는 것이 아니라 수시로 수태차이를 먹으면서 허기를 채우는 것이 특징이다. 저녁에는 말린 고기인 보르츠를 각종 밀가루 음식이나 만두소 등에 넣어 만든 음식을 먹는다.

몽골인의 식사예절은 다음과 같다.

남의 집에 들어가 게르 기둥 사이로 돌아다니거나 차와 음식을 주고받지 않는다. 이가 빠진 그릇을 이용하여 차와 음료를 담아주거나 그릇을 엎어 놓는 것을 금한다. 개고기를 먹지 않고 여럿이 식사를 할 때 가장이 음식에 손을 대기 전까지 다른 누구도 음식에 손을 대지 못한다.

알코올 음료를 마실 때 첫잔은 오른손 무명지로 세 번 술을 찍어 튕겨 올리는 행위로 하늘과 땅에 경의를 나타낸다. 숟가락과 포크를 사용하며 칼은 고기 담은 그릇에 과도만한 칼을 두 개 정도 올려놓고 고기를 조금씩 베어 먹는다.

몽골인은 겨울과 여름 등 계절과 상관없이 시원한 물보다는 뜨거운 차를 애용하며 몽골인에게 차는 식품에 속한다.

몽골인들은 라마교의 영향으로 물고기를 먹지 않는다. 또한 과일 또는 채소를 주식으로 삼지 않고 '가축은 풀을 먹고 사람을 가축을 먹는다.' 라는 말처럼 주로 육식을 한다.

II 동남아시아(Southeast Asia)

1. 태국(Thailand, Thai)

(1) 지리적 특징

동남아시아 인도차이나 반도에 위치하고 있는 태국의 면적은 513,120km^2 로 남북으로는 1,645km이고 동서로는 넓은 곳은 785km, 좁은 곳은 12km로 우리나라 전체 면적의 약 2.5배이다. 지형은 코끼리 머리 모양과 비슷하고 대륙과 맞닿은 부분 중 동부는 캄보디아, 동북부는 라오스, 서부는 미얀마, 남부는 말레이시아 국경과 접하고 있다. 일반적으로 태국의 영토는 북부, 중앙부, 동북부, 동남부, 서부, 남부 이렇게 6개 지역으로 나눈다.

1) 북부

미얀마, 라오스와 국경을 접하고 있는 지역으로 치앙마이가 중심도시이며 9개의 행정 구역으로 나눈다. 68% 정도가 임야지역으로 태국에서 가장 높은 인타논 산이 있으며 산맥 사이사이에 산간 분지가 개발되어 있다.

2) 중부

22개의 행정구역으로 나누어져 있으며 방콕, 롭부리, 사라부리, 수코타이 등이 이곳에 속한다. 태국에서 가장 긴 차오프라야 강이 있으며 임야는 1% 미만으로 태국 제일의 곡창 지대를 형성하고 있다.

3) 동북부

19개의 행정구역으로 나누어져 있으며 가장 큰 도시인 우본라차타니를 비롯하여 넘카 이, 쑤린, 차야품 등이 속한다. 임야는 32%로 서부와 북부는 코랏 고원 지대이며, 동쪽은 메콩 강을 경계로 라오스와 국경을 이룬다.

4) 동남부

방콕의 동쪽에 형성된 지역으로 7개의 행정구역으로 나누어져 있으며 촌부리, 뜨랏, 짠 타부리 등이 속한다. 58%가 임야이며, 평야와 구릉 지대가 형성되어 있고 산맥들은 캄보 디아까지 연결되어 있으며 비가 많다.

5) 서부

5개의 행정구역으로 나누어져 있으며 펫부리, 라차부리 등이 이에 속하고 71% 정도가 임야이며 해발 700~1,500m의 고원 지대이다. 남북으로 뻗은 산맥은 미얀마와 국경을 접 하고 있으며 비가 적다.

6) 남부

14개의 행정구역으로 나누어져 있으며 나라티왓, 빳따니, 팟타룽, 푸켓 등이 이곳에 속 한다. 51%가 임야로, 남쪽은 말레이시아 국경과 접하고 있다. 남북으로는 산맥이, 동·서로 는 긴 해안평야가 형성되어 있고 소도시가 많다.

(2) 기후

태국의 기후는 고온다습한 아열대성 기후로 연평균 기온이 약 28℃, 습도는 70% 정도

로 덥고 습하다. 계절은 여름과 우기, 겨울로 구분하며, 강수량에 따라 우기와 건기로 나눈다. 여름은 2월 중순부터 4월로 적도에서 발생한 동남 몬순 계절풍의 영향으로 비가 많지 않고 더운 날이 계속된다. 4월의 평균 기온은 33~38도로 방콕을 중심으로 한 중부지역은 40도까지 기온이 올라가나 열대 몬순 기후의 특징인 스콜(squall)의 영향으로 체감 온도는 많이 낮다. 우기는 5~10월로 남서 몬순 계절풍의 영향을 받고 8~9월에는 하루 중 20~30분 정도 또는 스콜(squall)이 쏟아지는 형태로 비가 내리며 남부지역은 연중 비가 내린다. 겨울은 11~2월 초로 중국대륙과 시베리아에서 오는 동북 몬순 계절풍의 영향으로 차고 건조한 날씨이며 연평균 18도 정도이다. 치앙마

[그림 2-18] 태국의 야자수

이를 중심으로 한 북부 지역(동북부, 북부지역)은 산간 지역으로 겨울철 기온이 5~6도 정도이며, 우기는 5~10월, 건기는 11~4월까지이다.

(3) 식생활 문화

물과 태양, 비옥한 토지로 인해 품질이 우수한 쌀을 생산하며 열대과일과 향신료가 풍부하다. 내륙의 수많은 강과 운하에는 많은 종류의 물고기가 있고 삼면이 바다이므로 해산물도 풍부하다. 또한 아시아에서 한 번도 외세의 침략을 받지 않아 오랜 역사 속에서 자유와 풍요를 누릴 수 있었으므로 양질의 음식을 개발할 수 있었다. 중국과 인도, 미얀마, 인도네시아 등 인접 국가들의 음식을 그대로 받아들이지 않고 자국의 음식과 융합, 발전시켜왔기 때문에 태국의 음식은 복합적인 성격을 띤 요리라고 할 수 있다. 음식에 따라 다르지만 고소하고 시고 매운 맛과 단맛을 모두 가지고 있다. 강한 향신료를 사용하는 커리는 코코넛 크림으로 부드러운 향과 독특한 맛을 내며 코코넛을 이용한 음료와 디저트는 백여 종류에 달한다. 포르투갈의 칠리도 적절히 사용하여 새로운 요리를 탄생시켰으며 신맛은 레몬과

레몬그라스, 타마린드(tamarind) 열매의 과육과 식초를 이용한다. 중국의 영향으로 면 요리, 각종 볶음 음식과 담백한 탕 요리에도 변화를 주었으며 각종 조리법과 조리 기구를 받아들여 새로운 식문화를 형성하였고 젓가락을 사용하는 나라 중 하나가 되었다.

국교는 불교이지만 살생금지의 교리로 인해 큰 영향을 받지 않아 신의 이름으로 살생한 고기는 식용이 가능하여 육식이 금기시 되지 않았고 한 달에 4일간만 소, 돼지를 시장에서 판매하지 않으며, 어패류와 조류, 개고기 등은 먹고 있다.

세계 최대의 곡창 지대를 가지고 있는 태국의 북부와 동북부 지역, 라오스 국경 지역은 세끼 모두 찹쌀밥을 먹으며 중앙부와 남부 지방에서는 멥쌀밥을 주식으로 먹고 있으며 잡곡밥은 먹지 않는다. 주식의 대체 음식으로 죽과 면, 만두, 떡을 들 수 있는데 구황식품이 아닌 기호식품의 의미를 띠고 있으며 간식으로 많이 먹고 있다.

태국인이 가장 선호하는 식품은 물고기로 50% 이상의 단백질 섭취가 물고기에 의해 이루어지며 가물치나 메기를 많이 먹는다. 물고기가 풍부하므로 어업 기술이 발달하였고 각종 건어와 젓갈(남플라), 염장어 등의 어류 가공법도 발달하였다. 또한 달걀보다는 오리 알을 선호한다.

식사 방법은 마룻바닥에 음식을 차려 놓고 둘러 앉아 개인접시에 음식을 담아 손으로 먹었으나 서구 문명을 받아들이면서 식탁과 포크를 사용하며, 잘게 썰어서 만드는 요리가 많아 나이프는 사용하지 않는다. 음식을 먹을 때는 천천히, 소리 내지 않고 먹는 것이 예의이며 국물 음식은 그릇을 들고 마시지 않고 숟가락을 사용한다.

[표 2-7] 태국의 지역별 음식의 특징

지역	특징
북부	치앙마이를 중심으로 하며 토양이 척박한 북부는 찹쌀이 유명하다. 조미료는 민물고기로 담근 젓갈을 사용한다. 밥상에 몇 가지 반찬과 찰밥을 놓고 먹는 일상 식사와 매운 돼지고기 소시지인 남(naem)이 유명하고 야자수가 없어서 코코넛 밀크를 사용하지 않기 때문에 단맛이 강하지 않다.
북동부	북부와 비슷하여 주식은 찹쌀이며 민물고기로 담근 젓갈이 조미료로 쓰인다. 라오스의 영향을 받았으며 차놈부양, 램, 카이양이 유명하다.
중부	태국의 정치, 경제, 문화의 중심지이며 멥쌀이 주식이다. 고추와 박하, 라임, 레몬그라스 등 향신료를 많이 사용한다. 화려하고 자극적인 태국 특유의 음식으로 조미료는 남플라를 사용하며 특히 매콤 새콤한 톰양이 유명하다.
남부	신선한 해산물과 코코넛 밀크를 사용하는 음식이 많고 말레이시아와 국경을 맞대고 있어 특이한 음식 문화가 발달하였다.

[그림 2-19] 방콕의 수산시장

(4) 태국의 음식

1) 볶은 음식

열대 몬순 기후의 더운 나라이기 때문에 특별한 경우를 제외하고는 뜨거운 음식을 피하는 경향이 있어 국이나 탕보다는 볶음 요리를 선호하게 되었고 그 종류도 다양하다. 조리 방법은 돼지기름에 마늘을 넣어 볶다가 채소나 어패류, 육류 등의 재료를 넣고 볶는다.

① 카오팟

카오팟(Khao phat)의 카오는 '쌀', 팟은 '볶다'는 의미로 볶음밥이다. 볶는 재료에 따라 이름이 바뀌는데 새우가 들어간 카오팟, 닭고기를 넣은 카오팟 카이, 돼지고기를 넣은 카오팟 무, 쇠고기를 넣은 카오팟 느어, 해산물을 넣은 카오팟 탈레, 게살을 넣은 카오팟 푸 등이 있다.

② 팟시유

팟시유(Phat xiu)는 채소와 굵은 면발을 같이 볶은 국수로 간장의 짠맛이 강하게 나는 볶음 국수이다.

③ 팟타이

팟타이(Phat thai)는 쌀국수를 이용한 볶음 국수로 채소와 새우를 같이 볶고 땅콩 가루를 뿌린다. 단맛이 강하고 라임 즙으로 인해 새콤한 맛도 느낄 수 있다.

2) 캥

캥은 태국식 커리로 인도 커리보다 묽으며 코코넛 밀크를 첨가하고 향신료를 적게 사용한다. 지역에 따라 만드는 방법이 조금씩 다르다. 칠리를 넣은 커리는 캥페트, 게살을 넣은 캥페트 푸님, 코코넛과 바질을 넣은 캥파나엘 등이 있다.

① 캥솜 플라

캥솜 플라(Kaeng Song Plameuk)의 캥은 찌개, 솜은 오렌지, 플라는 물고기를 뜻하는데, 타마린드를 사용하여 신맛과 단맛이 강하고 새우 페이스트를 첨가하여 국물 맛을 낸 오렌지색의 생선찌개이다.

② 캥키오완

캥키오완(Kaeng Khiew Wan)의 키오는 녹색이라는 뜻이다. 코코넛 밀크와 레몬그라스, 바질, 새우 페이스트 등을 넣어 맵고 짭짤하며 새콤달콤한 그린 커리이다.

3) 톰

톰(Tom)은 끓인다는 뜻으로 국물이 많고 새콤달콤한 탕 종류인데 코코넛 야자의 영향을 많이 받지 않아 태국 정통 음식이라고 할 수 있다. 캥이나 톰은 개인 수저로 직접 먹지 않고 음식을 서브할 때 쓰는 공동 수저를 사용하여 덜어서 먹는다.

① 톰얌

톰얌(Tomyam)에는 매콤, 새콤한 맛의 수프로 새우로 만든, 세계 3대 수프의 하나인 톰얌쿵과 닭고기로 만든 톰얌카, 흰 살 생선으로 만든 톰얌프라 등이 있다.

② 톰샙

톰샙(Tomsom)의 톰은 끓이다, 샙은 맵다는 의미로 닭 육수에 곱창과 돼지고기, 내장 등을 넣어 푹 끓여 먹는 국물 음식이다.

4) 무침 요리

태국의 무침 요리는 얌, 랍, 플라, 탐 등의 명칭이 붙고 맛과 종류도 다양하다. 고추, 레몬, 박하, 고수 등을 주 양념으로 사용하며 랍느어(쇠고기 무침), 얌플라(생선 무침), 얌플라행(마른 담수어 무침), 얌쿵행(마른 새우 무침), 얌운센(당면 무침), 얌팍캇덩(채소절임 무침), 솜탐(파파야 무침), 쿵텐(새우 무침) 등이 있다.

① 랍

랍(Rabb)은 돼지고기, 쇠고기, 닭고기, 오리고기가 주재료이며 다져서 만드는 요리로

걸쭉한 액젓에 고추, 마늘, 레몬그라스를 넣어 양념한다.

5) 발효 음식

밥을 할 때 덜어 놓은 물에 소금을 섞은 후 준비해 놓은 채소를 넣고 절여서 숙성 시키는 요리로 식물성과 동물성으로 나눌 수 있다. 새콤한 맛을 내며 이 발효식품에 파, 마늘, 고추, 레몬 등을 넣어 무쳐 먹는다.

6) 돼지고기 발효 음식

곱게 다진 돼지고기와 돼지 껍질을 삶아 채 썬 후 밥, 마늘, 고추, 소금 등을 넣어 만든 소시지이다. 바나나 잎에 싸서 3일 정도 발효시킨 후 얇게 썰어 상추, 파, 땅콩, 생강, 레몬과 함께 먹는 태국 북부의 토속 음식이다.

7) 과일

계절별로 과일이 매우 풍족하여 1~4월은 잭프루트, 포도, 귤, 수박, 석류가 제철이며 리치, 망고, 파인애플, 두리안, 용안, 람부탄, 망고스틴, 대추, 패션프루트, 포멜로, 바나나, 코코넛, 구아바, 파파야 등은 연중 먹을 수 있다. 과일의 왕이라 불리는 두리안은 냄새는 지독하지만 과육은 아이스크림처럼 부드럽고 달콤하다. 망고스틴은 과일의 여왕이라 불린다.

태국의 이색 음식

태국의 편의점

방콕의 이색 레스토랑

[그림 2-20] 태국의 다양한 음식 문화

2. 베트남(Vietnam)

경제 발전이 낙후된 베트남은 농업에 종사하는 인구가 85%이며 인구 밀도가 높은 나라
이다. 산지가 70%이므로 대부분의 인구는 평원과 강 유역에 몰려 살고 있으며 풍부한 인
적, 물적 자원을 가지고 있지만 전쟁으로 인해 발전을 하지 못한 나라 중 하나이다. 많은
목재 자원을 가지고 있던 베트남은 인도차이나 전쟁 때 미군이 수 만 리터의 고엽제를 살
포하여 남부 밀림지역의 16%가 파괴되었다. 10%에 달하는 소수민족은 화전(火田)을 경작
하는데 이 화전이 환경 파괴의 주범이다. 베트남은 동·식물과 목재, 조류, 생선류, 갑각류
가 풍부한 생태계의 보고로 아직까지 개발되지 않은 많은 자원을 가지고 있는 나라이다.

[그림 2-21] 베트남의 생활풍경

(1) 지리적 특징

베트남은 북쪽으로는 중국과 국경을 접하고 있고 서쪽으로는 라오스, 캄보디아 국경과 맞닿아 S자 형태의 지형을 가지고 있다. 북쪽에서 남쪽까지 약 1,650km로 길게 뻗어 있으며 가장 넓은 곳은 600km 정도이고 가장 좁은 곳은 50km로 격차가 확연히 드러나는 지형이다. 면적은 한반도의 1.5배 정도의 크기인 331,210km^{2}이며 그 중 70%는 늪지나 산지로 구성되어 있고 나머지는 비옥한 평원이다.

베트남은 북부와 중부, 남부로 구분되는데 각 지역마다 뚜렷한 문화적 차이가 존재한다. 남쪽에 위치한 메콩 강과 북쪽에 위치한 홍 강 유역은 비옥한 평원으로 인구가 많은 생활의 중심지이며 농업 지대로 아열대성 기후와 함께 연중 무더운 날씨이므로 벼농사를 연 3~4회 지을 수 있어 세계 2위의 쌀 수출국이다.

베트남의 동쪽과 남서쪽은 거대한 해양지역과 접해 있고 1,000여개에 이르는 크고 작은 섬들로 인해 식생활의 많은 비중을 어업에 의존하고 있으며 많은 베트남인들이 수상가옥, 수상 운송 기관의 중요성을 알고 있다.

1) 북부

베트남 역사의 중심지이며 경치가 가장 아름답다. 수도인 하노이를 중심으로 경제, 정치, 문화, 교통의 도시이며 북쪽의 높은 산맥으로 인해 중국으로부터의 간섭을 피할 수 있었다. 홍 강 유역은 정기적인 범람으로 비옥한 삼각주를 형성하였다.

2) 중부

산맥이 발달하고 평야가 적으므로 도로를 건설할 수 없을 뿐만 아니라 경제적으로도 낙후되어 낮은 인구밀도를 가지고 있다. 그러나 화산 토양이 풍부하여 커피와 홍차를 재배하며 목재 자원이 풍부하다. 여러 민족으로 구성된 산악 민족이 거주하고 있다.

3) 남부

메콩 강을 중심으로 열대 기후와 비옥한 토지로 인해 베트남 최대의 곡창 지대를 이루고 있으며 22%의 인구가 밀집해 있는 지역이다. 공동 농지를 형성한 북부와는 달리 개인이 농지를 소유할 수 있으므로 풍족한 생활을 할 수 있으나 다소 게을러 보이는 모습이다.

(2) 기후

위도 8~23도, 경도 102~109도 사이에 있어 연중 고온이다. 위도보다는 고도의 차이 때문에 남부는 열대몬순 기후이다. 북부는 아열대 기후이며 4계절이 있고 여름과 겨울이 아주 뚜렷하게 나타나며 봄과 겨울에는 잦은 가랑비로 습도가 높아 생활에 큰 불편을 주고 있다. 또한 11~4월 중 가장 기온이 낮을 때는 4도 정도이고 중국 국경 지역의 산간 지역에서는 간혹 눈이 내리기도하며 중국에서 불어오는 북극풍의 영향이 크다. 6~8월은 가장 더운 시기로 평균 32도의 기온을 웃돌고 여름에는 남동쪽의 해양풍(風)으로 고온 다습하다.

남부는 연평균 기온이 26~29도로 열대 기후지역이다. 해안지역은 8~11월 사이 열대몬순 기후에 의해 폭풍과 폭우를 동반하여 습도가 80~85%로 생활에 많은 불편함을 주나 해발이 높은 일부 남부 지방은 연평균 기온이 18도로 베트남에서 가장 풍부하고 다양한 과일과 채소를 맛볼 수 있으며 관광지로 각광 받고 있다.

(3) 식생활 문화

1천여 년의 역사를 가지고 있는 베트남의 식생활은 프랑스와 미국은 물론 중국과 몽고, 태국, 인도네시아의 영향을 받았다. 그 중에서도 베트남의 식생활에 가장 영향을 끼친 나라는 10세기 동안 베트남을 지배해왔던 중국으로, 튀기는 요리법과 젓가락 문화를 전해주었다. 불교의 영향으로 승려나 비구니는 고기를 먹지 않으며 불신자들도 정기적으로 육식을 금하고 있어서 자연스럽게 채식을 많이 하게 되었다.

16세기에 와서는 아스파라거스, 옥수수, 감자, 토마토, 깍지 완두와 같은 서양의 식재료가 정착하게 되었다. 1세기에 이르는 프랑스의 식민지 시절로 인해 바게트와 카페오레도

가장 인기 있는 메뉴가 되었는데, 쌀가루와 밀가루를 혼합하여 만든 바게트를 반미(bahn mi)라고 하며 햄과 고기, 채소 등을 넣어 만든 샌드위치는 점심 대용으로 먹는 대표적인 길거리 음식이다.

이렇듯 오랜 시간 동안 외부의 침략이 식생활에 많은 영향을 끼쳐왔지만 어업과 농업의 발달로 쌀과 생선이 주식이 되었고 식사 때마다 다양하고 풍부한 과일과 채소를 곁들이며 다양한 재료의 보완된 맛과, 대비되는 질감을 특징으로 씹히는 식감과 향을 중요시한다. 기후가 쌀 생산에 유리하기 때문에 밀가루보다 쌀가루를 선호하며 종류도 많은데 쌀국수 포(pho)가 대표적인 음식이다. 주식인 쌀은 밥을 지어 먹고 찹쌀은 전통 떡인 쯩과 저이를 만들어 먹는다. 바닷고기보다 민물고기를 더욱 좋아하는데 북부는 개인이 소유한 연못에서 직접 고기를 양식할 수 있으며 강과 호수가 많아 베트남인들의 주요 식량 자원이 된다. 민물고기는 조림과 튀김, 구이를 해서 먹고 민물 새우나 갑각류도 볶거나 국으로 먹는다. 해안 지역에는 바다에서 잡은 생선과 갑각류, 연체류를 생으로 먹기도 하고 내륙지방에서는 말려서 먹기도 하며, 액젓인 느억 맘(nuoc mam)을 만들어 모든 음식에 소스나 양념으로 이용하고 있다.

베트남 음식의 특징은 대체로 시고 달고 짠맛이 강한데, 더운 날씨에 흘린 땀으로 인한 염분을 보충하기 위해서라고 한다. 하노이를 중심으로 하는 북부는 짠맛, 중부는 매운맛, 호치민을 중심으로 하는 남부는 단맛을 선호하고 있다.

[그림 2-22] 베트남의 해산물 요리

(4) 지역별 음식의 특징

1) 북부

중국 음식의 영향을 가장 크게 받은 북부는 튀김 요리, 죽, 스튜, 국 종류가 다양하며 이러한 요리들을 선호한다. 향신료의 사용이 많지 않지만 후추는 많이 사용한다. 다른 지역과 다르게 생선보다는 쇠고기를 선호하는데 쇠고기 육수로 만든 쌀국수인 포(pho)가 하노이의 대표 음식이다. 겨울이 다른 지방보다 춥기 때문에 샤부샤부나 스끼, 스팀 보트처럼 뜨거운 육수에 채소와 고기를 넣어 익혀 먹는 요리를 선호하여 식탁 위에 간편한 석탄

[그림 2-23] 베트남 북부의 대표 음식 포(pho)

화로를 놓고 육수를 계속 따뜻하게 먹을 수 있도록 한다.

2) 중부

전통적으로 격식을 갖춘 오래된 궁중 요리인 후에 요리가 대표적인 요리인데 수십 개의 작은 접시에 담아 왕에게 올린 요리이며 마른 고추를 사용하여 매운 맛을 내는 특징을 가지고 있다. 돼지고기와 콩을 쪄서 만든 가너우 도우와 새우튀김인 카쿠온 차엔돈 등이 대표적인 음식이라 할 수 있다. 쌀국수는 우동처럼 두툼한 면발에 어묵과 쇠고기, 돼지족발과 같은 고명을 얹고 고추로 연하게 색을 낸다.

[그림 2-24] 베트남 중부 음식

3) 남부

다양한 종류의 과일들이 있으며 끼니마다 빼놓지 않고 먹는다. 또한 양념을 많이 첨가한 간이 센 요리를 선호하며 인도의 영향으로 커리를 먹는데 파티에서는 국수와 커리를 같이 먹고 가정에서는 바게트나 밥과 함께 먹는다. 단맛이 많고 주 양념은 느억 맘에 라임과 고추를 넣으며 국수는 캄보디아의 영향을 받아 에그 누들이나 튀김 면을 사용한다.

[그림 2-25] 베트남의 다양한 열대 과일

(5) 베트남 음식

1) 느억 맘

느억 맘(nouc mam)은 생선을 소금에 절여 발효를 시킨 액젓으로 조미료뿐 아니라 소스로 사용한다. 느억 맘에 고추, 설탕, 마늘, 식초, 라임을 넣어 만든 느억 짬(nuoc cham)은 남부에서 주로 양념장으로 사용한다. 생선 종류의 배합과 재료의 혼합을 다르게 하여 제조하는데 석 달 정도 발효시킨 후 액젓으로 판매한다.

[표 2-8] **느억 맘의 종류**

명칭	종류
니(nhi) 또는 트엉항(thung hang)	푸 꾸억 섬에서 생산되는 느억 맘으로 투명하고 향미가 뛰어난 제품으로 3개월 발효 후 처음 추출한 액젓으로 찐득하고 색이 진하고 값이 비싸다.
느억 맘	1등급 제품을 추출한 후 남은 액젓에 맑은 물을 부어 만든 것으로 밝은 색을 띠고 있다.

2) 반짱

반짱(banh trang)은 쌀가루와 소금, 물을 혼합한 쌀 반죽을 얇게 펴서 살짝 익힌 후 대나무로 엮어 만든 판에 올린 후 햇빛에 말려서 만든다. 라이스 페이퍼(rice paper)라고도 하며 따뜻한 물에 불려서 부드럽게 만든 후 여러 가지 소를 넣어 쌈을 싼 후 소스에 찍어 먹는다.

3) 고이쿠온

고이쿠온(goi cuon)은 월남쌈이라고도 하며 라이스 페이퍼에 채소와 고기를 싸서 먹는 아침식사 대용의 간단한 음식으로 땅콩 소스나 느억 맘에 찍어 먹는다.

4) 차조

차조(cha gio)는 고이쿠온을 튀긴 것으로 중국의 춘권과 비슷하며 설날이나 가족 행사에 전채로 먹는다.

5) 포

포(pho)는 베트남을 대표하는 음식으로 역사적으로 북부의 하노이에서 처음 유래가 되었다. 종류에는 쇠고기 육수로 만든 포보(pho bo)와 닭고기로 만든 포가(pho ga)가 있다. 지역마다 차이는 있지만 대체적으로 생숙주와 고수, 민트, 바질 등을 넣어 만든다.

6) 라우제

라우제(lau de)란 전통 궁중 요리로 양고기에 계피와 감초, 육두구 등을 넣어 육수를 내고 43가지의 다른 재료를 첨가한 후 다시 끓이는 음식이다.

7) 고이센

고이센(goi sen)은 새우와 고기, 채소, 레몬그라스, 연꽃 줄기 등에 매콤 새콤한 소스를 넣고 다진 땅콩과 향채소를 얹어 먹는 베트남식 샐러드이다.

8) 짜요

짜요(xao)는 채소에 간장으로 간을 한 후 볶아 먹는 담백한 음식이다.

9) 짜이즈어

짜이즈어(trai dua)는 코코넛 열매에 빨대를 꽂아 마시는 음료로 흰 과육은 위장을 보호하는 효과가 있다고 한다.

10) 늑옥짜

베트남의 전통차를 넣고 끓인 물로 더위를 식히는데 효과적이며 늑옥짜(nuoc tra)에 얼음을 넣은 물을 짜다(tra da)라고 한다.

11) 늑옥미아

늑옥미아(nuoc mia)란 롤러로 짜낸 사탕수수 즙으로 베트남의 대표적인 길거리 음료이다.

12) 커피

커피(ca phe) 수출국 세계 2위인 베트남은 1870년대에 프랑스인들에 의해 커피가 도입된 이후 노천카페가 발달하여 우리나라 돈으로 700원 정도의 저렴한 가격에 커피를 마실 수 있다. 알루미늄으로 만든 드리퍼 핀(phin)으로 직접 커피를 내리는데 맛이 매우 진하고 시큼하다. 연유를 첨가한 뜨거운 커피는 카페 스아 농(ca phe sua nong), 연유를 첨가한 아이스커피는 카페 스아 다(ca phe sua da)라고 하여 연유(sua)와 뜨겁다(nong), 얼음(da)만 알면 쉽게 주문할 수 있다.

(6) 식사예절

아침은 밥과 함께 1~2가지 정도의 반찬과 함께 간단하게 먹고 점심과 저녁은 3~5가지의 반찬을 준비한다. 평상이나 방바닥에 음식을 놓고 먹는데 반찬은 접시와 그릇에 놓고 밥과 국은 커다란 그릇에 담는다. 밥은 주걱으로 먹을 만큼 덜어서 밥그릇을 입가에 대고 젓가락으로 먹는다. 다른 반찬을 덜어 먹을 때에는 젓가락을 거꾸로 사용한다.

상대방에게 친절을 표시하기 위해 자신이 먹던 젓가락으로 음식을 집어 상대방의 밥그릇 위에 올려놓아도 불쾌한 표시를 하면 안 된다. 국과 밥을 말아 먹을 때는 국그릇이 아닌 밥그릇에 말아 먹는다. 국물은 나중에 먹고 식사 속도는 느리며 체면을 중시하여 음식을 조금 남긴다.

식사를 마치면 젓가락은 밥그릇 위에 올려놓는다. 식사 중 젓가락을 밥에 꽂아 놓지 않는다. 식사 중 숟가락을 놓을 경우는 엎어 놓는다.

더운 나라지만 뜨거운 차를 주로 마시며 한꺼번에 마시지 않고 조금씩 마신다.

3. 인도네시아(Indonesia)

(1) 지형과 기후

13,667개 정도의 크고 작은 섬들로 이루어진 인도네시아는 세계에서 가장 거대한 군도이며, 총 면적은 1,904,568km²로 세계 4위이다. 수마트라 섬(473,606km²), 칼리만탄 섬(539,460km²), 슬라웨시 섬(189,216km²), 파푸아(421,981km²), 자바 섬(132,107km²)이 5개의 큰 섬이다.

인도네시아는 크게 대순다(sunda) 열도, 소순다(sunda) 열도, 몰루카(moluccas) 제도의 3개의 그룹으로 나누어져 있는데 대순다 열도는 수마트라(sumatra), 자바(java), 보르네오(borneo) 섬의 칼리만탄(kalimantan)과 술라웨시(sulawesi) 섬이 속한다. 소순다 열도는 발리(bali) 섬에서 티모르(timor)까지 이어지고 이곳을 누사텡가라(nusa tenggara)라고 하며 몰루카 제도는 소순다 열도의 북쪽과 술라웨시 섬 동쪽에 몰려 있는 섬들로 이루어져 있다.

자바 섬의 북부 해안에 인도네시아의 수도 자카르타가 있고 총 인구의 60% 정도가 거주하고 있으며 토양이 비옥하여 쌀, 고기, 커피, 차, 코코넛 등을 생산하며 인도네시아의 경제와 사회를 대표하고 있다. 대순다 열도에 속하는 수마트라는 인도네시아에서 세 번째로 큰 섬이며 전체 국토의 1/4을 차지하고 있다.

인도네시아는 열대성 해양 기후대로 연평균 기온이 25~28도이며, 4~9월은 건기, 10~3월은 우기로 구분되어 지는데 지역 간의 강우량은 크게 다르다. 많은 인구가 몰려 살고 있는 자바지역은 화산재로 인해 비옥한 옥토를 가지고 있으며 강우량도 300mL 이상으로 풍부하고 비가 많이 내려 3모작을 하는 곡창 지대이다.

(2) 인구

약 2억 3,000만 명으로 세계 4번째로 인구가 많은 인도네시아는 원주민과 아랍, 중국, 파키스탄, 인도, 유럽인 등으로 구성되어 있는데 무역을 통해 다른 지역의 민족들과 교류할 수 있었으며 중국과 인도의 영향을 가장 많이 받았다.

1) 자바족

자와(jawa)라고도 부르는 자바족은 인도네시아 인구 전체의 45%를 차지하며 이 중 70%에 해당되는 사람들이 자바 섬에 살고 있다. 적게는 300명에서부터 3000명까지의 마을을 구성하여 살고 있으며 숲 안에 건물과 마을을 건설하고 있으며 벼농사를 짓고 있으나 대부분이 소작농으로 살고 있다.

전통 염색 방법인 바틱(batik)과 전통 음악인 가믈란(gamelan)을 발전시킨 민족이다.

2) 순다족

약 14%인 민족으로 자바족 다음으로 가장 많다. 순다족이 거주하던 서부 자바지역은 네덜란드의 중심 식민지였으며 그 당시에 강제로 만들어진 커피 재배지이다. 예술과 의식, 문화 등이 자바족과 매우 유사한 경향을 나타내며 거주 지역도 유사하다.

3) 아체족

수마트라 섬 북부에 거주지를 두고 있으며 여러 종족의 혼혈로 이루어져 코카서스 인처럼 호리호리한 몸매에 키가 크다. 아체족은 인도네시아에 소속되면서 많은 반란을 일으켰으며 1천년이라는 긴 세월 동안 인도네시아의 무역국의 역할을 해왔다. 이슬람교의 영향이 강하며 주술을 중요시하고 농업을 중심으로 하는 민족이다.

4) 바탁족

수마트라 북부 지역의 중앙에 거주하고 있으며 고대 말레이 문화의 시조라고 할 수 있는데 과거에는 식인종이었다. 160년 동안 기독교 선교 단체에 의해 많은 영향을 받아 토바 호수 근처에 가장 큰 기독교 단체를 형성하고 있으며 자부심과 기질이 강하고 쾌활하다.

5) 발리족

11~15세기에 힌두교의 영향을 크게 받은 발리족은 많은 힌두의식과 문화를 가지고 있다. 담을 높게 쌓고 집안에는 작은 안뜰과 가족 사당을 가지고 있으며 각 마을마다 토지 소유권과 경작권을 가지고 있고 관개수로를 이용해 농사를 짓고 있다.

6) 중국인

수세기 동안 인도네시아에 거주하면서 가장 큰 규모와 영향력을 가진 민족으로 주로 항구에 거주하고 있다. 19세기 후반에 농장과 광산에서 노동력을 제공하였다.

7) 다약족

소규모 집단을 구성하며 칼리만탄 내륙지역의 강가에 거주지를 형성하고 화전으로 이동경작을 하고 사냥을 하며 산다. 다약족은 토속신앙으로 조상과 나무, 바위 등에 영혼이 있다고 생각하여 우상화하고 손재주가 뛰어나 바구니나 방석을 잘 만든다.

8) 미나하사족

술라웨시 북부 지역에 살고 있는 민족으로 대다수가 기독교인이고 유라시아 계통으로 주로 농업에 종사하고 있다.

9) 미낭카바우족

수마트라 서쪽 고지대에 살며 이슬람교를 믿고 모계중심의 사회를 형성하고 있다.

10) 바두이족

자바 서부 지역에 35개의 마을을 형성하고 다른 지역과의 교류 없이 고립된 채 살고 있다. 주로 힌두교도인데 자신들을 신의 자식이라 생각한다. 글에 사악한 힘이 있다고 생각해서 금기로 규정하고 있으며 화전과 함께 사냥을 중심으로 삼고 있다.

11) 부기족

칼리만탄의 북동부 해안과 술라웨시 섬에 흩어져 살고 있는 민족으로 주로 배를 타고 과거에는 무역상이나 해적이었고 화려한 색깔의 배를 가지고 있는 민족이다.

12) 토라자족

술라웨시 중부 지역의 험한 산지에서 살고 있는 토라자족은 산사람이라는 호칭을 가지고 있고 사냥을 주로 한다. 배 모양과 비슷한 집을 지어서 살고 장례의식을 가장 중요하게 생각하며 시체를 석회석 절벽에 매장하고 사자 인형을 절벽에 놓아둔다.

(3) 자원

인도네시아는 광활한 영토와 함께 산림자원, 해양자원, 광물 등 풍부한 자원을 보존하

고 있다. 동남아시아 최대의 목재 산업국으로 목공, 합판, 펄프 산업이 발달했고 세계 최대의 팜 오일(palm oil) 생산국이기도 하다. 또한 사탕수수, 카사바, 팜, 자트로파 등을 계획적으로 심어 바이오 에너지 원료에 크게 공헌하고 있다. 지하자원도 풍부하여 세계 2위의 LNG 수출국이고 천연가스도 풍부하게 생산하고 있다. 바다가 육지 면적의 4배이므로 해양자원도 풍부하다. 관상용 열대어, 해마, 조개와 같은 해양자원도 풍부하다. 섬이 많고 각 섬은 화산과 지진도 자주 일어나는 환태평양 지진대와 일치하여 전 세계에서 일어나고 있는 화산분화의 70~80%가 인도네시아에서 발생하고 있다고 해도 과언이 아니다. 129개의 화산분화가 지금도 활발히 움직이고 있고 휴지 상태의 화산까지 포함한다면 약 500여개의 화산이 몰려있다. 화산 재해로 인한 피해도 있지만 화산재는 기름진 토양을 만들고 비옥한 땅에서의 농사는 품질 좋고 풍성한 쌀을 얻을 수 있다. 화산이 토지에 직접적으로 도움을 줄 뿐 아니라 관광 자원으로도 이용되고 온천과 간헐천으로 관광 수입을 높일 수 있는 이점도 가지고 있다.

(4) 종교

인도네시아는 약 87%가 이슬람교이고 기독교가 7%, 3%가 힌두교와 불교, 나머지 3%는 토속신앙을 믿고 있다. 그러나 인도네시아의 국교가 이슬람은 아니다. 인도네시아의 건국이념은 판차실라(pancasila)인데 어떠한 종교도 신앙의 자유를 보장 받고 차별받지 않는다는 것으로 종교 때문에 직장생활이나 경제 활동에 영향을 받지는 않는다. 북부의 술라웨시와 티모르, 파푸아 등의 지역은 90%의 주민들이 기독교를 믿고 있고 북부 수마트라 섬은 이슬람교를 믿고 있다. 발리 섬 주민의 90% 이상은 힌두교를 신봉하고 이러한 주민들의 일상생활이 바로 관광 상품이다. 정부에서는 이슬람교와 기독교, 힌두교, 불교의 종교 휴일을 모두 인정하고 있으며 신앙심이 깊은 인도네시아의 주민들로 인해 각 종교 간의 분쟁이 수없이 발생하고 있는 것이 지금의 현실이고 이러한 종교 갈등과 독립 분쟁으로 인해 오늘날 인도네시아가 발전하지 못하고 있는 요인이라 할 수 있다.

[표 2-9] 인도네시아의 종교 휴일

날짜	공휴일 명	비고
1월 1일	신정	–
2월 14일	구정(중국의 춘절)	임렉이라고 함
2월 26일	무함마드 탄신일	이슬람력 3번째 달의 12번째 날

3월 16일	힌두교 신정	침묵의 날
4월 2일	성 금요일	와팟 예수스 크리스투스라고함
5월 13일	예수 승천일	크나이칸 예수스 크리스투스라고함
5월 28일	부처 탄신일	와아삭이라고 함
7월 10일	무함마드 승천일	이슬람력 7번째 달의 27번째 날
8월 17일	독립기념일	–
9월 9일	연계공휴일	9월 10~11일 이둘피트리와 연계
9월 10~11일	이둘피트리, 르바란	1개월간의 라마단이 끝남을 기념하는 축제
9월 13일	연계공휴일	이둘피트리와 연계
11월 17일	이둘 아드하	희생제이며 이슬람력12번째 달의 10번째 날
12월 7일	이슬람 신정	–
12월 24일	연계 공휴일	성탄절
12월 25일	성탄절	하리나딸이라고 함

(5) 식생활 문화

유럽이 열광하던 후추와 육두구, 메이스, 정향, 계피 등이 많이 생산되기 때문에 인도네시아는 역사적으로 많은 나라로부터 침략을 받았다. 1641년부터 네덜란드의 식민지로 350년간 통치를 받았고 영국의 지배하에 있기도 했다. 네덜란드는 계획적인 플랜테이션(plantation)으로 자바 섬의 1/5을 개간하여 사탕수수와 커피, 차, 담배 등을 재배하였으며 주민들은 수렵과 어로, 야생식물의 채집을 통해 주로 생활하고 있다.

벼농사는 2~3모작이 가능하여 쌀이 주식이 되었으나 일부 지역에서는 카사바와 옥수수, 바나나 등을 주식으로 이용하고 있고 주식과 부식의 분리가 뚜렷한 특징을 가지고 있다. 인도네시아는 수많은 섬나라로 이루어져 많은 섬에서 생산되는 다양한 식품과 음식을 만드는 조리법, 사용하는 향신료의 종류와 방법 등에 따라 식생활 문화가 다양하게 나타나는 나라이다.

인도네시아에서 가장 많이 사용하고 있는 향신료는 고추인데 잘 익은 고추를 갈아 삼발 소스(sambal sauce)를 만들고 코코넛 밀크는 밥을 지을 때 등 거의 모든 음식에 사용하고 있다. 튀기거나 볶는 조리법인 고랭(goreng)은 더운 기후에도 음식이 상하게 하지 않기 위해 가장 많이 사용한다. 대부분의 요리에 야자열매에서 나오는 팜유(palm oil)를 사용하며, 뜨거운 음식을 선호하지 않으므로 조리한 후 바로 먹지 않고 식혀서 손으로 밥과 반찬을 먹는다. 음식을 담아내는 식기는 볼(bowl) 형태의 공기 보다는 접시를 사용하고 바나나 잎도 사용한다. 인도네시아는 가정에서도 뷔페식으로 차리며, 흰 쌀밥인 나시푸티는 주식으로 먹고 결혼이나 생일 등 잔치에서는 나시쿠닝이라는 노란색 쌀밥을 먹는다.

(6) 인도네시아 음식

1) 나시

나시(nasi)는 쌀로 지은 밥으로 조리방법이나 들어가는 재료에 따라 이름이 다르다.

2) 나시 고랭

나시 고랭(nasi goreng)의 고랭은 튀기거나 볶는 조리법을 나타내는 말로 식은 밥을 기름과 볶고 양파와 고추, 토마토 소스, 케첩을 넣어 볶은 다음 위에 오이와 토마토를 올린다. 볶은 국수를 미고랭(mi goreng)이라 한다.

3) 나시 우둑

나시 우둑(nasi uduk)이란 쌀에 코코넛 밀크와 소금, 월계수를 넣고 밥을 지어 바나나 잎에 담은 것이다.

4) 나시 쿠닝

나시 쿠닝(nasi quoing)은 커리의 재료인 심황을 넣어 지은 밥이다.

5) 아차르

아차르(acar)란 고추와 양파, 오이, 파파야, 파인애플 등 과일과 채소를 썰어서 식초와 물, 설탕, 소금을 넣어 피클처럼 초절임하여 만든 음식이다.

6) 사후

사후(sajur)란 새우와 템페, 향신채, 코코넛 밀크, 고추를 기름에 볶은 요리로 단맛과 매운맛을 낸다.

7) 미아얌

미아얌(mie ayam)이란 국수(mie)에 닭(ayam) 육수를 넣고 데친 채소를 곁들여 먹는 음식으로 삼발 소스나 캐러멜 맛 소스를 곁들여 먹는다.

8) 고랭안

고랭안(gorengan)은 길거리 음식으로 튀김종류인데, 템페고랭(tempe goreng)은 콩이 주재료이고 삐상고랭은 바나나 튀김이다.

9) 템페

템페(tempe)는 대두를 삶아 발효시킨 후 널빤지 모양으로 굳힌 것으로 부식이나 간식으로 먹는다.

10) 사테

사테(sate)는 염소고기, 닭고기 등을 꼬치에 꽂아 숯불에 구운 꼬치구이로 땅콩 소스와 곁들여 먹는다.

(7) 식사예절

식사 시에는 소리를 내지 않으며 다과와 음료는 주인이 권하기 전에는 먹지 않는다. 손으로 식사를 할 경우 식탁에 식사 전에 손을 씻을 수 있는 물과 마실 수 있는 물을 올려놓는다. 주인은 식사를 먼저 끝내지 않으며 이슬람교는 돼지고기와 개고기를 먹지 않는다.

4. 말레이시아(Malaysia)

(1) 지리와 기후

13개의 주로 이루어진 말레이시아는 모든 주가 바다와 접해 있는 반도로 적도 바로 위에 위치하고 있으며 남중국해를 사이에 두고 동말레이시아와 서말레이시아로 나뉘는데 북쪽에서 남쪽으로 뻗어 있는 산맥으로 인해 동, 서지역간의 교류가 어려웠으므로 그 특징이 뚜렷하다.

동말레이시아는 보루네오 섬 북쪽에 위치해 있으며 다른 지역은 브루나이 왕국과 인도네시아의 칼리만탄 지역과 접하고 있다. 11개의 주로 이루어진 서말레이시아의 북쪽 국경은 태국, 남쪽 국경은 싱가포르, 동쪽 국경은 남중국해, 서쪽 국경은 말라카 해협과 접해

있다. 북쪽에 위치한 케다 주는 비옥한 평야이고 남쪽에 위치한 조호르지역은 저지대로 25년 동안 꾸준히 얻을 수 있는 팜유와 코코아, 고무 농장이 유명하다.

기후는 우기와 강도가 센 우기로 나눌 수 있는데, 9~12월이 우기로 매일 비가 내리며 우기가 아닌 건기에도 일주일에 몇 차례 소나기가 내린다. 연평균 강수량이 2,410mm, 연평균 기온은 25~35도이며 습도는 60~73% 정도로 고온다습하나 밤에는 선선하다. 산악지대와 저지대의 기온차이가 확연하며 대도시들이 몰려 있는 저지대는 덥다.

(2) 인종과 종교

말레이시아에는 다양한 인종이 살고 있고 혼혈도 많이 있다. 말레이계, 중국계, 인도계, 원주민인 오랑아슬리, 페라나칸인, 유럽계 등의 인종이 거주하고 있으며 전체 인구의 59%가 말레이계, 32%는 중국인, 8%는 인도인이다. 유럽계인 포르투갈인, 네덜란드인, 영국인들은 말레이시아의 주요 무역로인 서말레이시아 남쪽의 말라카 주에 거주한다.

말레이시아인들은 서말레이시아에 59%, 동말레이시아에 31% 정도 거주하며 수마트라나 미낭카바우 지방에서 이주해 온 종족으로부터 힌두교와 불교의 영향을 많이 받았다. 다종교 국가로 이슬람교, 불교, 힌두교, 기독교, 도교가 공존하는데, 정부에서 공식적으로 채택한 종교는 이슬람교로 말레이인과 인도인의 대부분은 이슬람교이다. 이슬람의 영향으로 무슬림의 여성은 머리에 베일을 착용하여 목과 어깨를 감추어야 하고 턱 밑 부분을 핀으로 고정시킨다. 새벽과 정오, 한낮, 일몰, 어두워졌을 때 하는 5번의 기도시간을 가지며 각 가정이나 직장 모스크에서 메카를 행해 기도시간을 갖고 건물의 천장 등에는 조그마하게 메카의 위치를 알리는 키블라라는 작은 화살표가 표시되어 있다. 또한 1년에 한번 28~29일간 해가 떠있는 시간 동안 금식을 하는 라마단 기간을 갖는다.

(3) 축제

다민족으로 구성된 말레이시아는 1년 내내 축제가 끊이지 않는 나라로, 대부분의 축제가 화려하고 거대하게 행해지며 각 축제는 유교, 시크교, 힌두교, 이슬람교, 불교, 기독교 등 다양한 종교적인 색채와 다양한 민족의 특색을 볼 수 있다. 축제 기간 동안 오픈 하우스(open house)라 하여 외국인을 집으로 초대하는 독특한 풍습이 있다.

1) 타이푸삼

타이푸삼(thaipusam)은 힌두교의 무가신과 수브라마니암 신을 기리고 참회와 속죄를

위해 고행을 하는 인도인들의 축제로, 3일 동안 진행되는데 푸삼은 1월 중순~2월 중순까지의 기간에 가장 높이 뜬 별을 의미한다고 한다.

2) 중국 설날(춘절)

음력으로 새해 첫날부터 15일 동안 열리는 축제로 멀리 있는 친척들과 식구들이 모두 모여 돈이 들어있는 붉은 색 봉투인 양파우와 행복과 부를 부르는 중국 귤을 서로 나눈다.

3) 카마탄

카마탄(kaamatan)은 동 말레이시아의 사바지역에서 5월 30~31일에 개최되는 추수감사절 행사이다. 모든 음식을 쌀로 만드는데 특히 그해 수확한 쌀로 만든 타이파이주로 이웃과 손님을 대접한다. 미인행렬과 전통 춤, 그리고 주술사들의 마가야우 종교의식을 볼 수 있다.

4) 컬러 오브 말레이시아

치트라와르나 말레이시아(citrawarna Malaysia)라고도 하는 5월의 축제로 말레이계, 중국계, 인도계와 원주민 등이 참가하여 그들 특유의 문화를 선보인다. 말레이시아의 수도 쿠알라룸푸르 또는 행정 수도인 푸트라자야(putrajaya)에 14개 주를 대표하여 모인 많은 사람들이 한 달 동안 각종 퍼레이드와 춤, 음식, 음악, 전시회를 즐긴다.

5) 가와이 페스티벌

가와이 페스티벌(gawai festival)은 말레이시아의 사라왁(sarawak) 지역에서 6월 초에 열리는 축제로 추수를 끝내고 새로이 농사철을 맞이하는 것에 감사하는 축제이다. 준비기간 동안 다약(dayak)족들은 조상의 묘지를 돌보고 전통 음식을 준비한다.

6) 과일 축제

7월 한 달 동안 말레이시아 전국에서 열리는 축제로 아시아와 유럽 등 다양한 나라의 음식과 온대, 열대 과일 등 신선하고 특이한 과일을 풍성히 먹을 수 있는 축제이다.

7) 메가 세일 카니발

메가 세일 카니발(mega sale carnival)은 7월 말~8월 말까지 수도인 쿠알라룸푸르 등 각 지역에서 열리는 쇼핑축제이다. 최고 70~20%의 할인율로 축제기간 명품부터 아울렛까지 저렴하게 상품을 구입할 수 있다.

8) 하리 라야 아이딜피트리

8월 또는 9월의 이슬람 최대 명절인 하리 라야 아이딜피트리(hari raya aidilfitri)는 하리 라야 푸아사(hari raya puasa)라고도 불리며, 독립 기념일만큼 커다란 의미를 지니고 있는 명절이자 축제이다.

이슬람 달력의 10번째 달인 샤왈(syawal)의 첫째 날로 라마단(ramadan)이 끝나는 날이다. 유혹을 이기고 계명을 지킨 것을 자축하며 무슬림으로서의 자부심을 드러낸다. 축제 개막일에는 국왕과 왕비를 포함한 정부 고관들이 참여한 가운데 화려한 축하공연과 불꽃놀이 등을 말레이시아 전역에 TV로 생중계한다.

축제 기간에는 가까운 사람들이나 친척을 집으로 초대하는 오픈 하우스(open house) 행사에 종교와 인종을 초월하여 누구나 초대받을 수 있다.

9) 메르데카 데이

말레이시아어로 메르데카(merdeka)는 '독립'이라는 뜻이다. 영국으로부터의 독립을 축하하기 위한 축제이다. 전야제의 불꽃놀이를 시작으로 8월 31일 이후 보름에서 한 달 정도 각 도시의 거리에서 화려한 퍼레이드 행렬이 진행된다.

10) 디파발리

디파발리(deepavali)란 음력 10월 또는 11월에 열리는 빛의 축제로 힌두교 최대의 명절로 신년을 맞이하는 날이다. 집안 곳곳에 불을 밝히고 부와 번영의 상징인 락쉬미 신의 방문을 환영한다. 기름으로 목욕을 하고 사원에서 가짜 지폐를 불태우며 복을 빌고 그릇을 깨어 액운을 몰아낸다.

(4) 식생활 문화

다민족으로 이루어진 말레이시아는 중국 요리, 포르투갈 요리, 인도 요리 등 다양한 음식 문화를 형성하고 있다. 쌀이 주식이며 부식은 향료를 많이 넣어 향이 강하고 매운 특징을 가지고 있다. 사테는 양고기, 쇠고기, 닭고기 등으로 만든 꼬치구이로 대표적 길거리 음식이며 밥과 오이, 파인애플을 곁들여 먹는다. 쌀 요리 중 대표적인 나시는 찰기가 거의 없는 인디카 종을 이용해 만들며 접시에 가득 담아서 여러 명이 나누어 먹는다.

채소 요리는 채소 본연의 아삭하고 싱싱한 맛을 그대로 살릴 수 있도록 조리시간을 짧게 하며, 생선은 주로 튀기거나 찌거나 훈제하는데 무더운 날씨에 음식을 보존하기 위한 조리법이라고 할 수 있다.

말레이시아의 삼발(sambal)은 고추를 기본으로 하여 만드는 소스로 작은 새우나 생선 등을 갈아서 만든 젓갈 같은 페이스트인 벨라찬[belacan, 인도네시아에서는 트라시(trasi) 라고 한다.]이나 피시 소스, 라임, 샬롯, 마늘, 설탕과 라임주스 등을 첨가하는데 첨가하는 재료나 매운 맛의 정도에 따라 약 300 종류가 있다. 나시, 채소, 생선 요리에 소스로 이용 한다.

(5) 말레이시아 음식

1) 사테

사테(sate)는 말레이시아뿐만 아니라 인도네시아, 필리핀, 태국 등 동남아시아의 여러 나라에서 먹는 꼬치구이이다. 양고기나, 닭고기, 쇠고기 등을 향신료를 넣은 소스에 재어 두었다가 대나무 꼬치에 꽂아 바비큐 하는 것으로 땅콩 소스와 오이, 양파 등과 함께 먹는 다.

2) 논야

페라나칸 문화란 바다를 통해 이주한 중국인과 토착 말레이계 여성이 결혼을 하여 생겨 난 문화를 말하며 페라나칸 태생의 남자를 바바(baba), 여자를 논야(nonya)라고 한다. 논 야 음식이란 바로 이들의 손맛을 이어받은 독특한 음식으로 중국의 향신료와 고추, 코코넛 밀크를 함께 혼합하여 만드는데 대표적인 음식으로 향이 강한 매운 수프 겸 국수 요리인 락사(laksa)를 들 수 있다.

3) 커리 락사

커리 락사(curry laksa)란 닭고기 육수에 커리와 코코넛 밀크를 혼합한 후 다양한 종류 의 국수를 말고 유부와 어묵, 새우를 넣어서 먹는다.

4) 아쌈 락사

아쌈 락사(assam laksa)는 페낭 락사라고도 하며 생선을 갈아서 만든 육수에 타마린드 를 넣어 신맛을 낸다. 쌀국수와 민트 잎, 파인애플, 채 썬 양파를 곁들인다.

5) 나시 레막

나시 레막(nasi lemak)은 길거리 음식으로 세계 최초로 포장된 음식중 하나이다. 쌀밥 을 벨라찬과 함께 혼합한 후 멸치튀김, 땅콩, 반숙 달걀, 오이 등을 넣어 커다란 바나나 잎 으로 싸서 먹는 음식이다.

6) 나시 참푸르

나시 참푸르(nasi campur)의 나시는 밥이고 참푸르는 섞는다는 뜻으로 밥에 다양한 반찬을 얹은 덮밥과 같다.

7) 미

미(mi)란 다양한 형태의 국수로 쌀가루와 밀가루를 혼합하여 만든 국수로 건조하거나 튀기며 커리를 끼얹거나 채소와 고기를 올리고 육수를 부어 먹는다.

(6) 식사예절

말레이시아는 법률에 의해 국교가 이슬람교로 정해져 있으므로 돼지고기를 부정하게 여겨 먹지도 않고 만지는 것조차 싫어하며 술과 담배도 금지한다. 또한 왼손을 부정하게 생각하므로 식사 때는 물론 물건을 건네거나 받을 때 반드시 오른손을 사용하지만 호텔이나 레스토랑에서는 스푼과 포크를 사용한다. 반면 머리는 신성한 부분으로 여기므로 귀엽다고 함부로 어린아이들의 머리를 만지거나 쓰다듬어서는 안 된다.

바나나 잎을 일회용 접시로 많이 사용하는데 식사가 끝나면 반으로 접어 식사가 끝났음을 표시한다.

5. 필리핀(Philippines)

(1) 역사

공식 이름은 필리핀 공화국(republic of the Philippines)으로, 아시아 대륙 남동 해안에서 약 800km 떨어진 지점에 있는 7,100여 개의 크고 작은 섬들로 이루어진 나라이다.

14~16세기까지 말레이시아에서 이주해온 사람들이 각 주로 이주하였고 16세기 초 스페인의 항해사였던 마젤란(Ferdinand Magellan)에 의해 마젤란 해협과 필리핀 등을 발견하고 스페인 사람들이 필리핀으로 들어와 토착 계층과 결혼을 하게 되면서 새로운 계층을 형성하게 되었다. 370년간 스페인의 통치가 이루어졌으나 다른 나라와 다르게 대량 학살과 강탈 등을 일삼지 않아 스페인에 대한 반감이 없었으며 오히려 기독교와 서구 문명으로 인해 다른 아시아권 나라보다 빠르게 발전할 수 있는 계기가 되었다.

1898년 미국과 스페인의 관계 악화로 미국이 함대로 필리핀을 점령하였고 스페인은 필리핀을 200만 달러에 팔았다. 미국으로부터 독립하기 위해 독립운동을 시작하였고 농민과

서민층을 대표하는 보니파시오 장군 측과 지배층을 대표하는 아기날도 장군 측의 주도권 싸움에서 아기날도 장군이 승리하였고 독립운동이 끝난 후에도 지배층의 부와 권력을 확대하기 위해 끊임없이 스페인과 미국의 식민 세력과 타협하면서 자신들의 이권을 탐하게 되어 계속적으로 빈부의 차이가 심해지고 있다. 미국으로부터 독립한 후 지배층의 부와 권력이 확고해 지면서 1998년 서민들의 전폭적인 지지로 서민 배우였던 에스트라다가 대통령으로 당선되어 서민들을 위해 좌파 정책을 펼치려 했으나 미국과 필리핀 지배층에 의한 우파의 쿠데타로 2년 만에 에스트라다를 몰아내었다. 우파 정책으로 인해 더욱 미국과 친미 정책을 펼치면서 극단적인 자본주의로 나아가고 있다. 필리핀은 역사적으로, 지역적인 특성으로 인해 100여개의 소수민족이 살고 있는 나라로 이민자와 원주민, 소수민족에 대한 차별은 없다.

(2) 지형과 기후

총 면적은 300,000km^{2}로 우리나라의 1.3배 정도로, 남북의 길이는 1,850km이며 동서로 가장 넓은 지역은 1,125km이다. 신석기 시대에 육지와 연결되어있던 필리핀은 7,000년 전에 수면의 상승으로 아시아 대륙에서 분리되었다. 북쪽에 위치한 루손 섬은 면적 104,688km^{2}로 세계에서 17번째로 크며 백두산보다 178m나 높은 산이 있다. 북에서 남으로 이어지는 수많은 섬들이 환태평양 조산대에 속하여 활발한 지각 변동과 화산 활동의 영향을 받고 있으므로 평야가 부족하여 계단식으로 이루어진 밭이 발달하였다. 강우량이 많은 남쪽은 산림이 우거져 있으나 서쪽은 건조하여 건성 식물이 많다. 7000여 개의 섬 중 11개의 큰 섬에 인구가 집중적으로 몰려있는데 특히 북쪽에 위치한 루손 섬과 남쪽의 민다나오 섬에 약 65%의 인구가 몰려 있다.

열대 몬순 기후로 연평균 기온은 27도이며 지역에 관계없이 건기는 11~5월, 우기는 6~10월로 뚜렷하며 건기 중 12~2월까지는 무역풍으로 인해 바람이 불어와 서늘하다. 우기 동안 한 달에 4~5번의 잦은 태풍으로 사망자수가 매년 800명에 이르고 있다.

(3) 종교 축제

필리핀의 곳곳에서는 일 년 내내 크고 작은 축제가 있다. 이 축제 중 일부는 풍작을 위한 기우제, 풍어제 등 종교적인 성격을 띠고 있지만 경건한 태도와 함께 자유로운 모습도 많이 보여주고 있다. 축제에 참여하는 주민들은 집안 곳곳을 청소하고 페인트칠을 하고 커튼도 바꾸는 등 새로운 단장과 함께 시작 전에 일반적으로 9일간의 준비 기도를 한다. 거리에

는 아치형 구조물과 여러 색상의 종이 깃발도 장식 하고 밤에는 댄스 경연과 서커스 쇼가 이루어진다. 축제 기간에는 흩어져 있던 가족들이 모이고 풍성한 음식을 장만하는데 대표적인 요리는 돼지 바비큐이다.

1) 아티아티한 페스티벌

1월 1일부터 1월 15일까지 아클라의 칼리보에서 산토니뇨를 경축하기 위해 열리는 축제로 네그리토스처럼 토속의상과 액세서리로 장식한 후 전통 음악에 맞춰 춤을 춘다. 관광객들도 분장을 하고 참여할 수 있다.

2) 시눌룩

1월 18일부터 19일까지 세부에서 개최되는 가장 큰 규모의 축제인 시눌룩(sinulog)은 두 걸음 나아가고 한걸음 후퇴하는 춤사위가 이색적인데 이 춤은 해변의 어린예수를 격려하는 의미를 담고 있다. 100년 전통의 축제로 관광객까지 함께 어우러질 수 있다.

3) 바기오 꽃 축제

2월 23일부터 3월 3일까지 바기오의 꽃(baguio flower)이 화려하게 피는 철에 아름다운 꽃들을 상징하는 의상을 입은 필리피노들의 행렬이 이어진다.

4) 모리오네스 페스티벌

마린두케에서 4월 10일부터 16일까지 사순절 기간에 예수의 십자가 처형을 재연하는 축제이다. 가면 또는 얼굴 가리개를 의미하는 모리온을 착용한 현직 배우들이 한쪽 시력을 잃은 로마 병사 롱기누스의 이야기를 나타낸 연극을 비롯하여 전통 시 낭송, 마차 행렬 등이 펼쳐진다.

5) 파히야스 페스티벌

매년 추수를 기원하기 위해 5월 15일 퀘손의 룩반에서 진행되는데 모든 가정이 지역최고의 특산물로 집안을 장식한다.

6) 파라다 앙 레천

바탕가스의 발라얀에서 6월 24일에 진행되는 페스티벌로 레천(lechon)은 필리핀 전통 통돼지 바비큐를 뜻한다.

7) 탁로반 핀타도스 축제

6월 29일에 열리는 타클로반 시의 대표 축제로 주민들이 고대전사를 흉내 내어 바디페인팅을 하고, 격렬한 북장단에 맞추어 춤을 춘다.

8) 산두고 페스티벌

7월 16일 보홀의 탁빌라란 시에서 라자 시카투나와 미구엘 로페즈 데 레가스피 사이의 혈맹을 기념하는 축제로 화려한 의상이 볼거리이다.

9) 카다야완 사 다보

다바오 시에서 8월 16일부터 22일까지 개최되며 민다나오 섬의 가장 큰 축제이다. 삶의 찬양이라는 뜻을 가진 이 축제는 마지막 날의 꽃배 퍼레이드가 하이라이트이다. 축제 기간 동안 월드 뮤직 페스티벌과 다바오 리버 페스티벌, 토속악기공연, 민다나오 전통춤 축제, 라이브 밴드 공연 등 풍성한 프로그램이 펼쳐진다.

10) 튜나(tuna) 페스티벌

8월 28일부터 9월 6일까지 연간 40만 톤의 참치 어획량을 자랑하는 세계 최대의 참치 도시인 제너럴 산토스 시에서 바다에 감사하는 마음을 표현하는 축제로 형형색색의 참치 모양으로 장식된 배를 들고 행진하는 튜나 플로트 퍼레이드(tuna float parade)가 진행되며 축제 기간 동안 스트리트 댄스 경연대회, 콘서트 등 다양하고 흥미진진한 프로그램들이 진행되며 튜나 빌리지(tuna village)에서는 참치 마켓이 열려 최고의 참치 요리를 맛볼 수 있다.

11) 마스카라 페스티벌

10월 19일부터 일주일간 열리는 이 축제는 군중을 뜻하는 마스(mass)와 얼굴이라는 뜻의 카라(kara)가 합쳐져 만들어졌다. 1980년 사탕수수 가격 폭락으로 침체된 경기와 시민들의 사기를 높이기 위한 취지에서부터 시작된 이 축제는 바콜로드 시의 가장 큰 축제로 웃는 얼굴 마스크와 화려한 의상들로 꾸민 퍼레이드가 압권이다.

12) 히간테스 페스티벌

1월 23일 리잘(rizal)의 앙고노(angono)에서 열리는 축제이다. 히간테스(higantes)는 스페인어로 거인을 뜻하는데 어부들의 수호성인 산 클레멘테(San Clemente)를 기리기 위하여 대형 종이 인형을 메고 마을을 행진한다.

13) 산 페르난도 자이언트 랜턴 페스티벌

팜팡가(pampanga)의 산 페르난도에서 12월 15일에 개최되는 이 축제는 스페인 식민지 시대부터 시작되었으며 각 지역에서 참여한 화려한 디자인과 색이 돋보이는 거대한 랜턴들이 장관을 이루며 크리스마스의 분위기를 돋운다.

(4) 식생활 문화

필리핀의 식사 형태는 주식과 부식으로 분리되는데 보통 2모작으로 쌀 생산량이 높아 쌀이 주식이 되었다. 쌀 생산량이 세계 8위이지만 쌀 수입도 세계 8위를 기록하고 있는데, 원인은 정치인들의 부정부패와 농민들의 무능력함, 인구증가와 기후의 영향이라 할 수 있다. 타로감자와 바나나를 경작한 후 밭에서 조, 수수 등을 심어 화전 농업을 하고 다시 그 밭을 논으로 벼농사를 짓는다.

수많은 섬으로 구성되어 있으므로 채소보다는 해산물과 닭고기를 이용한 튀긴 음식이 주를 이루고 있으며 가장 중요한 식재료는 생선으로 90% 이상을 소금에 절여 말린 후 가공하여 사용하거나 젓갈로 만들어 먹는다. 필리핀의 유명한 젓갈인 파티스(patis)는 여러 종류의 생선을 넣고 으깬 후 새우와 소금을 3:1의 비율로 섞어 만든다. 열대지방이므로 망고 등 과일도 풍부하여 저렴하게 구입할 수 있으며 필리핀의 망고는 당도가 뛰어나 세계적으로 유명하다.

필리핀은 스페인과 중국, 인도, 미국 등 여러 나라의 영향으로 혼합된 음식 문화를 형성하고 있는데 특히 스페인의 조리법이 열대 지방의 풍부한 재료들을 만나 필리핀의 독특한 요리로 탄생하였는데 주로 축제나 부활절 요리로 발전하였다. 또한 중국 이민자들에 의해 전해진 중국 요리는 다소 변형되어 서민의 가정과 노점 등에 많이 보급되었다. 미국은 스페인과 중국처럼 크게 영향을 주지는 못했지만 닭고기 샐러드와 매시드 포테이토 등 마요네즈를 사용한 요리와 패스트푸드, 햄버거, 콜라와 같은 기호 식품을 전파시켰다. 하루 3번의 식사 중 아침에는 달걀과 구운 생선, 소시지, 볶음밥 등을 먹고 후식으로 커피나 핫초콜릿을 마시고 점심과 저녁은 수프와 생선, 고기, 밥, 채소와 과일을 먹는다.

(5) 필리핀의 음식

1) 아도보

아도보(adobo)란 냉장고가 없던 때에 고기를 보존했던 방법을 응용한 조리법으로 크게 토막 낸 고기를 식초와 마늘, 월계수 잎, 소금, 후추, 설탕과, 간장, 기름을 넣고 조린 음식

으로 필리핀의 가장 대중적인 음식이다. 주로 닭고기나 돼지고기, 오징어를 사용한다.

2) 시난개그

시난개그(sinangag)란 마늘과 기름, 소금, 후추, 간장, 돼지고기 또는 닭고기, 스크램블에그, 새우, 양파 등을 넣고 볶은 볶음밥이다.

3) 아로스 칼도

아로스 칼도(arroz caldo)란 우리나라의 닭죽과 같은 형태로 필리핀의 서민 음식이다.

4) 룸피아

룸피아(lumpia)란 필리핀식 튀김만두로 식당이나 길거리에서도 쉽게 사 먹을 수 있으며 대표적인 잔치 음식이다. 기본 재료인 얇은 밀가루 피에 다진 돼지고기와 채소 등 내용물을 넣고 말아서 튀긴 후 소스를 곁들인다.

5) 빤싯 소당혼

빤싯 소당혼(pancit sotanghon)이란 면과 채소, 버섯, 돼지고기, 달걀, 양파를 채 썰어 만든 잡채와 비슷한 음식이다.

6) 닐라강 마니

삶은 땅콩이다.

7) 레천 가왈리

레천 가왈리(lechon kawale)는 통돼지 바비큐인 레천을 썰어서 담은 음식으로 각 지방의 축제, 부활절 등 축제 행사에서 많이 먹는다. 스페인의 영향을 많이 받았다.

8) 시니강

시니강(sinigang)이란 생선이나 돼지고기, 채소를 넣어 끓인 시큼한 맛이 나는 수프이다. 생선을 넣은 것은 시니강 나이스다(sinigang naisda), 돼지고기를 넣은 것은 시니강 나 바보이 (sinigang na baboy)라고 하며 밥과 함께 먹는다.

9) 피낙벳

피낙벳(pinakbet)은 필리핀의 대표적인 채소 볶음 요리로 여주와 가지, 단호박을 주재료로 한다.

10) 코코넛

필리핀은 연간 2,000만 톤의 생산량으로 세계 최대의 코코넛(coconut) 생산국이며 전체 농작물의 50%가 코코넛과 관련된 상품이다. 코코넛은 미네랄과 비타민, 섬유질이 풍부하다.

11) 바나나

필리핀은 세계 2위의 바나나(banana) 생산국으로 민다나오 섬에서 대부분 재배된다. 크기가 작고 식이섬유가 풍부하며 비타민 B_6가 일반 과일의 10배 정도 많다.

12) 파인애플

필리핀은 세계에서 가장 큰 파인애플(pineapple) 농장이 있을 정도로 생산량이 많다. 스페인 무역상에 의해 전해진 과일로 식이섬유가 많고 구연산이 풍부하여 피로회복에 좋다.

(6) 식사예절

일상의 식사는 특별한 격식이 없으며 테이블과 의자를 사용하여 식사를 한다. 나이프는 사용하지 않고 포크와 스푼을 사용하며 고기를 먹을 때도 나이프보다는 포크로 잡고 숟가락으로 자르며 손으로 먹기도 한다. 식당에는 젓가락이 비치되어 있다.

밥은 개인 접시에 밥그릇을 엎은 것처럼 동그란 모양으로 담아주며 반찬은 뷔페식으로 차려지기 때문에 공용 스푼을 사용하여 먹을 만큼 덜어서 먹는다. 면 종류나 국물이 있는 음식은 소리를 내지 않고 먹어야 하며 음식이 입안에 있을 때는 말을 하지 않는다.

초대를 받았을 때는 약속시간보다 30분 정도 늦게 도착하는 것이 좋고 다 먹지 않고 음식을 조금 남기는 것이 예의이며 맛있었다는 표현을 할 때 트림을 한다.

식당에서는 음식이 나오기 전에 작은 접시에 칠리와 칼라만시가 나오는데 포크로 칠리를 찍어서 으깨고 칼라만시를 짠 다음 간장을 섞어서 소스로 만들어 음식을 찍어 먹는다. 물보다 청량음료나 주스, 맥주 등을 마시며, 식사 후 팁은 50페소 정도 지불하면 된다.

Ⅲ 서아시아(West Asia)

1. 인도(India)

(1) 지리와 기후

인도는 세계에서 가장 높은 산맥과 비옥한 평야, 척박한 대지, 긴 해변이 하나로 어우러진 광대한 나라이다. 북쪽은 잠무와 카슈미르 지방을 기점으로 히말라야 산맥에 의해 중국과 국경을 접하고 있으며 아삼과 벵골 만 지역은 평야가 분포되어 있고 갠지스 강과 인더스 강과 같은 분지와 연결되어있어 많은 인구가 밀집해 있고 수도인 뉴델리가 있다. 북쪽 끝에 위치한 히말라야 산맥은 2,400km에 달하는 거대한 장벽을 형성하여 외부의 침략을 받지 않고 인도 특유의 문화를 형성 할 수 있었다. 서북쪽의 대부분을 차지하고 있는 타르 사막은 인도의 대표적인 사막으로 길이가 300마일이나 되며 7년 동안 비가 내리지 않을 정도이므로 초목이 거의 자라지 않는다. 사막의 남단은 삼면이 바다로 둘러싸인 반도로 아라비아 해와 접해있고 비옥한 땅과 산림으로 덮여있다.

인도의 남쪽은 데칸 고원이 있으며 구릉진 언덕과 해안선이 연결되어 있고 동고츠·서고츠 지역으로 나뉜다. 동고츠 지역 남쪽 끝에 위치한 케랄라 지역은 몬순의 영향으로 연 강수량이 3m에 달하여 홍수와 이재민을 유발시키며 뜨거운 날씨가 지속된다. 풍부한 강우량과 뜨거운 열대 기후로 인해 남쪽 지역은 열대 우림이 우거져 뱀과 새, 원숭이, 나비 등 야생동물 40 여종이 서식하는 곳으로 55개의 국립공원과 200여개에 달하는 야생 동물 보호구역이 자리하고 있다.

동쪽은 벵골 만이 위치한 곳으로 지하자원이 풍부하고 철광석, 망간 등이 대량 매장되어 있어 산업 도시와 거대한 공장들이 있으며 캘커타를 중심으로 수출입이 이루어져 동양의 런던이라는 이름이 붙을 정도로 활발한 항구 도시이다. 캘커타 지역에는 세 개의 큰 강인 갠지스 강, 메그나 강, 브라마푸트라 강으로 이루어진 삼각 지대가 있는데 이곳은 산림 지대로 벵골 산 호랑이의 서식처이자 원산지이다. 벵골 만의 북동쪽은 아삼계곡으로 차가 유명하고 강과 구릉이 어우러진 산림지역으로 절경을 자랑한다.

아삼 지역의 면적은 78,438km이고 이 면적의 3/4이 평야로 15개의 다양한 부족들이 살고 있으며 그 중에는 찻잎을 따거나 고기를 잡는 꼬이보따족, 쌀농사와 가축을 기르는 미씽족, 원시적인 정령 숭배 종교를 간직한 식인종 나가스족 등이 있고 토종 원주민들은 천민으로 카스트 제도의 제일 낮은 계급이다.

인도는 위치적으로 북아프리카, 중앙아메리카와 거의 동일한 위도에 있으므로 인도 대

륙의 절반은 열대성 기후대에 속하는데 캘커타와 마드라스, 봄베이 등이 여기에 속한다. 반면 인도의 수도인 뉴델리와 북부지역의 도시들은 겨울이 춥고 4계절 모두 눈으로 덮여 있는 지역도 있으며, 여름은 건조하다. 이렇듯 북인도와 중앙인도는 아주 상이한 기후를 가지고 있다. 서인도와 동인도는 동절기가 두드러지게 나타나지 않으며 남인도는 열대성 기후가 1년 내내 지속된다.

인도는 6~9월에 아라비아 해와 벵골 만에서 불어오는 계절풍의 영향으로 계절성 강우가 나타나는데, 지역에 따라 강우량이 크게 달라 아삼 지대는 8,000mm 정도인데 반해 북부 신드 지역은 0mm이다. 10~2월은 따뜻한 겨울이고, 4~6월은 폭염의 시기이며, 6~9월은 우기이다. 이와 같이 인도는 열대성 기후와 온대성 기후가 섞인 특징을 가지고 있으며 열대성 폭염과 집중 호우, 태풍으로 피해를 입는 지역이 많아 인도의 일부 지역은 매년 기근과 재난, 가난으로 고통 받는 반면 똑같은 시기에 다른 지역에서는 따뜻하고 적당한 비로 가장 적합한 기후를 나타내는 지역도 있다. 지리적 영향으로 인한 기후의 다양화로 농산물이 다양하며 음식의 종류도 지역과 종교 등의 영향을 더하여 다양성을 갖는다.

(2) 역사

1) 고대의 인도

기원전 3천 년경 인더스 강 유역에 널리 분포되어 있던 인더스 문명은 드라비디아(dravidians)인에 의해 창시된, 인류 최고(最古)의 문명으로 현재는 모헨조다로와 하라파 지역 등에서 발굴되고 보존되어 있다. 벽돌로 높게 지은 모헨조다로의 주거형태는 사막 한가운데에서 더위를 피하기 위한 것으로 중심부에는 목욕소가 자리하고 있어 종교집회 이전에 단체로 경건하게 몸을 씻던 장소로 추정된다. 인더스 문명은 약 500년간 청동기 후기의 문명으로서 다신교의 제사장을 중심으로 지속되었다.

아리안(aryan)족은 시베리아 남북과 투르케스탄 지역에 거주하던 유목민이었는데 목초지를 따라 이동하면서 기원전 2천 년경에 인도 대륙으로 침입을 하게 되었다. 피부가 하얗고 콧대가 높으며 큰 골격의 키가 큰 아리안족이 원주민인 드라비다족과 합하여 혼혈을 낳게 되면서 현재 인도인의 모습을 지니게 되었다. 처음에는 펀잡(punjab)지역에 거주를 하였으나 전쟁에 능통하고 철기 문명을 가지고 있었으며 체력적으로도 월등한 아리안족은 원주민들을 전쟁으로 짓밟고 서서히 갠지스 강 유역으로 옮기면서 서서히 농경생활로 정착하였고, 정복민족으로서의 우월성을 드러내기 위해 카스트 제도를 만들었다. 산스크리트어로 색깔을 의미하는 카스트 제도는 인도 특유의 세습적 신분 계급 제도로 현재는

2,500종 이상의 카스트(caste)와 부카스트(副caste)로 나뉜다. 카스트에 따른 직업의 세습이나 카스트 간의 통혼 금지 따위의 엄격한 규제는 많이 완화되었지만 아직도 일상생활의 많은 부분에서 영향을 끼치고 있다.

브라만 계급은 카스트 중 가장 높은 계층으로 제사장의 역할을 담당하므로 식사하기 전에 반드시 목욕의식과 청결한 의복을 준비하며 다른 계급과는 식사도 하지 않고 산스크리트어만을 사용하여 지적으로도 전통을 강조하는 확실한 분리를 시도하였다. 모든 생물은 신의 정신을 가지고 있어서 작은 생물의 생명까지도 소중히 여기고 이를 해하는 것은 브라만을 해하는 것이라 여겼으며 신을 경배하고 예배드림에 기초하는 리그베다 성전이 생겼다. 리그베다는 하늘의 계시에 의해 편집된 천계(天啓) 경전이라는 의미를 가진 다신교로 리그베다의 신은 크게 자연신, 의인화된 신 등으로 나뉘는데 물, 태풍, 사랑, 인간의 의지, 소 등이 신격화 되었고 이들을 명상하고 수련하기 위해 요가(yoga)가 탄생하였다.

기원 후 4~6세기에 세워진 굽타왕조는 고대 인도문화의 부흥기로 북인도 전역을 합병하였고 합병되지 않은 지역은 각 소규모 지역 간의 힘을 약화시킴으로써 인도를 지배할 수 있었다. 이후 북인도를 침입한 훈족(Hun)에 의해 굽타 왕조는 멸망하였고 중앙아시아 전역을 지배하였던 훈족에 의해 다른 민족들도 인도로 들어 올 수 있는 계기가 되었다.

2) 중세의 인도

무하마드, 마흐무드의 침입으로 인도는 최초로 아랍권과 터키의 지배권 안으로 들어가게 되었고 정치권에서 지배 토착층이 물러나고 새로운 지배층을 형성하게 되었다. 터키인들과 아프가니스탄인들은 델리에 정착하여 인도를 지배하였으며 이들에 의해 최초로 무슬림이 유입되었다. 모스크와 웅장한 궁전이 건설하였으며 무슬림에게는 높은 관직을 제공하기도 하였다.

1517년 무굴(Mughal)은 터키의 족장으로 인도 북부 데릴 지역을 점령하여 무굴왕국을 세웠다. 최초의 무굴왕은 자신이 점령한 지역에 페르시아 정원을 제일 먼저 만들었고 오랜 기간의 지배로 인해 힌두문화와 서로 동화되기 시작하면서 건축과 문화, 미술 등에 영향을 미치게 되었는데, 샤자한 왕이 죽은 오아비 뭄타즈 마할을 위해 세운 순백의 대리석 무덤인 타지마할이 대표적인 건축물이다.

유럽 상인들이 인도에 관심을 가진 시점에 무굴 왕국은 분열과 혼란으로 멸망하게 되었으며 로마제국의 멸망과 맞물리면서 인도와 유럽의 직거래가 중단되고 아라비아 상인들에 의한 중간 거래가 성립되었다. 이로 인해 인도의 향신료는 고가의 값어치를 가지게 되었고 향신료를 독점하려는 세력이 1492년 콜럼버스에 의해 아메리카를 발견하게 되었다. 18세

기 군사적, 상업적인 식민지를 만들기 위한 영국과 프랑스의 전쟁에서 영국이 승리하자 인도는 영국의 식민지가 되었고 1833년 동인도 회사 특허장법으로 본격적인 인도의 식민지화가 시작되었다. 영국의 지배로 그전에 있던 분열과 전란, 약탈은 사라졌고 새로운 사법기관과 경찰기구가 정리되고 지세(地稅)로 인한 새로운 지주층이 성립되었으며, 영어교육과 기독교가 포교되었다. 그러나 영국의 지배는 인도 촌락 공동체를 해체시키고 과중한 세금으로 인해 기근이 되풀이 되었으며 국제적 상품 작물인 면화와 아편, 곡물, 황마, 피혁, 차 등을 강압적으로 강요하자 인도인들의 불만과 반항이 이어졌고 간디는 독립을 위해 비폭력으로 저항하게 되었다.

> **TIP 01 간디**
>
> 인도 독립의 아버지라 불리는 마하트마 간디(Mahatma Gandhi, 1869~1948)는 아라비아해의 포르반다르 지방에서 태어났다. 열셋에 결혼을 한 후 열아홉에 영국에서 공부하여 변호사 자격증을 취득하고 남아프리카에서 고문 변호사로 일하면서 흑인들의 불이익을 위해 백인의 횡포에 맞서 20년간 인권 옹호 운동에 많은 노력을 기울였다. 1차 세계대전이 일어나면서 간디는 인도로 돌아왔고 인도가 전쟁에 협력하면 자치를 허락하겠다는 영국의 약속을 받고 인도인들이 영국을 지지할 수 있도록 도왔으나 약속 불이행을 깨닫고 인도적 민족운동을 시작하였다. 간디는 약소민족의 자주권을 주장하고, 강대국의 제국주의를 강력히 비난하였으며 영국으로부터 받은 훈장을 반납하고 영국 제품 불매운동, 비폭력 무저항주의 운동을 전개하였다. 폭력을 없애기 위해 사용하는 폭력도 반대하며 비폭력으로 무력의 압제를 벗어나야한다는 비폭력 무저항주의가 간디의 주장이었으며 금욕과 절제의 생활을 하였다. 2차 세계대전이 일어나면서 간디는 투옥되었고 1947년 인도는 평화적으로 독립을 하게 되었다. 그러나 인도의 독립은 인도 북부 지역인 무슬림 파키스탄과 남부 세력인 힌두 인도로 분리 독립되었다. 간디는 분리된 인도를 하나로 만들기 위해 무슬림과 힌두의 융합을 주장하였으나 1948년 79세의 나이로 두 종교의 융합을 반대하는 세력의 저격으로 사망하였다.

3) 현대의 인도

제 2차 세계 대전이 연합군의 승리로 끝나면서 세계적으로 식민지국을 해방시키게 되자 인도도 1947년 영국으로부터 평화적인 독립을 하게 되었으나 당시의 양대 세력이었던 무

슬림과 힌두교의 충돌이 잦았고 이로 인해 이슬람 문화권인 파키스탄과 힌두 문화권인 인도로 분리, 독립하게 되었다. 인도는 민주주의를 지향하여 대통령과 부통령, 수상과 하원의원, 상원의원으로 구성된 연방 국가를 형성하였다. 인도는 독립 후 40년간 경제적으로 발전하지 못하여 낙후된 나라로 경제개발 5개년 계획을 세웠으나 실패하였으며 1991년 라오 정부는 IMF로 인해 차관을 얻게 되었고 이로 인해 제 3국에 대한 개방화와 세계화로 공기업에만 제한되었던 산업과 중공업 부분을 외국 기업에게 허용하게 됨으로써 경제는 더욱 마이너스가 되었다.

인도는 전역에 퍼져있는 종교분쟁으로 인해 계속 가난하고 또 다양한 언어와 계급 제도로 복잡한 사회를 형성하고 있기 때문에 정치적인 안정을 얻기가 쉽지 않다.

(3) 인도의 축제

1) 1월

인도의 새해 첫날은 악령을 집 밖으로 몰아내어 햇불로 태우고 대청소와 함께 집을 하얗게 칠한다. 새 옷을 입고 새로 추수한 쌀과 캐슈너트, 건포도 등을 넣은 특별 요리를 하고 사탕수수를 씹어 먹는 관습이 있다. 또한 소를 깨끗이 씻긴 후 심황 가루를 발라 장식하고 사원에 데려간다. 1월 26일은 공화국 창건일로 델리에서는 화려한 의식과 함께 퍼레이드를 한다.

2) 2~3월

2월과 3월은 겨울이 끝남을 알리는 축제가 있는데 남녀노소가 전통에 따라 색색의 가루와 물로 공격하므로 거리에 나가면 물에 젖은 형형색색의 옷을 입게 된다.

3) 3~4월

자이나교의 성인 마하비라의 생일, 힌두신 라마의 생일, 그리스도교의 성 금요일을 공휴일로 지정하였다.

4) 4~5월

북인도와 타밀 나두 전역에서 힌두교의 양력 새해를 위한 푸어람(pooram) 축제를 개최하여 화려하게 장식한 코끼리와 함께 음악과 북소리에 맞춰 행진하고 불꽃놀이로 막을 내린다.

5) 5~6월

석가탄신일로 힌두교의 음력에 의해 보름이며 부처의 탄생과 득도, 열반을 기념한다.

6) 6~7월

힌두교 비슈누 신의 8번째 신인 크리슈나와 남동생, 여동생이 나들이를 즐기러 가는 동안 행해지는 축제로 4천명이 끌어야 움직일 수 있는, 거대한 신을 상징하는 전차가 행진한다.

7) 7~8월

몬순 기후를 축하하기 위한 축제로 몬순파티라고도 한다. 북인도에서는 락샤 반단(raksha bandhan) 축제라고 하여 나이어린 여자가 심황으로 염색한 천과 비단, 장신구로 보호의 끈 라키를 만들어 남자의 손목에 감아준다. 8월 15일은 인도의 독립기념일이다.

8) 8~9월

파란색 피부를 가진 8번째 신 크리슈나의 탄생을 기념하는 공휴일로 9월 보름에 코끼리머리를 하고 모든 장애를 없애는 가네샤의 탄생을 기념하는 축제이다. 단 것을 좋아했던 가네샤를 위해 쌀가루에 코코넛을 넣어 동그랗게 만든 모다크(modak)를 준비하고 열흘간의 기도와 의식을 가지고 가네샤 차투르티(Ganesh chaturthi)라는 축제를 한다.

9) 9~10월

인도 전역에서는 신화에 등장하는 여러 신들의 업적을 기리며 10일 동안 축제를 거행하는데 북인도는 라마신을 기리는 람릴라(lam lila) 축제가, 남인도에서는 차문데쉬와리 여신을 기념하는 두세라(dusshera)축제가 성황리에 열린다.

10) 10~11월

디왈리(diwali) 축제는 라마신이 망명생활에서 해방되어 왕권을 성공적으로 회복시킴을 기념하는 축제로 부의 여신 라크슈미를 환대하고 진흙으로 만든 등잔을 집집마다 밝혀 라마신이 집을 찾아 갈 수 있도록 한다.

(4) 식생활 문화

인도는 지역에 따른 기후의 차이와 인종, 문화, 종교에 따라 식재료와 조리법, 그리고 음식의 맛이 다양하다. 세계에서 두 번째로 인구가 많은 나라로 유목민인 아리안족이 들여온 소와 유제품이 인도 원주민들의 식생활에 큰 영향을 주었다. 북부지역은 이슬람 문화권

이므로 돼지고기를 먹지 않고 밀을 주식으로 하며 유제품과 조미된 음식을 주로 섭취한다. 쌀 문화권이며 쇠고기를 먹지 않는 남부지역의 힌두교 인들은 계피와 카다몬(cardamon), 메이스(mace), 칠리(chilli) 등의 향신료를 많이 사용하고 코코넛 밀크와 크림, 그리고 정제 버터인 기이(ghi)나 망고주스, 콩으로 만든 소스와 함께 먹는다. 남부의 채소 요리는 세계적으로 유명하며 우유, 버터, 요구르트 등의 유제품도 많이 섭취한다.

식사는 하루 2번 정도 하며 각 지역과 계급에 따라 다른데 아침에는 우유와 설탕을 넣은 차 또는 커피를 마신다. 각 가정마다 구비하고 있는 향신료가 20여종이 넘으며 가람 마살라(garam masala)라는 혼합 조미료를 만들어 특유의 맛을 낸다. 또한 인도의 식생활은 카스트 제도의 영향을 많이 받으므로 최상 계급인 브라만은 채식주의를 원칙으로 하고 계급이 낮을수록 육식을 한다. 물고기는 힌두인들의 주요 식품인데 벵골 지역의 사람들이 주로 먹는다.

[표 2-10] 지역별 인도 음식의 특징

북부	남부
밀가루로 만든 로티가 주식이며, 채식을 많이 한다.	알갱이가 길고 찰기가 없는 안남미가 주식이다.
이슬람교도들이 많아 양고기, 닭고기 요리가 발달하였다.	이스트를 넣지 않고 기름에 튀겨서 부풀린 빵인 푸리(puri)를 많이 먹는다.
외부 식문화의 영향을 받아 담백한 음식이 많다.	맵고 자극적인 향신료를 많이 사용 한다.
큰항아리처럼 생긴 탄두르라는 진흙 화덕을 이용하여 요리한다.	바나나 잎에 밥과 반찬을 담기도 한다.
다히(요구르트)에 설탕, 소금, 기타 향신료를 섞어 먹기도 한다.	힌두교도들이 많으므로 쇠고기로 만든 음식이 거의 없다.

(5) 인도의 음식

1) 플라우

플라우(pulau, pulao)란 볶음밥과 비슷하며 향신료를 육류, 채소 등과 섞어서 만든 것으로 색은 노란색이다.

2) 차왈

차왈(chawal)은 끈기가 적은 쌀밥으로 커리와 함께 먹는데 강황이나 사프란을 첨가하여

노란색이 나도록 한다.

3) 비리야니

비리야니(biryani)는 견과류와 향신료를 넣어 만든 음식으로 고급 음식에 속하며 채소만을 넣어 만든 것도 있지만 양고기, 또는 치킨을 넣은 비리야니가 일반적이다.

4) 난

난(naan)은 하얀 밀가루에 이스트와 베이킹파우더로 발효하여 부풀린 반죽을 납작하게 구운 빵으로 반죽을 얇게 늘려서 탄두르 안쪽에 붙여서 구운 후 커리와 함께 먹는다.

5) 푸리

푸리(puri)란 이스트를 넣지 않고 기름에 튀겨서 부풀린 인도의 빵으로 주로 아침식사에 먹으며 간식으로도 먹거나 제사 음식으로도 사용한다. 푸리는 산스크리스트어로 '부풀다'라는 뜻이다.

6) 차파티

차파티(chapati)는 통밀을 물에 개어 얇게 구운 빵으로 통밀에 소금을 넣고 반죽하여 발효 시키지 않고 1~2mm의 두께에 20cm 정도의 지름을 가진 원형으로 얇게 밀어서 돌판이나 철판을 달궈 그 위에서 굽는다. 인도에서는 주로 아침이나 점심 식사에 많이 먹는다.

7) 로티

힌두어로 빵을 총칭하는 말이다.

8) 파라타

파라타(paratha)는 이스트로 발효하지 않은 밀가루 반죽을 정제 버터에 구운 빵이다.

9) 브하르타

브하르타(bhartha)란 채소 퓌레의 일종을 말한다.

10) 쿠투

쿠투(kuttu)는 타밀 나두 지역의 채소를 섞은 음식이다.

11) 슈크타

슈크타(shukta)는 벵골 지방의 쓴 맛이 나는 채소 스튜이다.

12) 코르마

코르마(korma)는 북부 지역에서 고기와 채소를 볶은 후 소량의 물을 넣고 푹 끓여 만든 요리이다.

13) 사모사

사모사(samosa)는 얇은 삼각형의 페이스트리 반죽에 다진 고기, 감자, 채소를 넣어 튀긴 요리로 민트 처트니, 칠리 소스를 찍어 먹는다.

14) 도사

도사(dosa)란 콩과 쌀가루를 반죽해서 철판에 얇게 구운 남인도의 스낵으로 크레이프와 유사하다. 가벼운 식사로도 좋다.

15) 파파덤

파파덤(pappadum)은 렌틸 가루에 향신료를 넣어 반죽한 후 바삭하게 구운 얇은 과자이다.

16) 파코라

파코라(pakora)란 꽃양배추나 양파 등의 채소에 가람 마살라 향이 가미된 튀김옷을 입혀 튀긴 것이다.

17) 알루 초프

찐 감자를 크로켓이나 하트 모양으로 만들어 철판에서 기름을 두르고 튀긴 알루 초프(alu chop)는으로 매운 소스와 함께 먹는다.

18) 커리

인도의 커리(curry)는 24시간 동안 20여 가지의 향신료를 섞어 은근하게 가열하여 깊은 맛을 나타내는 특징을 가지고 있는데 채소와 고기, 향신료를 넣고 걸쭉하게 끓인 음식을 모두 커리라고 한다. 커리는 주로 밥 또는 난, 차파티와 함께 먹으며 칠리와 심황으로 인해 매운맛이 강하고 자극적이며 노란색을 띤다.

19) 탄두르 치킨

인도 북부 지역에서 사용하는 진흙 화덕으로 바닥에 장작불을 피운 후 그 안에 음식을 넣어 익히는 조리법을 사용한다. 닭을 요구르트와 향신료에 재운 후 쇠꼬챙이에 끼워 탄두

르(tandoor)에서 굽는다.

20) 달

달(dahl)은 부드럽게 삶은 콩에 가람 마살라를 혼합한 수프로 콩의 종류에 따라 그 맛과 모양이 다르다. 밥 또는 차파티에 넣어 먹는 것이 인도 식사의 기본이다.

21) 아차르

아차르(achar)란 장아찌와 비슷한 인도의 숙성 음식으로 오이, 망고, 메론 등의 과일을 삭혀서 만든 것으로 신맛이 나거나 맵다.

22) 라씨

요구르트에 설탕과 물을 넣어 만든 라씨(lassi)는 단맛과 신맛이 잘 어우러져 있다.

23) 차이

가장 대중적인 음료이며 인도 홍차를 끓여 우유, 설탕을 넣고 마시는 차이다.

24) 탈리

탈리(thali)는 테두리가 있는 둥근 쟁반을 의미하며 탈리는 스테인리스 금속이나 은, 금으로 만들기도 한다. 탈리는 인도의 일상식을 의미하기도 하는데 탈리에 여러 접시들을 올려 요리를 한꺼번에 담아내는 것으로 빵이나 밥을 중심에 놓고 여러 가지 각각의 요리가 담긴 카토리스(katoris: 탈리 위에 올리는 작은 접시)를 올려놓는다.

25) 인도의 차

주요 차 생산지는 벵갈 주 북부 다질링(darjeeling), 남부 닐기리(nilgiri), 아삼(assam) 지역으로 아삼의 차나무는 부럼머푸드라 강의 비옥한 구릉 지대에서 재배되며 최고의 품질을 자랑한다. 아삼 종은 대엽 종으로 잎이 크고 잎의 질은 단단하고 두꺼우며 표면에 광택이 있다.

(6) 식사예절

식사 시에는 바닥에 앉아 먹거나 낮은 걸상을 이용한다. 좌석위치에 따라 오른쪽은 주인, 왼쪽으로 연령 순서로 앉고 성인이 되면 여자와 남자는 식사를 함께 할 수 없고 여자는 남자의 시중을 든다. 식사 전에는 손을 씻는다. 손으로 음식을 집어 먹으며 반드시 오른손

을 이용한다. 물을 마실 때는 컵을 입에 대지 않고 입안으로 물을 부어 마신다. 식사 후에는 물을 이용해 양치 후에 물을 뱉는다. 식사 중에는 이야기를 하지 않으며 식사가 끝나면 손을 씻고 양치 후에 이야기를 한다.

2. 터키(Turkey)

(1) 지리와 기후

지리적으로 우랄 산맥 남동쪽과 알타이 산맥 서쪽에 위치해 있으며 삼면이 바다와 접해 있는 터키는 유네스코 지정 세계 문화유산을 9개 가지고 있는 아름다운 나라이다. 터키의 지형은 직사각형으로 784,562km²(2014)이고 삼면이 흑해와 에게해, 지중해로 둘러싸여 있으며 7개의 나라와 국경을 이루고 있다. 터키는 유럽과 아시아 대륙을 연결하는 통로로 대부분의 국토는 그루지야, 아르메니아, 이란, 이라크, 시리아 등 아시아 쪽에 속해 있으며 유럽 쪽은 불가리아와 그리스 국경과 접하고 있다. 아시아 쪽 영토를 아나톨리아, 유럽 쪽 영토를 트라키아라 부르는데 아나톨리아는 동방의 땅이라는 의미로 아시아 대륙 끝 반도이며 소아시아라고도 일컫는다. 아나톨리아 고원은 고도가 낮은 초원 지대와 동부에 위치한 산악 지대로 나뉜다. 중부 지역은 밀농사, 동부 지역은 목축업이 이루어지고 있으며 동부 지역에 위치한 아라라트 산은 성경에 등장하는 노아의 방주가 있는 곳으로 유명하다.

터키의 수도인 앙카라는 토끼털인 앙고라로 유명하며 이스탄불은 오랜 시간동안 인류 문화의 중심지이고 유럽과 아시아를 나누는 중요한 요충지로서 터키의 사회, 문화, 경제의 중심지이다. 앙카라와 이스탄불에는 7,100만에 이르는 인구가 밀집해 있고 인구의 이동은 낙후 지역인 남동부에서부터 서쪽의 도시지역으로 몰리고 있다.

터키는 기후도 다양하여 고원 지대의 겨울은 영하 15도까지 내려가고 여름에는 37도를 넘는다. 뚜렷한 사계절을 가지고 있어 다양한 과일과 채소가 풍부하고 관광지로 가장 유명한 지역이다. 북부지역과 서부지역은 해산물이 풍부하며, 흑해지역은 울창한 숲이 우거진 가파른 산악 지대가 많고 터키 최대의 산림지역으로 헤이즐넛 생산이 세계 최대이며 지중해성 기후로 인해 레몬과 홍차, 오렌지가 유명하다. 에게해 지역은 저지대로 농업이 발달하였고 담배와 목화, 올리브가 많이 생산된다.

(2) 역사

BC 200년에 흉노족에 의해 세워진 터키의 테오만 야브구(Teoman Yabgu) 왕국을 시

작으로 11세기에는 중앙아시아의 초원 지대를 이동하기 시작하였고 12세기에는 아나톨리아에 셀주크 제국을 건설하였다. 10세기 즈음부터 이슬람교를 접하고 받아들인 터키인들은 일반적으로 자신들을 투르크족이라고 부르는데 오스만 투르크라는 이름은 오스만 제국의 시조인 술탄 오스만의 이름을 딴 것이다. 1453년 술탄이 현재의 이스탄불이었던 콘스탄티노플을 정복하여 오스만 제국의 수도로 삼으면서 200년 동안 투르크족이 세력을 확장하여 대제국을 건설하였고 15~20세기 초까지 오스만 제국의 지배 지역이 확장되었다. 1453년 콘스탄티노플이 정복되기 전의 오스만 제국 요리는 간단한 요리방법과 종류를 가지고 있었으나 아나톨리아를 지배하면서 왕의 상에 같은 요리를 올려서는 안 된다는 법칙을 세워 많은 조리법과 요리들이 나타나게 되었는데 현재 각 지역의 특색에 따라 다양한 케밥의 종류만도 200~300여종에 이르고 있다. 서로마 제국의 지배를 받던 콘스탄티노플이 정복되고 동로마 제국의 지배를 받던 비잔티움 제국이 세워지면서 포도와 올리브 재배, 양봉업이 성황을 이루었고 그들의 식품도 자연스럽게 흘러들어오게 되었다. 16세기 이집트로부터 커피가 전해졌으며 17세기에는 토마토 페이스트를 사용하기도 하였다. 제 1차 세계 대전 때 패망하게 되면서 1922년 장군 무스타파 케말이 독립 전쟁을 시작하여 앙카라에 의회를 건설하고 공화국을 선포하여 대통령으로 출마, 새로운 터키를 세웠다. 아랍문자 사용을 알파벳으로 사용하기 시작하였고 일부다처제가 폐지되고 국제 표준시, 국제 표준 달력을 사용하고 여성의 지위도 상승시켰다. 터키의 식생활 문화를 이해하기 위해서는 오랫동안 지녀온 그들의 역사와 전통을 이해해야 한다.

(3) 식생활 문화

터키는 농업이 발달하여 밀가루와 쌀, 면화가 주요 작물이고 목축업도 발달하여 유제품이 풍부하다. 밀 생산이 풍부하므로 빵이 주식인데 땅에 떨어진 빵 조각을 주워 입맞춤 후 이마에 갖다 대어 경의를 표하는 의식을 한다. 이슬람교의 영향으로 돼지고기보다는 닭고기와 양고기를 선호한다. 유목생활의 영향으로 굽는 조리법이 발달하였고 고기뿐 아니라 채소와 토마토, 고추 등도 구워 먹으며 향신료와 후추를 많이 사용한다. 다양한 채소와 과일이 풍부하여 낱개로 구입하기보다는 대부분 박스 단위로 구입한다. 겨울에는 과일로 잼이나 마멀레이드(marmalade)를 만들고 채소는 피클을 만들거나 햇빛에 말려 저장한다. 주로 버터나 올리브를 넣고 오랜 시간 익혀서 중후한 맛을 내며 생선을 사용한 식단이 풍부하다. 터키 요리는 프랑스, 중국 요리와 함께 세계 3대 요리로 꼽고 있다.

1) 유목생활의 영향

길고 추운 겨울을 이겨내기 위해 터키의 유목민들은 주로 양고기와 말고기를 섭취하였고 쇠고기는 터키 공화국이 되면서부터 먹기 시작했으며 하루 동안 섭취하고 남은 고기는 얼리거나 말려서 이동 중에도 보관하기 쉽게 하였다. 투르크족의 대표적인 저장육인 파스티르마(pastirma)는 고춧가루와 다진 마늘, 소금, 향신료를 고기 표면에 발라 말린 것이다. 말젖을 이용한 음료는 투르크족에게 가장 좋은 음료로 간단하게 섭취가 가능하고 병의 예방과 치료에도 사용된다. 또한 시큼한 맛을 좋아하므로 말젖과 양젖으로 요구르트를 만들어 먹는다.

2) 농경 생활의 영향

10세기 무렵 그들의 거주 지역을 시르다리야 유역으로 옮기면서 근접해 있는 이란의 농업인들과 접하게 되면서 농경을 시작하게 되었다. 그 근거로 수프라는 의미의 페르시아어인 초르바(Çorba)는 들어가는 재료에 따라 쌀 초르바, 요구르트 초르바 등 다양하다. 밀가루를 이용한 음식으로는 에리쉬테(eriste)와 보렉(borek), 만트(manti) 등이 있는데 에리쉬테는 밀가루를 반죽하여 얇게 밀어 썬 후 초르바에 넣어 끓여 먹는 것으로 우리나라의 칼국수와 비슷하다. 만트는 만두와 비슷한 모양이지만 그 크기가 작고 요구르트를 뿌려 먹는다. 보렉은 밀가루를 반죽하여 길게 밀어 자른 후 치즈와 고기, 시금치, 감자를 싸서 튀기거나 구워 만든 요리이다. 농경이 발달한 터키는 100% 자급자족이 되는 나라로 풍부한 농산물을 가지고 있다.

3) 타 문화의 영향

터키인의 오랜 조상인 투르크족은 12세기에 중동과 이란지역을 통과하면서 제국을 형성하여 동쪽으로는 중국의 만리장성까지, 서쪽으로는 발칸반도, 북쪽으로 시베리아, 남쪽으로는 아프가니스탄과 북아프리카, 중동을 지배하면서 여러 문화를 접하고 흡수하여 그들만의 특유한 문화를 형성, 발달시켰다. 이러한 영향으로 터키와 이란, 아랍의 음식과 문화가 비슷한 양상을 나타낸다. 오늘날의 터키는 투르크족이 아주 오랜 시간동안 서쪽으로 이동하면서 많은 문화를 접하고 그들을 흡수하면서 세운 나라라고 할 수 있다.

4) 종교의 영향

인구의 98%가 무슬림인 터키는 음식문화에 이슬람의 영향을 많이 받았다. 이슬람은 먹어서는 안 되는 하람(Haram, 금지된)이 규정되어 있는데 돼지고기를 비롯하여 돼지고기

로 만든 햄이나 소시지, 술 등이다. 터키인들은 유목 생활을 하면서 말고기를 주로 섭취하였으나 이슬람교를 받아들이고 나서 그 풍습은 사라졌다. 투르크족은 오랜 시절부터 술을 즐겨 마셨는데 술은 투르크족에게 식품이고 제사에 사용되는 성물이었으며 추위를 이길 수 있는 영양식품이기도 했다. 밀을 이용하여 만든 밀주인 베으니(beuni)와 말젖을 발효시켜 만든 라키(raki)등이 유명하다. 다른 무슬림 나라처럼 술을 팔고 사는 것을 금지하지는 않지만 사회적으로 음주를 허용하지는 않는다.

5) 차 문화의 영향

터키에는 유명한 차 재배지가 있으며 차를 즐겨 마신다. 레몬이나 설탕을 넣으며 우유는 섞지 않는다. 그만 마시겠다는 표시로 찻잔 위에 티스푼을 가로로 올려놓으면 더 이상 차를 따르지 않는다. 터키의 커피는 전 세계적으로 유명한데 긴 손잡이가 있는 특이하게 생긴 냄비에 끓여서 마시며 커피를 끓일 때 처음부터 설탕을 넣고 끓인다. 터키의 커피는 일반 커피보다 훨씬 진하며 바닥에 침전물이 가라앉는데 잔을 거꾸로 들어 컵 바닥에 나타나는 모양을 보고 운을 점치기도 한다. 또한 요구르트를 희석해서 얼음을 넣어 차갑게 만든 아이란을 여름철에 많이 마신다.

6) 일상식

하루 3번의 식사를 기본으로 아침은 간단하게 빵과 채소, 요구르트 등을 먹고 점심식사는 좀 일찍 하는 편이다. 육류와 생선, 샐러드와 함께 과일을 후식으로 먹고 물과 차, 아이란을 함께 마신다. 저녁은 가족이 모여 성찬을 즐기며 다양하고 풍족한 음식을 먹는다. 식사가 끝나면 접시에 나이프와 포크를 엇갈리게 놓는데 나이프의 앞부분은 오른쪽에 오고 포크의 앞부분은 왼쪽에 오도록 놓아야 한다. 식탁에는 매트보다 수를 놓은 레이스(lace)가 달린 하얀 식탁보를 많이 사용하며 식탁의 자리는 남녀를 따로 배치하며 식사시간이 길어 코스와 코스 사이에 담배를 피우기도 한다.

(4) 터키의 음식

1) 메제

전체 요리로 본격적인 식사가 나오기 전에 입맛을 돋우기 위한 음식이다. 일반적으로 메제(meze)는 채소와 곡류, 치즈, 고기나 해산물을 이용한다. 곁들이는 소스는 돌마, 살라타, 요구르트와 콩으로 만든 소스, 칠리 소스이다.

2) 돌마

돌마(dolma)란 속을 채운 음식을 총칭하며 포도나무 잎이나 양배추, 피망, 가지, 호박 등의 채소에 찰기가 없는 인디카종의 쌀을 고기와 채소, 견과류, 파스타와 함께 넣어 찐 음식이다.

3) 에크멕

에크멕(ekmek)은 빵이라는 의미의 터키어로 프랑스 바게트와 비슷한 모양과 맛을 가지고 있으며 터키의 일상 식사에 빠지지 않는다.

4) 피데

밀가루만을 이용하여 만든 얇고 둥근 모양의 구운 빵인 피데(pide)는 피자와 같은 모양으로 치즈의 함량은 적으나 커리나 요구르트를 찍어 먹으면 더욱 맛있다.

5) 시미트

도넛과 비슷한 고리 모양의 빵인 시미트(simit)는 짭짤한 맛이 나며 표면에 깨가 묻어 있어 맛이 고소하고 길거리 음식으로 유명하다.

6) 보렉

보렉(borek)은 유프카타라는 얇은 페이스트리로 만들며 페이스트리 사이사이에 잘게 다진 치즈와 달걀, 파슬리, 다진 고기, 양파 등을 혼합하여 넣고 오븐에 구운 것과 만두처럼 얇은 페이스트리 반죽 위에 다진 재료를 혼합해 넣고 낱개로 튀긴다.

7) 만트

만두와 비슷하나 크기가 작다. 작은 만트(manti)를 찐 후 그 위에 마늘 다진 것과 요구르트, 토마토 소스를 얹고 고춧가루를 뿌린다. 카파도키아의 카이세리 만트가 유명하다.

8) 초르바

초르바(Çorba)는 페르시아어로 수프라는 의미이며 녹두나 채소로 만든다. 붉은 기가 도는 에조게린 초르바, 타북 초르바는 맛으로도 아주 유명하다.

9) 괴즐레메

괴즐레메(gözleme)는 밀가루 반죽을 얇게 밀어 그 속에 치즈와 시금치, 감자를 넣고 팬에 구운 간식이다.

10) 케밥

케밥(kebab)은 꼬챙이에 꿰어 불에 구운 고기를 의미하는데 유목생활을 하면서 터득한 방법으로 터키인들이 가장 좋아하는 전통 음식이다. 주로 양고기 케밥을 많이 먹으며 그 종류는 200~300여종으로 다양하다. 쉬쉬케밥은 양고기와 쇠고기, 닭고기를 적당한 크기로 썰어 꼬치에 꿴 후 숯불에 구어서 먹는다. 도네르 케밥은 터키인이 가장 즐겨먹는 음식으로 얇게 썬 양고기나 쇠고기를 양념으로 버무린 후 되네르 꼬치에 양념한 고기를 차곡차곡 끼워 숯불 회전 구이에서 굽는 요리로 익히는 시간이 길다. 겉면이 익으면 가늘고 긴 칼로 위에서 아래로 적당히 잘라 터키 빵과 토마토, 채소 등과 함께 먹는다. 이쉬켄데르 케밥은 도네르 케밥에 요구르트와 토마토 소스를 더한 것이다. 촘맥 케밥은 항아리에 고기와 채소를 넣고 오븐에 넣어 익힌 케밥으로 촉촉하고 부드러운 질감을 가지고 있다. 아다나 케밥은 여러 종류의 매운 향신료와 잘게 다진 고기를 버무려 모양을 만들어 꼬치에 꿴 후 구운 것으로 아다나 지방의 유명한 케밥이다.

11) 퀘프테

퀘프테(köfte)는 기름기를 제거한 고기를 갈아서 다진 양파와 파슬리, 달걀, 양념을 넣고 반죽하여 여러 가지 모양으로 만들어 구운 후 빵과 구운 고추, 토마토, 녹말과 고추기름을 넣은 소스와 함께 먹는다.

12) 살라타

토마토와 오이, 양파 등 채소를 가늘게 썰어 싱싱한 상태로 만든 샐러드이다.

13) 타틀르

타틀르(tatli)는 달다는 뜻의 터키어로 설탕이 많이 들어간 푸딩, 단과자류, 젤리류 등이다.

14) 투루슈

터키식 절임 음식인 투루슈(tursusu)는 오이와 당근, 토마토, 피망, 올리브, 마늘, 고추, 양파 등을 향신료를 이용하여 짠지처럼 담근 것이다.

15) 아이란

요거트에 물과 소금을 넣고 희석시킨, 짠맛이 나는 음료이다.

16) 자즉

자즉(cacik)은 아이란에 오이채와 간 마늘을 넣어 차게 마시는 음료이다.

17) 살렙

살렙(salep)은 우유에 난초뿌리의 가루인 살렙을 첨가한 후 끓인 것으로 추운 겨울에 마시면 좋다.

18) 차이

커피보다 더 자주 마시는 음료로 일어나면서부터 자기 전까지 차이(chai)를 계속적으로 마신다. 홍차와 비슷한 맛이지만 첨가하는 향신료에 따라 맛의 변화가 있다.

19) 라키

40도나 되는 터키의 전통술로 물을 섞으면 우윳빛을 띤다.

20) 카흐베

카흐베(kahve)는 터키식 커피로 오스만 제국 때 시리아 상인들에 의해 전해졌다. 원두커피를 곱게 분쇄하여 체즈베(cezve)라는 특이한 주전자에 설탕과 함께 끓이는 것으로 맛이 진하고 카다몬(cardamom)을 첨가하기도 한다.

21) 로쿰

설탕에 전분과 호두, 피스타치오, 아몬드, 헤이즐넛, 코코넛 등의 견과류를 더해 만든 터키의 과자이다. 발칸 반도, 그리스 등지에도 알려져 있다. 영어로는 터키쉬 딜라이트 (turkish delight)라고 한다.

22) 돈두르마

돈두르마(dondurma)는 터키에서 아이스크림을 부르는 말이며 재료는 우유와 설탕, 살렙, 유향수지를 사용하는데 조밀하고 쫄깃한 질감을 준다. 유래된 지방의 이름을 따서 마라슈 아이스크림으로 부르기도 한다.

23) 바클라바

바클라바(baklava)는 페이스트리 반죽에 호두, 피스타치오 등의 견과류와 설탕 시럽을 넣은 단과자로 라마단 명절이나 생일, 집들이 등에 자주 등장하는 후식이다.

24) 아슈레

아슈레(asher)는 이집트콩과 강낭콩, 설탕, 밀, 건조 살구, 건조 무화과, 호두, 계피, 생강, 소금, 기타 향신료를 넣어 만든 푸딩의 일종으로 라마단 기간 한 달 뒤 일주일 동안 아슈레를 먹는다.

(5) 식사예절

코로 냄새를 맡거나 뜨거운 음식을 식히기 위해 입으로 불지 않는다. 식사 시에는 어른 보다 먼저 음식을 먹지 않으며 오른손을 사용하고 음식을 건넬 때에도 반드시 오른손을 사용한다. 숟가락이나 포크를 빵 위에 올려놓지 않으며 상대방 앞에 있는 빵은 먹지 않는다. 입안에 음식을 넣고 말하지 않으며 식사 중 사망한 사람이나 환자에 대해 이야기 하지 않는다. 자신에게 주어진 음식은 남기지 않고 다 먹는 것이 예의이고 식탁위에 멀리 음식을 집기 위해 자리에서 일어나 식탁 위로 손을 뻗어 음식을 집어도 괜찮다. 식사 후에는 음식을 만든 사람에게 감사의 인사를 한다.

> **TIP 02 콘야(konya)**
>
> 터키의 아나톨리아 고원에 위치해 있는 콘야 지방은 양의 가슴이라는 의미로 터키에서 5번째로 큰 도시이다. 주산업은 알루미늄, 크롬, 섬유, 설탕, 시멘트이며, 농업의 90%가 곡식과 사탕무, 사과 등이다. 전체 국민의 98%가 무슬림이나 아이러니하게 노아의 방주, 안디옥 등 성경에 나타나는 성지가 많다. 바울이 기독교를 전파할 때 머물렀던 곳인 콘야 지방은 성경에서는 옛 이름인 이고니온으로 불린다.

> **TIP 03 셰케르 바이람(seker bayram)**
>
> 라마단 기간이 끝나고 3일 동안 가까운 친척들과 같이 달콤한 음식을 먹는 명절로 우리나라의 추석과 비슷하다. 라마단 기간 동안 보충하지 못한 영양을 달콤한 음식을 통해 보충하는 관습이다.

> **TIP 04 쿠르반 바이람(kurban Bayram)**
>
> 이슬람력의 12월 10일~14일 동안을 희생제라 하여 아브라함이 그의 아들인 이삭을 하나님께 순종의 의미로 바친 것을 기념하는 날이다. 신앙이 깊은 가정에서는 동물을 제물로 바친 후 고기를 가난한 사람들과 나누기도 한다.

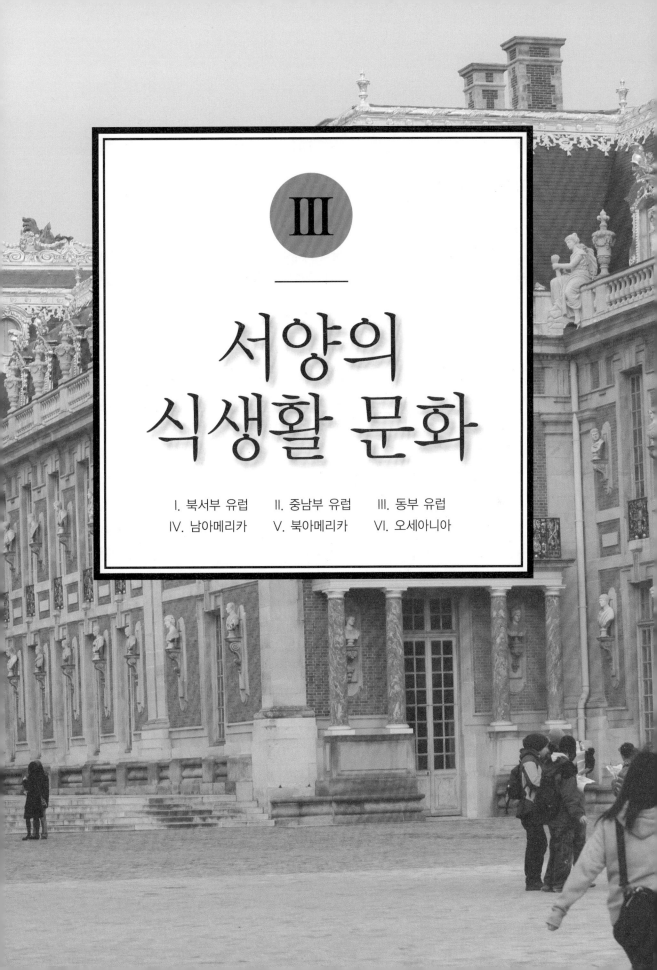

III

서양의 식생활 문화

I. 북서부 유럽   II. 중남부 유럽   III. 동부 유럽
IV. 남아메리카   V. 북아메리카   VI. 오세아니아

I 북서부 유럽(Northwest Europe)

1. 영국(United Kingdom)

(1) 지리와 기후

영국은 유럽대륙의 북서쪽에 위치한 나라로 동쪽은 북해와 접해있고 북서쪽은 대서양, 남동쪽은 도버해협을 사이에 두고 프랑스와 마주보고 있다. 또한 세계 제 2대 어장인 북동 대서양 어장이 근접해 있어 생선이 풍부하다. 영토는 243,610km²이고 인구는 2014년 통계상 63,742,977명으로 세계 22위이다. 잉글랜드가 전 영토의 66%를 차지하며 33%는 스코틀랜드, 웨일스, 북아일랜드 등 약 4개의 홈 네이션스(Home Nations)로 이루어진 연합국가이다. 지리적으로 위도는 북위 50~60도에 위치해 있으며 대서양에서 흐르는 멕시코 난류와 해양성 기후의 영향으로 여름은 선선하고 겨울은 온난하지만 멕시코 난류와 북에서 내려오는 차가운 기류가 만나 수증기 현상이 나타나고 이로 인해 대체적으로 흐리고 안개가 많으며 비가 내리는 날이 많다. 건조한 날씨를 접하기가 쉽지 않으며 봄에도 12~18도 정도로 약간 싸늘하므로 항상 스웨터를 준비하고, 여름이 되면 공원에 나와 일광욕을 즐긴다. 또한 4월부터 낮이 길어져 밤 10시가 되어도 환하며 기온은 18~26도 정도이나 언제 비가 올지 모르기 때문에 항상 우산이나 비옷을 준비해야 하고 저녁은 싸늘하여 일교차가 크다. 겨울은 보통 12도 이하로 내려가고 12월은 춥지만 눈이 내리지 않고 1,2월도 눈이 오기 보다는 진눈깨비 형태로 흩날린다.

영국의 지리적 특징은 본토인 그레이트브리튼(Great Britain) 섬의 잉글랜드가 중심이고 북쪽의 스코틀랜드 지역은 빙하지형으로 인해 험한 산맥이 많고 빙산호도 많으며 중부지역은 저지대를 형성하고 있고 남부지역은 구릉 지대가 많다. 대부분의 토양이 옥토가 아니어서 농사를 짓지 않고 목초지로 이용하며 농사는 남쪽의 구릉 지대에서 행해지고 있다. 목축업이 발달하여 양모를 바탕으로 초기 상업국가로 자리 잡게 되었고 이것이 산업혁명의 초석이 되었다.

산업이 발달하면서 교통수단의 필요성을 알게 되었으나 지형과 지리적으로 숲과 늪지, 산길 등이 많아서 많은 어려움을 겪었으며, 이런 문제들로 인해 자연스럽게 강을 중요시하게 되었다. 템즈 강은 남쪽의 잉글랜드 지역에서 가장 긴 강으로 런던을 가로지르며 중요한 교통수단으로 이용되며 영국해협으로 흘러들어간다.

1) 잉글랜드

그레이트브리튼 섬 남부의 대부분을 차지하고 있는 잉글랜드(England)는 면적 130,410km²이고 약 4,600만 명이 거주하고 있으며 이들은 전체 영국인의 85%에 해당한다. 북쪽은 대부분 목초지로 이용되었고 남쪽은 북쪽에 비해 상대적으로 낙후되었다. 북서지역의 대표적인 도시인 맨체스터(Manchster)에 대부분의 사람들이 몰려 있으며 목화 공장이 발달하였다. 그 밖의 도시는 모직과 철강, 조선 등이 발달하였고 동남부 지역은 대부분 석회질 토양이며 여러 민족들이 건너와 잉글랜드를 더욱 발전시키고 정착한 장소로 문명적으로나 교육적으로 많은 변화가 있었으며 유럽대륙과 가장 밀접하게 위치해 있어 유럽의 패션과 사상 등을 가장 먼저 받아들이고 흡수하였다.

2) 웨일스

그레이트브리튼 섬의 서쪽 반도로 튀어나온 곳에 위치한 웨일스(Wales)는 300만 정도가 살고 있는 지역이다. 해안선은 암석으로 둘러싸여 있으며 거친 산악이 많고 습기가 많은 기후로 인해 농업보다는 석탄과 구리, 철, 납, 아연 등의 광물질이 주 개발품이다. 웨일스의 수도인 카디프(Cardiff)는 석탄과 철, 조선업이 발달하였다.

3) 스코틀랜드

영국 연방에 속해 있지만 독특하고 독창적인 자존심과 정체성을 가진 민족으로 이루어진 지역이다. 그레이트브리튼 섬의 북쪽 1/3을 차지하는 스코틀랜드(Scotland)는 자연 그대로의 풍경을 가지고 있어서 가장 아름다운 지역으로 꼽히며 약 4천개의 성을 간직하고 있어 문화유산 보유지역이라고 할 수 있다. 그러나 전체 토지의 1/4만 농업을 경작할 수 있어 농사에는 열악한 지형을 가지고 있다.

스코틀랜드는 크게 하이랜드와 로랜드(또는 Southern uplands)로 나뉘는데 하이랜드(highland)는 거친 파도로 인해 험악한 산맥과 계곡들로 이루어졌고 거주민은 주로 사냥이나 어획을 통해 생활하였으나 오늘날에는 자연환경을 통해 관광산업이 발달하였다. 로랜드(lowland)는 하이랜드와는 다르게 언덕과 늪지가 많아 주로 양을 목축한다.

4) 북아일랜드

영국을 구성하는 4개의 홈 네이션스 중 하나인 북아일랜드(Northern ireland)는 독립국인 아일랜드와 구분되며 영국에서는 얼스터(ulster)라고 지칭하기도 한다. 수도는 항구도시인 벨파스트이며, 연중 바람이 많이 불고 흐리고 비가 많이 온다. 여름에도 20도 이

상 올라가지 않는 서늘한 날씨이며, 새벽 3시에 해가 뜨고 한 겨울에는 오후 3시에 해가 진다. 북아일랜드의 전통적인 산업은 섬유, 직물, 식품가공이지만 전자, 바이오산업 등 철강 엔지니어링 산업이 활성화되어 고용기회의 창출과 외국 업체들의 투자 후보지로 각광받고 있다. 북미 대륙 및 유럽 대도시와 직항서비스가 제공되며 벨파스트를 비롯한 4개의 주요 항구에서 전 세계의 시장을 이어주는 해운 서비스를 제공하고 있다.

(2) 역사

1) 켈트족

유목민족인 켈트(Celt)족은 프랑스 남부 지방에서 살았던 인도 계통의 인종으로 하얀 피부와 금발, 큰 키, 말이 없는 묵직한 성격을 가진 민족으로 영국에 들어와 각 지방으로 흩어져 정착하면서 많은 이름을 갖게 되었다. 북쪽의 스코틀랜드 지역으로 이주한 켈트족들은 고이델족(Goidel) 또는 게일족(Gael)이라 불리었고 몸에 문신을 하였으므로 로마인들은 이들을 보고 색칠한 사람이라는 의미의 픽트족(Picts)이라 하였고 중남부 지역에서는 브르통족(Bretons) 또는 브리탄족(Britanes)이라고 하였다. BC 100년경 로마와의 빈번한 접촉으로 프랑스의 골(Gaul) 지방에 있던 켈트족들이 남쪽의 잉글랜드 지방으로 유입되면서 정치적인 성격을 띤 국가로 형태를 만들어 가기 시작하였다.

2) 앵글로색슨족

창백한 피부에 털이 많은 거구로 파란 눈에 붉은 빛이 나는 금발의 앵글로색슨족 (Anglo-Saxons)은 육식과 독한 술을 즐기고 촌락 단위의 생활을 하는 민족으로 앵글족과 색슨족, 주트족을 일컫는다. 7세기경 영국으로 들어와서 7개의 민족으로 나뉘어 서로 각각의 왕국을 세웠으나 8세기경에는 3개의 왕국으로 좁혀졌고 9세기에는 색슨족이 멸망하였다. 이들은 대주교와 주교, 수도원장 등의 종교인들을 모았고 장로회의와 국정심의회를 만들어 각 지역마다 지방 장관 등을 두어 민주주의를 표방하였다. 이들의 주식은 빵이고 우유와 치즈, 고기 등을 함께 먹었으며 채소는 거의 먹지 않았다. 식탁에는 공동으로 사용하는 나이프를 올리고 포크는 사용하지 않았다. 식사 후에는 서로 모여 담소를 나누거나 하프, 백파이프, 뿔 나팔 등을 연주하고 춤을 추었다.

3) 통일된 영국

BC 55~54년 로마의 속주가 되어 브리타니아로 불리며 약 400년 간 군정에 지배를 받던 영국은 앵글로색슨의 침공으로 6~8세기에 7왕국 시대를 이루었으나 829년 통일 왕국

을 수립하였고 1066년에 봉건국가 노르만조(朝)를 이룩하였다.

17세기에 크롬웰에 의해 공화정부가 들어섰으나 크롬웰의 사후, 왕정으로 복귀되었으나 1688년에 명예혁명이 이루어져 입헌군주제를 실시하게 되면서 의회 민주주의를 발전시켜 오늘에 이르게 되었다. 18세기에 대영제국을 건설하였으나 20세기에 치른 두 번의 세계 대전으로 붕괴되어 영연방이 되었다.

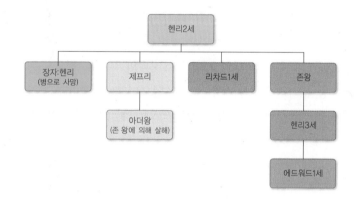

[그림 3-1] 이해하기 쉬운 헨리 2세 가계도 플랜테저넷 왕가(Plantagenet)

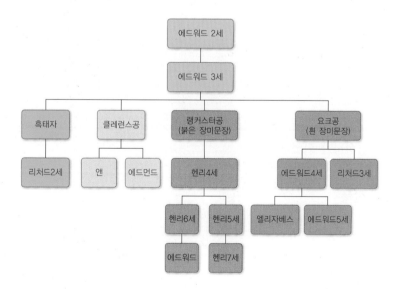

[그림 3-2] 튜더 왕조 가계도 랭커스터 왕가(Lancaster)

4) 청교도

청교도(Puritan)는 16세기 후반에 가톨릭적인 성격이 강한 영국의 국교회인 성공회의 종교개혁을 실천하기 위해 성공회 안의 일파와 이에 동조한 개신교의 각 파를 일컫는 말이다. 칼뱅주의를 바탕으로 사치와 성직자의 권위를 배격하고 철저한 금욕주의를 주장한 청교도들은 북아메리카로 진출하게 되었으며 아메리카에 이민자들의 늘어나면서 미국은 영국의 식민지가 되었다.

청교도들은 국외로 나가 상업계를 이끌었고 다시 영국과의 관계를 개선함으로 해서 영국 내 상업이 더욱 활발해졌다. 1652년 터키 상인들에 의해 시작되어진 커피 하우스(coffee house)는 정치적인 대화의 장소였으며 오늘날의 커피숍으로 발전하였다.

1642년 청교도 혁명의 주체가 되었으나 찰스 2세의 복위로 청교도는 거의 소멸했지만 금욕과 근검, 절약 등 문화적으로는 우위를 점유했으며 막스 베버가 주장한 청교도 자본주의는 그의 대표적인 저서인 '프로테스탄티즘 윤리와 자본주의'에서 알 수 있다.

(3) 영국의 대학

영국은 대학을 오래전부터 왕국 내 주요 도시의 하나로 여겨왔는데 한 지방이 자유도시화 되면서 대학으로 발전한 대표적인 예가 옥스퍼드이다. 대학이 창립되기 훨씬 이전부터 옥스퍼드에는 유명한 교사들이 교회에 모여 학문을 가르쳤고 저명한 성직자들도 이곳 옥스퍼드에 몰려 있었으며 헨리 2세 때 파리에서 성직자들을 영국으로 불러들이면서 대학으로서의 면모를 갖추게 되었다. 1209년 옥스퍼드의 학생 3명에게 누명을 씌워 교수형에 처한 시장에게 항의하며 많은 교사와 학생들이 캠브리지로 옮기게 되면서 캠브리지 대학이 설립되었는데 주로 성직자나 가난한 수도승들이 학생이었다. 대학은 영국에서 정치적으로 중요한 역할을 하였는데 옥스퍼드에는 스코틀랜드, 남부 지역, 웨일스 지역, 동부 지역의 여러 학생들이 모여들어 그들의 특색을 잠시 내려놓고 서로 연합하여 옥스퍼드만의 독특한 독립정신을 형성하게 되었다.

(4) 영국의 특산품

변화를 선호하지 않는 보수파 기질을 상업화한 영국의 주요 상품은 다음과 같다.

1) 버버리 레인코트

비 오는 날 입는, 실용성을 포함한 외투로 명예의 전당에서도 선보일 정도로 그 명성이

자자한 버버리 레인코트(Burberry raincoat)는 수십 년간 베이지색에 안감은 체크무늬로 만들어진, 영국의 특징을 잘 나타내는 의상이다.

2) 웰링톤 부츠

웰링톤 공의 이름을 따라 만들어진 웰링톤 부츠(Wellington boots)는 비가 오는 날 진흙탕에서 신을 수 있는 고무 부츠로 영국인이면 누구나 가지고 있는 필수품이라고 할 수 있다.

3) 패딩턴 베어

1958년 10월 13일 영국의 작가 마이클 본드가 출간한 아동문학작품의 주인공인 패딩턴 베어(Paddington bear)는 페루산 어두운 갈색 곰으로 영국인들의 사랑을 듬뿍 받고 있는 캐릭터다. 낡은 모자를 쓰고 영국 학생들이 주로 입는 더플코트를 입고 있다.

4) 타탄

타탄(tartan)은 스코틀랜드산 체크무늬로 퀼트(스커트), 플래드(어깨에 설치는 직사각형의 천), 스타킹, 숄 등을 만들어 집안을 상징하는 표상으로 삼았다.

5) 런던 택시

런던의 상징물이라 할 수 있는 런던 택시(London taxi)는 검은색으로 커다랗고 육중하여 편안한 승차감을 자랑하고 있다.

(5) 식생활 문화

초기에는 육식 위주의 식습관으로 겨울에는 채소를 거의 먹지 않았으나 여러 나라들을 식민지화 하면서 각 나라 특유의 향신료와 양념, 조리법들을 받아들이게 되고 음식의 종류도 많아지기 시작하였다. 조리법은 일반적으로 찌거나 굽는 요리가 많으며 복잡하지 않다.

영국은 아침식사가 유명하다. 일반적으로 조식이라하면 간단하게 먹는 것이 세계적인 추세이나 영국은 'English breakfast' 라는 고유 명사가 생길 정도로 풍부하고 거창한 아침식사를 하는데 베이컨과 소시지, 달걀을 기본으로 하고 조리한 토마토와 생 토마토, 훈제 청어, 오트밀, 시리얼, 토스트, 치즈, 핫도그, 과일주스, 요구르트, 버터와 잼, 과일, 피클, 우유, 홍차, 커피 등이다. 영국의 식사는 메인코스와 후식으로 구성되어 있는데 과일이 비싸므로 후식은 주로 푸딩이나 타르트 등을 먹는다.

영국의 티타임은 정식 식사로 여겨질 만큼 중요한 시간이라고 할 수 있는데 이렇게 차

문화가 발달할 수 있었던 것은 식민지였던 인도로부터 들여온 실론티 때문이라고 할 수 있다.

(6) 영국의 음식

1) 피시 앤 칩스

저렴하게 먹을 수 있는 대중적인 음식으로 흰 살 생선을 튀겨 감자튀김과 완두콩을 곁들여 먹는데 북쪽 지역의 피시 앤 칩스(fish and chips)가 더욱 맛있다. 신문지로 싸서 케첩과 식초를 뿌린 후 손에 들고 먹으며 하이 티 타임에 먹기도 한다. 이 음식을 파는 곳을 치피(chippy)라고 하는데 아무리 작은 동네라도 하나 정도는 있을 만큼 영국의 대표 음식이다.

2) 로스트 비프

로스트 비프(roasted beef)는 쇠고기 안심을 통째로 오븐에서 구운 음식으로 정찬에 먹는 전통 음식이다. 주말에 온 가족이 모여 식사할 때, 또는 손님을 대접할 때 주로 먹으며 쇠고기뿐 아니라 닭고기, 돼지고기, 양고기 등도 사용한다.

3) 요크셔 푸딩

요크셔 푸딩(yorkshire pudding)은 영국인이라면 누구든지 만들 수 있는 푸딩으로 우유와 달걀, 소금, 물, 밀가루를 섞어 오븐에서 구운 것으로 고기요리와 함께 먹는다. 후식용으로 먹지만 일반적인 후식과는 다르게 달지 않다. 쌀을 우유와 설탕과 함께 익힌 라이스 푸딩도 있다.

4) 스카치 에그

스카치 에그(scotch egg)는 스코틀랜드의 음식으로 익힌 달걀 껍질을 벗긴 후 반죽한 고기로 감싼 후 빵가루를 묻혀 기름에 튀긴 것이다. 점심 식사 또는 맥주 안주로 많이 먹는다.

5) 헤기스

헤기스(haggis)는 스코틀랜드의 전통식으로 양이나 송아지의 염통, 간, 내장 등에 슈잇(suet)이라는 쇠고기 기름과 오트밀, 소금, 후추, 양파 등의 혼합물을 채워 순대처럼 만들어 삶은 음식이다.

6) 치즈

체더치즈, 스틸톤, 체셔, 더비, 웬즈리 데일 치즈 등이 대표적이다.

7) 홍차

찰스 2세 때 포르투갈 태생인 캐서린 왕비에 의해 차를 마시기 시작하여 이후 100년 동안 그 품위를 잃지 않고 차 마시는 풍습이 전해 내려와 정착되었다. 영국인들이 마시는 차는 주로 인도산 홍차인 실론티로 찻잎을 건조시키기 전에 발효시켜 색이 짙다. 아삼이나 다즐링, 딤불라 지방의 실론티, 키문 우롱티 등을 섞어 마시는데 실론티와 같은 홍차(black tea)는 주로 우유를 섞어 마시고 우롱티는 레몬을 넣어 산뜻하게 마신다. 영국인들은 하루 6~7번의 티타임을 가지며 하루를 즐긴다. 'Early morning tea'는 새벽 5시 즈음에 마시며 일반적으로 아내를 위해 남편이 준비하는 차로 함께 마시며 하루를 시작한다. 'Breakfast tea'는 아침 식사와 함께 마시는 차로 주로 홍차에 우유를 넣어 마신다. 'elevens'는 오전 11시경 'tea lady'가 서브하는 티타임으로 가사 일을 하다 중간에 잠시 휴식을 위해 갖는, 가장 가벼운 형식의 티타임으로 과자도 함께 곁들인다. 'lunch tea'는 점심 식사 중에, 'afternoon tea'는 오후 3~4시 사이에 약 30분 정도의 시간을 두고 마시는, 영국인들 사이에서 가장 유명한 티타임으로 식사와 함께 마시거나 케이크, 스콘, 토스트, 샌드위치, 머핀, 버터와 잼, 마멀레이드, 꿀 등을 곁들여 먹는다.

'High tea(dark afternoon tea)'는 오후 5~6시 사이 저녁식사와 함께 마시는 차로 주로 육류, 생선, 스테이크, 키드니 파이, 샌드위치 등 따뜻한 요리와 함께 마신다. 노동자층에서부터 시작되었는데 점차 모든 계층으로 확산되었다. 'After dinner tea'는 저녁식사를 한 후 휴식을 즐기며 갖는 티타임으로 초콜릿, 비스킷 등 간단한 디저트나 위스키, 브랜디를 첨가하여 마시기도 한다.

(7) 영국의 유명 도자기

하루 6~7번의 티타임으로 인해 화려한 문양을 선보이는 영국의 도자기는 오랜 전통과 품위 있는 문양으로 인해 오늘날 명품으로 각광을 받고 있다.

1) 포트메리언

포트메리언(portmeirion)은 1953년 영국에서 처음 생산되기 시작하였으며 대표작으로 보타닉 가든 디자인이 있다.

2) 로열 앨버트

'황실'을 뜻하는 로열 앨버트(royal albert)는 1897년 빅토리아 여왕의 즉위 60주년을 기념하기 위해 만든 황실 기념 도자기 세트로 시작된 브랜드이다. 아름답고 우아한 디자인인 플라워 프린팅과 수공 금장 처리가 돋보인다.

3) 로열 크라운 더비

로열 크라운 더비(royal crown derby)는 다양한 패턴과 3단의 굴곡을 가진 손잡이를 가진 독특한 디자인의 도자기이다.

4) 스포드

1770년 Josiah Spode가 창립한 스포드(spode)는 1784년 도자기 점토에 블루 패턴을 시작하면서 유럽 도자기의 명품이 되었으며 1796년에는 본차이나를 제작하였다. 이탈리아의 고대 유적지를 모티브로 디자인한 제품인 블루 이탈리언은 1816년부터 인기리에 생산하고 있다.

5) 버얼리

버얼리(burleigh)의 대표적인 디자인 패턴인 아시아틱 페잔트(Asiatic pheasants)는 블루와 화이트가 선명하게 조화를 이루어 디자인된 도자기로 빅토리아 시대의 낭만주의 성향을 나타낸다.

6) 웨지우드

조지아 웨지우드에 의해 디자인되고 창업된 웨지우드(wedgwood)는 꽃과 나비, 과일, 동물, 풍경 등의 소재를 다양하게 인용하였고 금장 버클의 화려함도 잘 나타내고 있다. 대표적인 제품으로 푸른색과 하얀색의 조화를 이룬 자스퍼 웨어를 들 수 있다.

2. 네덜란드(Netherlands)

(1) 지리와 기후

네덜란드는 북해와 라인 강(rhine), 마스 강(maas), 스헬데 강(scheldt) 하구에 위치해 있으며 남서쪽은 벨기에와, 동쪽은 독일과 접해 있고 서쪽은 북해를 넘어 영국과 가까이 있다. 면적은 41,543km²로 그리 크지 않은데 인구가 약 1600만 명으로 인구 밀도가 유럽에서 1위이고 세계적으로도 3위로 높지만 평지가 많은 나라로 대부분의 국토를 이용할 수

있기 때문에 인구밀도가 그리 높게 느껴지지 않는다. 가장 높은 지역은 림뷔르흐(limburg) 지역의 발서르(vaalser)산으로 해발 322m이며 네덜란드, 독일, 벨기에가 서로 국경을 사이에 두고 있는 지대라는 특징도 가지고 있다. 국토의 20% 이상이 물로 덮여 있는 나라이며 바다보다도 해면이 낮아 바다를 막아 땅을 만들어 이용하는데 가장 낮은 지역은 해발 마이너스 6.7m 정도로 해수면의 아랫부분에 위치해 있으며 로테르담 근처의 뉴베르케 안드 에이셀(nieuwerke aan de ijssel)이다. 네덜란드의 수도인 암스테르담도 평균 3m 정도가 낮다고 한다. 네덜란드는 북홀랜드, 남홀랜드, 유트레흐트, 브랍반트, 림부르흐, 질란드, 헬더란드, 플레이보란드, 오버라이셀, 드렌테, 흐로닝헨, 프리슬란드 등 12개의 주로 나뉘는데 이 지역 중 프리슬란드는 바다를 막아 커다란 양수장을 설치해 바다보다 낮은 해수면이 물에 잠기지 않도록 계속 물을 퍼내고 있으나 농사도 짓고, 가축도 기르고, 아름답고 현대적인 건물도 지어 살고 있다.

서부 지역은 란드스타드(randstad) 지역이라 하여 암스테르담, 로테르담, 헤이그 등의 주요 대도시들이 밀집해있고 바다보다 낮은 지형으로 도시 형태가 삼각형이며 주로 원예와 낙농업, 석유 관련 산업, 해운업, 금융업 등이 발달하여 네덜란드 인구의 60% 이상이 거주하고 있다. 로테르담은 유럽 최대의 항구도시이며 암스테르담에는 입법부가, 헤이그는 행정부가 위치해 있다.

남부 지역은 마스 강, 라인 강, 스헬데 강이 북해로 흘러 들어가는 곳으로 주로 동에서 서로 흐르며 하구는 삼각주로 이루어져 있어 평원이 발달하였고 수많은 작은 강들이 얽혀 있어 홍수에 취약하다. 동부 지역은 농업과 축산업, 제조업 등이 발달하였으나 인구 밀도가 낮다.

네덜란드는 수출 중심의 농업을 발전시켜 경제의 중요한 부분을 차지하였으며, 미국에 이어 많은 농산물을 세계 곳곳에 수출하고 있다. 특히 원예 작물에서 그 성과를 높이 거두었는데 17세기 터키로부터 수입한 튤립은 54,000 에이커에서 재배되어 전 세계에 100억 개가 팔릴 정도로 세계 튤립 생산량의 80%를 차지하고 있으며 그 절정은 4월 중순~5월 말까지이다.

한국보다 북쪽에 위치해 있는 네덜란드의 겨울은 밤이 길고 북해와 가까이 있어 습기가 많고 안개가 끼는 날이 많다. 날씨가 춥지는 않으나 강한 바람으로 인해 체감 온도가 낮다. 여름은 그리 덥지 않아 평균 18도이나 바다의 영향으로 맑은 날은 1년 중 25일로 비가 자주 오고 흐린 날이 많다. 네덜란드의 위도는 우리나라보다 높고 그로 인해 일조 시간이 다르다. 우리나라를 기준점으로 한다면 여름의 낮이 더 길고 겨울에는 밤의 길이가 훨씬 길

며 6월 21일에는 새벽 4시가 일출이고 저녁 9시에 일몰이 이루어져 해가 떠있는 시간이 17시간에 달한다. 반면 겨울인 12월 21일에는 아침 8시 반이 일출이고 저녁 4시 반에 일몰이 이루어져 해가 떠 있는 시간이 8시간 정도이다.

(2) 네덜란드의 주요도시

1) 암스테르담

암스테르담(amsterdam)은 무역과 금융, 문화의 도시이며 74만이 넘는 많은 인구가 몰려 있는 네덜란드의 수도로 담(-dam)이라는 말의 의미는 제방이나 댐을 의미하는데 땅이 해수면보다 낮아서 암스텔 강(amstel)에 제방과 댐을 설치한 후 그 위에 도시가 세워진 것에서 유래된 것이다. 17세기에 헤렌 운하, 케이제르스 운하, 프린센 운하 등이 만들어졌고 이 운하들을 통해 인도네시아산 향신료 등이 유통되면서 활발한 교역을 이룰 수 있었다.

2) 로테르담

로테르담(rotterdam)은 라인 강과 마스 강 하구에 위치해 있으며 58만 명의 거주민을 가진 네덜란드 제 2의 도시이다. 강과 바다를 건널 수 있는 교통의 요충지로 17세기 후반 스페인의 통치에 저항하여 혁명을 일으켜 항구를 건설하였고 제 2차 세계대전 때 완전히 폐허가 되었지만 1944년 이후 노력 끝에 점차 성장하여 지금은 유럽 최대의 항구도시로 성장하였으며 라인 강과 마스 강의 중상류 지역에는 공업 지대가 형성되어 소비시장과 무역이 활성화된 도시이다.

3) 헤이그

영어로 헤이그(hague)이며 네덜란드어로는 덴하그(dan haag)다. 거주민은 약 46만 명이며 정부 청사, 국회의사당과 각국의 외국 대사관이 모여 있는 지역으로 국제 사법 재판소와 2002년에 지어진 국제 형사 재판소, 국제 평화 회의장이 위치해 있다. 수도는 암스테르담이지만 네덜란드의 정치와 행정은 이곳에서 이루어지고 있기 때문에 실질적인 수도라고 할 수 있다. 헤이그는 1907년 만국평화회의를 개최하였고 고종황제가 일본의 억압에 눌려 맺은 을사조약을 폭로하기 위해 이준, 이위종, 이상설이 헤이그를 방문했으나 일본과 영국의 방해로 참석하지 못하였고 이준 열사가 순국한 지역이다.

풍차의 나라라고 불리는 네덜란드의 풍차는 두 종류로 나눌 수 있는데 하나는 낮은 지형을 가지고 있는 특징 때문에 물의 침입이 많아 간척지용으로 물을 퍼 올릴 수 있도록 만든 풍차이고 또 다른 하나는 바람을 이용해 보리 껍질 타작을 하고, 곡식을 정미하고 향신료, 작물, 가죽 등을 만드는데 이용되고 목재를 자르기 위한 풍차로 나뉜다. 예전에는 100마력의 힘을 가진 기계였지만 지금은 전기를 이용하여 간척사업을 하고 있어 풍차가 많이 사라졌다. 남아있는 몇 개의 풍차는 관광용이다.

(3) 역사

AD 5세기에 로마가 무너지면서 앵글로족과 색슨족이 네덜란드의 동쪽과 북쪽에 정착하면서 해안에 정착하였던 프리스족과 프랑크족과 섞이게 되고 프랑크족의 강세로 중세 초기에 들어오면서 메로빙 가문의 클로비스 왕이 프랑크 왕국을 통일 하였다. 클로비스는 피레네 산맥까지 영토를 확장하였으나 카롤링 왕조의 페펭 2세에 의해 멸망하였다. 페펭 2세는 왕과 영주를 결속시키기 위해 왕은 영주들에게 땅을, 영주들은 왕에게 군사적, 경제적인 지원을 제공했으며 11세기경 바이킹의 잦은 약탈로 중앙에 왕권 체제가 있었으나 왕의 지배권이 자신이 다스리는 지방에만 한정되어있는 권력의 제한 때문에 실제 지배권은 네덜란드 각 지방의 영주들이 가지고 있었다. 그 중 홀란드(Holland) 영주는 12세기에 영토를 확대하고 간척사업과 치수사업 등을 발전시켰으며 어업과 상업을 통해 성장하여 각 도시의 조세수입을 얻어 세력을 확장하게 되었다. 네덜란드는 부르고뉴 시대에 들어서면서 흩어져 있던 지방들을 통합하고 법과 도량형을 통일하였으며 1464년 전국의회를 만들어 여러 지방을 하나로 통일하는 지배기구를 만들었다. 이런 통치제도를 거행하면서 스타트 하우스(각 주의 행정과 통치를 담당하던 대리인)를 통해 나머지 지역을 간접 통치했는데 스타트 하우스는 네덜란드의 왕조인 오렌지 가문이 나타날 수 있는 계기가 되었다. 17세기로 접어들면서 네덜란드는 황금기를 맞이하며 하나의 독립국으로 탄생하였고 암스테르담을 중심으로 세력을 뻗은 홀란드주가 유럽 등에서 문화, 경제, 세계 무역의 중심이 되었다. 곡물과 소금, 청어, 와인, 섬유, 향신료 등의 거래가 성황을 이루었고 상인들은 향신료를 확보하기 위해 인도네시아를 식민지화 하였고 1602년에 동인도회사를 설립하여 세계적

으로 강력한 무역 조직을 형성하였다. 17~18세기 해상무역을 독점한 네덜란드는 영국, 프랑스와 잦은 전쟁을 하면서 프랑스의 속국이 되었지만 1815년 나폴레옹이 워털루 전쟁에서 패하면서 오렌지공 빌렘 1세가 왕위에 올라 남북이 200년 만에 다시 통일되었다. 지금의 네덜란드를 상징하는 오렌지색은 오렌지 가문의 왕조에서 유래되었다. 네덜란드는 정식 국가명이며 낮은 땅이란 의미를 가지고 있고 입헌 군주제로 여왕과 수상이 있지만 왕실은 상징적인 의미이고 실질적인 통치는 의회에서 이루어지고 있다. 여왕에 대한 사랑의 표현으로 여왕의 날 축제 때는 오렌지색 물결이 성황을 이룬다.

(4) 종교

네덜란드 역사에서 중요한 역할을 한 요소는 종교이다. 오늘날에는 종교의 자유가 있어 기독교, 유대교, 가톨릭교, 불교, 이슬람교 등 다양한 종교가 있으나 네덜란드에 크게 영향을 끼친 종교는 칼뱅교라고 할 수 있다. 칼뱅주의는 신앙의 자유를 주장하며 종교로 가톨릭 신앙만을 강요했던 합스부르크 제국에 대항하여 독립을 선언하면서 칼뱅교를 국교로 삼았다. 칼뱅교는 매우 엄격하게 경제, 정치, 사회, 문화 등 거의 모든 분야를 통제하여 신정정치를 펼쳤고 원칙에 따르지 않는 사람은 사형에 처하였다. 칼뱅주의의 특징은 예정설로, 구원을 받을지 받지 못하여 지옥에 갈지는 이미 하나님이 예정해 놓았다는 것이다. 인간적인 선한 일로 하나님의 결정을 바꿀 수는 없다는 것이며 정해진 운명에 대한 책임이 있어 거기에 걸맞게 살아야 한다는 주장이다. 술을 마시거나, 춤을 추고, 극장에 가는 행위도 큰 죄악으로 여긴다.

(5) 축제

1) 여왕의 생신 기념일(여왕의 날)

현재의 여왕은 베아트릭스로 생일이 1월이라 날이 춥고 좋지 않아 베아트릭스의 어머니인 율리아나 여왕의 생일인 4월 30일을 계속 사용하고 있다. 이 날은 오렌지색 옷을 입고 길거리로 나와 축제를 즐기며 각 도시마다 벼룩시장을 열어 어린아이들이 주관하게 하여 경제관념을 가르친다.

2) 크리스마스

네덜란드의 크리스마스는 12월 5일과 12월 25일인데 12월 5일에는 서로 선물을 주고받고 12월 25일은 종교적인 의미가 더욱 강한 날이다. 우리가 알고 있는 산타클로스와 좀 다른 모습으로 하얀 머리와 긴 수염, 주교 복장에 금색 지팡이를 들고 있으며 산타 옆에는 검

은 피터라는 장난꾸러기 조수가 나쁜 짓을 한 아이들을 혼내 주기 위해 회초리를 들고 다닌다. 크리스마스에는 생강 쿠키로 만든 집과 여러 종류의 사탕, 비스킷과 케이크, 아몬드 반죽, 초콜릿으로 만든 알파벳 등을 먹는다.

3) 제 2차 세계대전 추모일

제 2차 세계대전에서 사망한 사람들을 추모하는 날로 5월 4일 오후 8시에 전 국민이 하던 일을 놓고 2분간 침묵을 지켜 추모하는 날이다.

(6) 식생활 문화

최소한의 필요한 것만으로 만족하며 사는 민족이므로 네덜란드의 음식문화는 검소하다. 음식은 소박하지만 영양적으로는 풍부하고 자극적이지 않다. 아침에는 거의 요리를 하지 않는데, 샌드위치, 호밀빵, 건포도빵 등 다양한 종류의 빵과 버터, 잼, 땅콩버터, 얇은 초콜릿 조각, 살라미, 햄, 치즈, 시리얼 등을 먹고 점심식사에도 많은 시간을 할애하지 않는다. 보통 12시 30분에 시작하여 45분간 차갑거나 더운 음식을 간단하게 먹고 여러 종류의 빵에 토핑을 얹어 먹거나 샌드위치 등 간단하게 먹는다. 저녁은 6~7시에 먹는데 간단한 아침, 점심과는 다르게 네덜란드의 전통 음식 등을 잘 차려 먹는데 저녁시간이 일러서 늦은 시간에 레스토랑은 영업을 하지 않는 곳이 많다.

외식을 하게 되면 초대한 사람의 특별한 언급이 없으면 식사비를 각자 계산하는 더치페이(dutch pay)를 한다. 음료는 커피와 무가당 연유를 함께 마시거나 버터밀크를 주로 마신다. 가장 유명한 음식은 치즈로 아침과 점심의 기본 메뉴이다. 수출용의 붉은 왁스 코팅을 한 에덤치즈는 전 세계적으로 유명하며, 주요 치즈로는 바퀴 모양을 한 고다치즈, 회향풀을 첨가한 레이덴 치즈, 정향을 첨가한 프리즐란드 치즈가 있다. 치즈 못지않게 유명한 음식으로는 냄새 나는 청어를 길거리 좌판에 펼쳐 판매하는데 청어를 먹는 전통적인 방법은 새끼 청어의 꼬리를 잡고 머리부터 꼬리까지 먹는 것이다.

(7) 네덜란드의 음식

1) 에르텐수프

에르텐수프(erwtensoep) 또는 스너트(snert)라고 불리는 네덜란드의 전통 음식은 완두콩과 셀러리, 양파, 당근, 감자 등과 돼지고기, 소시지를 넣고 진하게 끓여 겨울에 먹는 음식이다. 무척 걸쭉하기 때문에 수프 한가운데에 스푼을 세울 수 있다.

2) 더치하링

더치하링(dutch haring)이란 청어의 머리와 내장을 제거하고 소금에 절여 다진 양파와 함께 먹는 것으로 네덜란드의 대표적인 요리이다.

3) 훈제 뱀장어

식사 전 제일 앞에 먹거나 길거리 음식으로 먹을 수 있으며 소프트 롤과 함께 먹는다.

4) 비테르발렌

비테르발렌(bitterballen)은 쇠고기 크로켓으로 주로 에피타이저로 먹는다.

5) 파네쿠크

파네쿠크(pannekoek)는 네덜란드의 팬케이크로 다양한 재료가 들어간다.

6) 비스

비스(vis)는 가자미, 농어 등의 큰 물고기와 굴, 홍합을 이용하여 만든 생선요리이다.

7) 후츠포트

후츠포트(hutspot)는 당근과 감자, 양파를 넣고 끓인 비프스튜로 1573년 에스파냐와의 전쟁 중에 레이던(Leiden) 시민들을 위해 처음으로 만든 음식으로 오늘날에도 전승일을 기념하기 위해 시청에서 솥에 비프스튜를 끓이고 흰 빵과 청어를 무료로 나누어준다.

8) 애플파이

네덜란드식 애플파이로 휘핑크림과 함께 먹는 디저트이다.

9) 올리볼렌

올리볼렌(olliebollen)은 건포도가 들어있는 도넛으로 설탕을 뿌린 새해 음식이다.

10) 에그노그

에그노그(eggnog)는 우유에 설탕과 크림, 달걀, 계핏가루 등으로 맛을 낸 음료로 럼이나 브랜디, 위스키 등의 알코올을 첨가하기도 한다.

11) 하이네켄, 암스텔 필스너(amstel pilsner)

1864년 창업한 하이네켄(heineken) 맥주 회사는 세계에서 네 번째로 큰 맥주 회사이며 현재 약 65개 나라에서 130개가 넘는 맥주 양조장을 운영하고 있고 170개 이상의 맥주 브랜드를 가지고 있다.

3. 프랑스(France)

[그림 3-3] 프랑스 파리의 전경

(1) 지리적 특징

유럽에서 러시아 다음으로 넓은 국토를 가지고 있는 프랑스의 면적은 약 $643,801km^2$ 로 우리나라의 2.5배이다. 대서양, 지중해, 북해와 맞닿아 있어 해안 부분의 길이만 약 2,700km에 이르며 유럽 문명의 교차로라는 별명을 가지고 있다.

프랑스의 지형은 고생대에 습곡산지가 형성되었고 중북부 지방에는 V자 모양의 산지가 만들어졌지만 오랜 세월 동안의 침식작용으로 인해 현재는 고도가 낮아져 저산성 산지, 구릉지와 같은 대지가 나타나게 되었다. 중생대에는 대부분 바다로 덮여 있었고 서서히 파리와 같은 지형이 나타났다. 이들 지형은 대부분 석회암과 퇴적암층으로 이루어졌고 신생대에 알프스, 피레네, 쥐라 산지가 형성되어 현재에는 가장 험준한 산세를 나타내고 있다. 산지는 평균 18% 정도이고 62%는 대지인데 지역적 기복이 있다. 대표적인 기복의 형태를 보면 국토의 2/3를 차지하는 북서부는 매우 낮은 고도의 평야와 구릉 지대, 대지로 이루어져

있다. 북서부의 중심지인 파리(paris)는 광활한 퇴적 분지로 이루어져 있고 센(seine) 강이 파리를 가로질러 흐르고 있어 파리의 관광명소뿐 아니라 내륙 교통에도 중요한 역할을 하고 있다. 남동부 지역은 산지가 많고 산세도 험난한 형세로 고도 3,000m가 넘는 산맥인 알프스 산맥과 피레네 산맥, 쥐라 산맥이 자연스럽게 프랑스와 이탈리아, 프랑스와 스페인, 프랑스와 스위스의 국경을 만들고 있다. 남동부 지역의 론(rhône) 강은 북에서 남으로 길게 흐르고 있는데 여름에는 물의 양이 많고 겨울에는 얼지 않는 특징을 가지고 있어 자연적인 운송통로가 되고있다.

프랑스의 기후는 지역에 따라 다양한데 북해와 대서양이 맞닿아 있는 북서지역은 해양성 기후로 겨울이 따뜻하고 여름에는 서늘하다. 사계절 동안 고루 내리는 비로 인해 연강수량이 600~1,000m로 목초 재배와 축산업에 알맞다. 동부 지역은 대륙성 기후로 독일의 영향을 받은 알자스 지방이 위치해 있으며 대륙성 기후로 인해 기온의 연교차가 크다고 할 수 있다. 남동지역은 지중해성 기후를 나타내고 있으며 온난한 겨울과 일조량이 풍부하고 길며 건조하여 올리브, 레몬 등의 감귤류가 많이 재배되고 있다. 남서지역은 피레네 산맥과 알프스 산맥이 위치하여 산간 기후를 나타내어 여름이 짧고 겨울이 길고 한랭하여 눈이 많이 내리고 연중 강수량이 많다.

6각형의 거대한 영토를 소유한 프랑스는 온난한 기후와 비옥한 퇴적 분지로 형성된 넓은 평야 지대로 인해 유럽 최대의 농업 수출국가로 부상 할 수 있었다.

(2) 역사

기원전 1000년경 서유럽에 정착한 켈트족이 프랑스에 남은 민족을 골족(gaule)이라 부르게 되었는데 전투에 능하고 거친 행동을 하는 민족으로 예술적, 지적 성향이 우수하였고 농업을 번성시켰다. 프랑스의 대표 만화 아스테릭스(asterix)를 보면 골족의 특성이 잘 나타나 있다.

15세기 말에는 경제가 회복되어 이탈리아 르네상스의 영향을 받아 미적, 예술적으로 더욱 성장하였다. 장식물을 새로운 양식으로 설계하였고 건축물에서도 이러한 현상이 나타나게 되었는데 퐁텐블로(fontainebleau) 성과 루아르(loire) 강 주변의 많은 성들이 그 영향을 받았다. 경사가 급한 지붕과 장식 창, 벽기둥 등이 그 대표적인 상징물이라 할 수 있다. 프랑스의 고전양식이 등장하여 루브르(louvre), 튈르리(tuileries) 궁에 고전 건축술이 가미되기도 하였다. 16세기 종교 분열이 일어나 개신교의 시조인 프로테스탄트와 가톨릭 간의 종교 전쟁이 일어났고 루이 14세로 넘어가면서 프랑스의 왕권이 강화되어 주

권을 강화해 나갔다. 이 시기에 그 유명한 베르사유 궁(versailles)이 건설되었다. 대외 전쟁을 치르면서 프랑스 시민들은 더욱 피폐해져 갔고 궁핍한 생활을 견디지 못한 시민들은 계몽사상과 미국 독립혁명의 영향으로 프랑스 혁명을 일으켰고 1789년 7월 4일 바스티유(bastille)가 함락되면서 절대 군주제가 무너지고 국민공회가 생겨 새로운 프랑스를 건립하게 되었다. 10년간의 혁명으로 혼란과 분열에 잠겼던 프랑스는 나폴레옹(Napoleon bonaparte)이 여러 나라와의 전쟁에서 승리하여 유럽 대부분을 지배하게 되었으나 1815년 워털루(waterloo) 전쟁에서 패하여 세인트-헬레나 섬으로 유배되었다. 나폴레옹의 유배로 승리를 거둔 부르주아(bourjois)들은 자본주의와 물질문명의 발전을 도모하였으나 이에 대항한 젊은 세대들이 반란을 일으켜 제 3공화국을 설립하여 점차 민주주의적인 국가의 모습을 찾아가게 되었다.

오늘날의 프랑스는 제 2차 세계대전이 끝난 후 많은 패배와 패전 속에서도 레지스탕스(La résistance)를 통해 다시 일어날 수 있었는데 1940년 드골(C. de Gaulle) 장군은 런던에서 레지스탕스 운동을 전개할 것을 프랑스인들에게 호소하였고 그 후 1944년 프랑스 공화국 임시정부를 파리에 정착시키고 국민투표를 최초로 실시, 선거권에 여성도 참여시켰다. 이로부터 프랑스의 완전한 독립이 선언되었고 세계 속에서 프랑스의 위상을 드높일 수 있게 되었으며 예술, 건축, 문학, 패션, 요리 등이 프랑스인 모두의 의식 속에서 하나의 일상이 되어 가고 있다.

TIP 02 프랑스의 인사 비쥬(bisous)

프랑스의 인사방법에는 여러 가지가 있다. 비쥬는 처음 만날 때와 헤어질 때 양쪽 볼에 키스를 하는 방법으로 아시아 지역이나 앵글로색슨족에게는 익숙하지 않은 방법이지만 프랑스에서는 보편화된 인사방법이라고 할 수 있다. 사업상의 만남에서는 악수만으로도 괜찮지만 비쥬는 여자와 여자사이, 남자와 여자사이, 어른과 아이사이 또는 친척과 가족 사이에서 나누는 인사이다. 모르는 사이일지라도 편안한 관계라면 비쥬를 통해 더욱 돈독한 관계를 형성 할 수 있을 것이다. 비쥬는 먼저 오른쪽 뺨에서부터 키스를 시작해서 왼쪽 뺨에도 하는 방식으로 실제로 키스를 하기 보다는 볼에 살짝 입맞춤을 하는 방법으로 소리를 크게 낼수록 애정을 더욱 표현하는 방법이다. 기본 두 번의 비쥬를 하게 되는데 애정을 많이 표현하기 위해서 4번까지도 한다.

바스크(basque) 지방

　　바스크 지방은 피레네 산맥을 기점으로 프랑스와 스페인 국경이 밀집된 곳에 위치해 있다. 1930년부터 오늘날까지도 독립을 주장하고 있는 지역으로 바스크 분리를 위한 혁명단체인 에테아(euzkadi ta azkatasuna, ETA)의 활동으로 스페인과 프랑스뿐만 아니라 전 세계적으로 그들의 독립을 알리기 위한 테러 활동을 하고 있다. 바스크의 중심도시는 스페인령인 빌바오(bilbao)이고 스페인 북부에 위치한 주요 도시인 성 세바스티안과 프랑스 남서부에 위치한 도시 비알이츠, 바이욘 지방이 바스크 지방에 속한다. 바스크 민족들은 전통 모자인 베레모를 쓰고 다니며, 집은 붉은 색을 띠는 창틀과 지붕, 하얀색의 벽으로 이루어져 있고 고추와 마늘을 즐겨 먹는 민족이다. 이들은 전통의 바스크 언어를 사용하고 있고 목축업을 주산업으로 하고 있다.

[그림 3-4] 루브르 박물관 앞의 피라미드

(3) 프랑스의 박물관(미술관)

1) 루브르 박물관

　　프랑스를 대표하는 상징물이라고 해도 손색이 없을 정도로 웅장하고 거대한 루브르 박

물관(musée du louvre)은 세계 3대 박물관에 속한다. 최초의 루브르는 수호성곽으로 1190
년대에 세워졌으며 바이킹이 침입해 오는 것에 대비해 만들어졌으나 프랑수아 1세 때 르네
상스 양식으로 장식되었고 퐁텐블로(fontainebleau) 성의 왕실 애장품들을 옮겨 놓으면서
궁전으로 자리 잡게 되었다. 그러나 루이 14세가 베르사유 궁전으로 옮기면서 궁전의 기
능을 소실하였고 1648년 회화 조각 전시회를 개최하여 소장품이 2,500점으로 늘어나면서
공식적인 전시장으로써의 기능을 하게 되었다. 1793년 국민 의회에 의해 중앙 미술관이라
는 이름을 갖게 되었고 국왕 소유의 애장품들을 국민들에게 공개하기 시작하였다. 레오나
르도 다빈치의 모나리자, 다비드 조각상, 나폴레옹 1세의 대관식 등 유명한 작품들과 고대
조각 작품들이 비치되었고 나폴레옹의 전리품을 전시하여 세계 제 1의 박물관이 될 수 있
었다. 600여장의 유리로 만들어진 피라미드는 파리 재개발의 일환으로 1989년 완공되어
나폴레옹 광장에 우뚝 세워졌고 높이가 21m, 바닥길이가 3m이고, 유리 지붕을 통해 자연
조명이 루브르의 지하인 나폴레옹 홀을 비춘다. 3개의 입구가 미술관으로 연결되는데 드농
관(denon), 쉘리관(sully), 리쉘리에관(richelieu)으로 나누어 있다.

2) 오르세 미술관

1804년 오르세 궁은 파리의 최고 재판소로 세워졌으나 대화재로 기능을 상실하게 되었
고 1900년에 오르세 역사로 재탄생하였다. 지하철이 개통되면서 오르세 역사의 역할이 차
츰 사라지고 미테랑 대통령에 의해 1986년 오르세 미술관(musée d'orsay)으로 다시 개조되
었다. 오르세 박물관의 큰 특징이며 상징물은 역사 안에서 누구나 볼 수 있는 커다란 시계
와 32m의 유리돔과 커다란 창을 통해 자연광이 들어와 인상파 화가들의 작품을 더욱 빛내
주고 있다. 유명한 밀레의 만종, 이삭 줍는 사람들, 로댕의 생각하는 사람, 지옥의 문, 피리
부는 소년 등 인상파 화가와 낭만주의 작가들의 작품이 전시되어 있다.

3) 퐁피두 국립 현대 미술관

프랑스의 대통령이었던 조르쥬 퐁피두 대통령에 의해 누추한 지역이었던 보부르 거리가
거대한 문화의 거리로 바뀌게 되었다. 퐁피두 건물(centre pompidou)은 내부가 훤히 들여
다보이고 지상 6층, 지하 2층으로 구성되었으며 투명한 유리관으로 만들어진 에스컬레이
터가 보이고 빨간색, 파란색, 녹색의 기다란 파이프와 철근 골조가 연결된 모습들이 마치
공장이나 제련소를 연상시키는 현대적인 모습이다. 산업 디자인 센터와 청각 음악 조정 연
구소, 최신 정보 자료 도서관, 미술관, 영상 등 현대 미술을 접할 수 있는 최고의 장소라고
할 수 있으며 거의 모든 자료들을 무료로 제공한다. 칸딘스키의 흰색 평면 위의 구성과 몬

드리안의 뉴욕시티, 미로의 투우 등 표현주의, 초현실주의들의 작품들이 비치되어 있으며 아이디어 디자인 상품도 판매하고 있다.

[그림 3-5] 프랑스의 명소

[그림 3-6] 프랑스 고속열차 TGV

[그림 3-7] 프랑스 남서부 지역 PAU(뽀)의 축제

(4) 프랑스 요리의 지역적 특색

프랑스는 나폴레옹 시대부터 음식과 와인을 규정할 수 있는 법을 만들어 규제하고 있는데 AOC(appellation d'origine contrôlée)라고 하여 와인과 버터, 치즈, 술, 가금류, 과일, 채소 등에 원산지와 재배장소 위치, 생산방법 등을 일정한 조건에 맞추어 요구하며 각 지방별로 관리하는 제도이므로 프랑스산 제품에서 AOC라는 라벨을 보게 되면 그 상품은 진

품이라고 할 수 있다. 또한 프랑스는 각 지역 고유의 전통 문화를 중요하게 생각한다.

1) 노르망디

프랑스의 북서쪽에 위치한 노르망디(normandie)는 영국과 가장 인접한 지역의 해안 지대로 대표 음식은 돼지고기와 감자, 페이스트리와 크림이다. 두 지역 간의 영향력을 정확히 알 수는 없으나 1066년 노르망디 정복 시절 영국의 영향을 받았다고 여겨지며 따라서 노르망디의 음식도 영국 음식처럼 간단, 간소하다. 조개와 생선 등 해산물 요리가 발달하였고 까망베르, 퐁테베크, 뇌샤텔, 리바로 치즈 등의 소프트 치즈가 발달하였다. 지역에서 생산되는 사과의 원액을 증류하여 만든 칼바도스(calvados)도 노르망디의 특산물이며 애플파이와 사과주스인 시드르(cidre)와 생크림을 곁들인 후식이 유명하다.

2) 브르타뉴

팬케이크의 일종인 크레페(crêpes)는 프랑스 음식에서 거의 빠짐없이 등장하는 후식이라고 할 수 있는데 브르타뉴(bretagne) 서쪽지방의 특산물이며 요리 재료는 이곳의 특산물인 아티초크와 콜리플라워를 많이 이용한다. 북쪽지방에서는 1월 1일 갈레뜨(gallete) 안에 자기로 만든 인형을 넣어 구운 후 인형을 차지하는 사람이 그 날의 왕이 되는 게임을 한다. 남쪽 지방의 낭트는 백포도주인 무스카데(muscadet)와 파운드 케이크의 일종인 카트르-카트르(Quatre-quatre)도 후식으로 유명하다.

3) 르와르

르와르(Loire)는 프랑스 건축의 요지일 뿐 아니라 웅장한 자연 풍경과 배경으로 많은 성들이 밀집해 있으며 귀족과 왕족들이 거주했던 곳이므로 화려한 음식문화를 이루었고 발전시켜왔다. 르와르 계곡 주변에서 생산되는 생선과 과일, 채소 등과 상추와 완두콩 등을 르와르 지역에서부터 받아들였다. 자두와 살구, 복숭아로 겨울에는 과일 빠떼(pâtes), 여름에는 과일 파이, 커스터드 케이크 등을 만든다. 앙주 지방의 유명한 술인 코엥트로(cointreu)는 오렌지 껍질의 향을 이용하여 만든 술이다.

4) 파리 일 드 프랑스

파리에서 약 80km 정도로 파리를 에워싸고 있는 파리 일 드 프랑스(paris ile-de-france)는 프랑스 인구의 약 20%가 몰려 살고 있으며 센 강을 통해 많은 식재료들이 들어올 수 있었다. 바게트와 크루와상, 소프트 치즈의 대명사인 브리 치즈가 풍부하며 인근에 낙농업을 하는 지역이 많아 낙농제품이 풍부하여 생크림을 이용한 요리들이 많다. 크림 샹

티이, 베샤멜, 에스파뇰, 홀렌다이즈 소스를 이용한 다양한 음식들의 집결지이기도 하다.

5) 상파뉴

상파뉴(champagne)는 파리의 북동쪽에 위치한 곳으로 석회질 토양으로 이루어져 있어 발포성 와인이 유명하다. 또한 사탕무도 많이 생산되며 달콤한 페이스트리도 유명한데 설탕을 입힌 과자인 베르덩(berdun)의 드라제(dragées)는 13세기부터 유명하다. 소의 내장에 각종 재료들을 넣어 속을 채워 만든 요리인 앙두이에트(andouillette)도 이 지역의 대표 음식이라고 할 수 있다.

6) 알프스 지역

알프스 지역(alpine local)은 국경이 스위스, 이탈리아와 맞닿아 있어서 두 나라의 영향을 많이 받는 지역이다. 그뤼에르 치즈, 꽁데 치즈, 에멘탈 치즈가 유명하며 이를 이용한 퐁듀와 수플레가 유명하다. 돼지고기를 이용하여 만든 샤모니 햄과 소시지가 특산품이며 샤프란과 계피, 육두구의 향을 가미한 샤르트뢰즈(chartreuse)는 허브를 이용한 술이고 모렐 버섯도 유명하다.

7) 오베른

오베른(obern)은 산악 지대가 형성된 중부지역으로 주로 유제품과 돼지고기, 감자, 양배추, 라즈베리가 주를 이루고 있다. 또한 AOC의 관리 하에 블루치즈인 푸름 당베르(fourme d'ambert)치즈와 블뢰 도베르뉴(bleu d'auvergne)치즈가 유명하다. 탄산수인 페리에(perrier)와 비시(visch)가 특산물인데 비시는 광천수로 의약품으로도 사용되어진다. 또한 베도잇(badoit)과 볼빅(volvic)도 AOC의 관리를 받고 있다.

8) 알자스

알자스(alsace)는 독일과 국경을 맞닿고 있는 북동부 지역으로 특산물은 키슈 로렌(quiche lorriaine)이다. 독일 방언이 혼합된 언어를 사용하지만 음식에서는 프랑스의 풍미가 물씬 풍긴다. 거위 간을 이용한 프랑스 전통 음식인 푸아그라(foie gras)는 페리고(périgod) 지방이 유명하지만 알자스 지방은 거위 간을 크게 만드는 방법을 이용하여 푸아그라를 만들어온 최초의 지역이고 소시지의 종류도 독일보다 더 다양하다. 구겔호프는 알자스의 대표 디저트이고 와인 생산지로도 유명하다.

9) 부르고뉴

알자스의 남서쪽에 위치한 부르고뉴(bourgogne)는 디종(dijon)이 속해 있는 지역으로 유명하다. 디종은 엄격한 규제에 맞추어 좋은 겨자와 품질 좋은 식초를 만들어 명성이 자자하다. 또한 피노누와(pinot noir)와 보졸레(beaujolais) 와인이 유명하며 와인과 함께 즐길 수 있는 송아지 고기 요리인 뵈프 부르귀뇽(boeuf bourguigonon)과 포도 잎을 좋아하는 달팽이가 풍부하여 에스카르고도 이 지역의 특산물이다. 후식으로는 누가틴(nougatine)과 크렘드 카시스(créme de cassis)가 유명하다.

10) 보르도

보르도(bordeaux)는 프랑스의 유명한 레드 와인 산지로 남서쪽에 위치해 있으며 12세기~13세기까지 영국의 지배를 받고 있었다. 생테밀리옹(St-emillion), 마고(margaux), 샤토 무통 로칠드(Château mouton rothschild), 소테른(sauternes) 등 프랑스 최고의 와인을 생산하고 있으며 AOC로 통제되는 고급 와인의 26%가 보르도 산이다. 또한 푸아그라와 트뤼프 생산지로도 유명한 페리고(périgord) 지방이 위치한 곳이다.

11) 피레네

스페인과의 국경에 자리 잡은 피레네(pyrenees) 산맥은 프랑스의 남서쪽 남단의 산악지대로 문화적인 차이를 확연히 드러내고 있는 지역이다. 독립을 주장하는 바스크 인들의 영향을 받아 후추와 고추, 마늘, 소금에 절인 생선을 채소와 함께 요리하는 스페인의 요리와 아주 유사한 점을 나타내고 있다. 피레네 지역의 브랜디인 알마냑(armagnac)은 AOC로 통제 되고 있는 식품은 알마냑(armagnac)과 양젖으로 만들면 붉은 색을, 소젖으로 만들면 검은색을 띠는 치즈인 프로마쥬 데 피레네(fromage des pyrenees)이다.

12) 프로방스

마르세유(Marseille) 지방의 해산물을 이용한 스튜인 부야베스(bouillabaisse)는 후추와 마늘, 올리브 오일, 생선, 토마토, 회향, 샤프란 등을 넣어 만든 것으로 유명하다. 또한 라따뚜이는 니스(nice)에서 유래된 전통 채소 스튜로 가지, 토마토, 피망, 양파, 호박, 마늘 등을 넣어 만든 특산물이다. 프로방스(provence) 지역은 근접한 이탈리아의 영향을 받은 요리가 많고, 향신료를 많이 사용하며 특이하게 빨갛고, 하얀 장미도 이 지역 AOC의 관리를 받고 있다.

13) 리옹

프랑스 제 2의 도시인 리옹(lyon)은 르네상스 시대의 흔적을 그대로 느낄 수 있으며 프랑스 미식가들이 즐겨 찾는 유명한 레스토랑이 밀집해 있다. 버터를 이용한 음식이 많고 버섯, 돼지고기 등과 소의 위막을 이용해 만드는 음식인 따블리에 드 사푀어(tablier de sapeur)는 베아른 소스를 얹어 철판에서 익혀 먹는다. 머랭(melingue)도 후식으로 유명하며 리오네즈 포테이토(lyonnais potato)는 감자 요리로 유명하다.

(5) 식생활 문화

유럽에서 가장 비옥한 땅으로 이루어진 프랑스는 전 국토의 70%가 낮은 구릉 지대와 광활한 평야가 형성되어 농업이 발달하였다. 삼면이 북해와 대서양, 지중해와 맞닿아 있어 해산물이 풍부하고 한대성, 열대성 식물을 얻을 수 있다. 또한 독일, 스위스, 이탈리아, 스페인, 벨기에 등이 근접하여 식생활 문화 발달에 많은 영향을 주었다.

프랑스는 풍성하고 온화한 자연환경의 영향으로 다양한 식재료를 사용할 수 있었고 서로 다른 민족들이 섞여 재료의 맛을 충분히 살리는 섬세한 조리기술과 풍미 깊은 포도주와 향신료, 소스를 이용한 요리를 개발하여 오늘날까지 프랑스 음식의 명성을 유지하고 있다.

선조인 골족의 음식은 거친 맛을 지닌 음식이었으나 로마의 영향을 받으면서 서서히 프랑스 음식의 골격을 이루어가기 시작하였다. 1553년 이탈리아 메디치 가문의 카트리나 공주와 헨리 2세의 결혼으로 피렌체의 요리사들이 프랑스로 오게 되었고 이와 함께 프랑스 요리에 큰 변화가 생겼다. 그 중 요리사이자 제과장인 앙트완 카렘에게 프랑스 궁중의 요리사들이 요리를 배우고 파리에 요리학교가 설립되었으며 시민들에게도 화려하고 섬세한 요리가 알려지게 되면서 프랑스 요리의 근대화를 이룩하였으므로 앙트완 카렘 이후 진정한 프랑스 요리가 출현하게 되었다고 할 수 있다. 앙트완 카렘은 기본 5대 소스를 확립시켜 소스의 맛을 잡고 불필요한 재료나 조리방법을 정리하였으며 예술로 승화시킨 요리계의 위대한 인물이다. 또한 루이 14세는 태양왕(Le Roi de Soleil)이라는 별명을 가진 것처럼 화려하고 사치스러운 생활을 하였고 매일 연회를 열었으며 개인용 접시를 사용하였다. 호화로운 생활을 하던 루이 14세 이후 프랑스의 요리는 더욱 화려하고 식사 예절을 중시하는 요리로 급격히 발전하여 오뜨 퀴진(haute cuisine)의 진수를 볼 수 있게 되었다. 오뜨 퀴진은 요리사들이 수 백 년 동안 귀족들의 지지와 보호를 받으며 예술적으로 완성한 고풍적인 요리로 버터, 크림 등을 풍성히 사용하여 맛과 풍미가 있고 요리법이 복잡하며 고급 재료를 사용하였다. 루이 15세는 스스로 요리를 만들어 먹는 미식가이었으며 귀족의 이름을 붙

인 요리들도 등장하게 되었고 피에르 동베리니웅은 샴페인을 만들었다.

17세기에 프랑스의 요리와 식사예절에는 변화가 생기기 시작하였고 헨리 4세 때의 요리장 라 바렝에 의해 조리법의 체계와 여러 방법들을 정리한 요리책이 10,000부 이상 출판되었고 이 책을 기반으로 프랑스 요리의 변화와 발전이 이루어졌다. 17세기 중반에 요리는 더욱 단순화되었지만 맛을 중시하고, 장식을 통해 화려함을 추구하였으며 차와 커피, 코코아, 아이스크림 등이 생겨났다. 프랑스 대혁명과 함께 18세기에 접어들면서 귀족들이 몰락하고 요리사들이 자립하여 레스토랑을 차리기 시작하면서 레스토랑인 부이용(bouillon)이 탄생하였다.

1970년부터 프랑스 요리에 새로운 장이 펼쳐지기 시작하였는데 예술성을 더욱 높이기 위한 누벨 퀴진(nouvelle cuisine)이 등장하였다. 향신료와 허브 등을 사용하며 원 재료의 맛을 그대로 살리고 채소를 많이 사용하는 저칼로리 조리법으로 프랑스 요리와 외국의 음식을 접목시킨 새로운 퓨전 요리를 만들고 가벼운 소스를 이용하여 조리시간을 단축시켰을뿐 아니라 예술성을 강조하고 장식에 집중하여 소량의 음식을 담았다.

프랑스의 식사는 전통적으로 12코스로 왕과 귀족들이 화려한 음식 문화를 선호하고 요리의 고급화를 추구하는데서 유래되었으나 오늘날에는 4가지, 5가지로 축소된 코스로 이루어진다.

(6) 프랑스의 음식

1) 레드 와인

레드 와인(red wine)은 포도의 씨와 껍질을 함께 으깨어 발효시킨 것으로 붉은 색뿐 아니라 씨앗에서 유출된 탄닌 성분으로 인해서 떫은맛을 가지고 있다. 육류와 잘 어울리며 18~20도 정도에서 마시면 본연의 맛을 느낄 수 있다. 프랑스 전통 요리인 코코뱅(coq au vin)을 만들 때 사용하기도 하며 보르도 지역의 레드와인은 AOC의 관리를 받고 있다.

2) 화이트 와인

화이트 와인(white wine)은 청포도를 이용하며 껍질을 제거한 과육만을 발효시켜 탄닌 성분과 색소가 첨가되지 않은 와인이다. 새콤한 맛이 강한 드라이 와인과 달콤한 맛이 있는 스위트 와인이 있다. 엷은 황금색이나 투명한 색을 나타내며 8도 정도의 온도로 차갑게 마시면 그 맛을 잘 느낄 수 있고 생선 요리와 잘 어울린다. 루아르 강 주변에서 생산되는 무스카데(muscadelle), 쇼비뇽 블랑(sauvignon blanc), 소무르(saumur) 등은 과일 향과

단맛을 지녔다. 알자스 지방의 와인인 리슬링(riesling), 피노 느와(pino noir) 등은 담백하며 새콤한 맛과 과일 향이 난다.

3) 로제 와인

숙성 기간이 길지 않아 보존 기간이 짧은 로제 와인(rose wine)은 레드 와인처럼 껍질과 함께 발효시키다 색이 나면 껍질을 걸러낸다. 프로방스 지방의 로제 와인은 투명한 핑크색이며 화이트 와인과 같이 맛이 순하여 차갑게 마신다.

4) 스파클링 와인

스파클링 와인(sparkling wine)은 단맛이 있고 탄산가스로 인해 거품이 만들어져 청량감을 더한다. 종류로는 부뤼 레제르브(brut reserve), 상빠뉴 브뤼(campagne brut) 등이 있다.

5) 까망베르 치즈

나폴레옹이 즐겨 먹었던 까망베르 치즈(camembert cheese)는 노르망디 지역의 마을 이름이다. 살균하지 않은 우유에 곰팡이를 이용하여 숙성시켜 맛이 순한 치즈로 특유의 향을 즐기기 위해 조리하지 않고 먹거나 고기 또는 와인과 함께 먹는 연질 치즈이다.

6) 로케포르 치즈

치즈의 왕이라는 별명을 가진 로케포르 치즈(rochefort cheese)는 양젖으로 만들며 로케포르 지역의 석회암 동굴에서 숙성 시킨다.

7) 꽁떼 치즈

스위스의 그뤼에르 치즈를 흉내를 내서 만들기 시작한 꽁떼 치즈(conte cheese)는 경질 치즈로 숙성시간이 길수록 껍질이 단단하고 무거우며 구멍이 있다.

8) 브리 치즈

치즈의 여왕이라는 별명을 가진 브리 치즈(brie cheese)는 지방함량이 50%이며 껍질이 하얗고 내부는 크림처럼 부드럽다.

9) 바게트

바게트(baquette)는 밀가루와 이스트, 소금, 물만으로 만들며 겉은 단단하고 내부는 부드러운 빵으로 프랑스에서는 주식으로 이용되므로 정부에서는 바게트 빵 가격을 조정하고 있다. 샌드위치에 많이 이용된다.

10) 깜빠뉴

깜빠뉴(campagne)는 프랑스어로 시골이라는 뜻이며 흑밀을 이용한 빵으로 오래 씹을수록 고소한 맛이 난다.

11) 크루아상

크루아상(croissant)은 아침식사에 주로 먹는 빵으로 버터의 함량이 많고 반달 모양이다. 프랑스에서는 새해 새벽에 해 뜨는 것을 보며 크루아상과 에스프레소를 먹는 풍습이 있다.

12) 빵 오 쇼콜라

페이스트리에 초콜릿을 넣어 구운 빵 오 쇼콜라(pain au chocolat)는 프랑스인이 간식으로 가장 많이 먹는 빵이다.

13) 에스카르고

달팽이 요리인 에스카르고(escargot)는 포도나무가 많은 부르고뉴 지방의 대표 음식으로 데친 달팽이를 마늘과 파슬리, 버터와 함께 껍질에 넣어 오븐에 구운 요리이다. 백포도주와 잘 어울리며 애피타이저로 많이 먹는다.

14) 푸아그라

푸아그라는 '기름진 간'이라는 뜻으로 거위의 입에 강제로 사료를 넣어 간의 크기를 5~10배 정도 키운 후 지방함량이 증가한 간을 요리한 것으로 크리스마스에 주로 먹는다.

15) 트뤼프

프랑스의 페리고드(perigord) 지역에서는 돼지나 개를 이용하여 떡갈나무 아래 땅속에 있는 송로버섯(truffle)을 찾는데 검은색과 흰색이 있다. 검은색은 프랑스산이며 흰색은 이탈리아산으로 생으로도 먹을 수 있다. 자연의 향이 그대로 배어있어 고급요리의 식재료로 많이 사용된다.

16) 부야베스

부야베스(bouillabaisse)는 프랑스 남부의 항구도시 마르세유의 전통 음식으로 생선과 해산물, 마늘, 양파, 감자, 토마토, 사프란을 넣어 끓인 수프로 마늘빵과 함께 곁들여 먹는다.

17) 샤토브리앙

샤토브리앙(chateaubriant)은 쇠고기의 부위를 나타내는 명칭으로 안심 중에서도 가장 부드러운 부분이다. 가장 부드러운 부위를 3cm 두께로 동그랗게 잘라 구운 스테이크로 프랑스 명물인 디종 겨자와 감자튀김을 곁들여 먹는다.

18) 쿠스쿠스

쿠스쿠스(couscous)는 프랑스의 식민지였던 알제리에서 들어온 음식으로 아프리카에서 많이 먹는 주식이다. 좁쌀과 같은 모양인 알곡을 토마토, 양고기, 닭고기, 생선 등과 함께 끓여 먹는다.

19) 크레페

브르타뉴 지방의 대표 음식으로 밀가루에 달걀, 설탕, 우유 등을 넣어 반죽 한 후 지름 12cm 정도의 넓이로 얇게 부친 다음 누텔라, 설탕, 바나나, 치즈, 햄 등을 넣어 말아 먹는 디저트이다.

[그림 3-8] 프랑스의 디저트

(7) 프랑스의 카페 유형

1) 카페

프랑스는 노천카페(Le café)가 유명하다. 여러 종류의 커피와 차를 즐길 수 있으며 그들

특유의 분위기와 특징을 가지고 있으며 혼자 여유를 즐기면서 시간을 보내는 사람들을 많이 만나볼 수 있는 장소이다.

2) 브라세리

브라세리(La brasserie)는 일반 카페보다 규모가 좀 더 크고 고급스러운 분위기로 시간적인 제재가 없다. 메뉴 또한 카페보다 다양하며 식사를 할 수 있는 테이블이 마련되어 있어서 편안하게 오랜 시간 식사를 즐길 수 있다.

3) 바

바(Le bar)는 일반 카페보다 규모가 작으며 주문과 동시에 즉석에서 바로 음료를 마실 수 있는 시스템으로 운영되고 있다. 에스프레소의 진한 맛을 잘 느낄 수 있으며 주로 프랑스의 남성들이 삼삼오오 모여 스포츠, 정치 토론에 열중하는 모습을 볼 수 있는 장소이다.

4) 바라뱅

바라뱅(Le varàvin)은 규모와 분위기는 일반 카페와 비슷하지만 판매하는 음료는 와인으로 각 지역의 특색을 지닌 와인을 다양하게 맛 볼 수 있는 곳이다. 와인과 함께 곁들일 수 있는 치즈, 빵, 과일 등 간단한 메뉴를 즐길 수 있으며 종업원도 와인에 대해 상당한 지식을 보유하고 있다.

5) 살롱 드 떼

살롱 드 떼(Le salon de thé)는 분위기가 좀 더 고급스럽고 여성스러운 느낌의 카페이다. 디저트를 직접 만들어 팔고 있는데 주로 페이스트리와 카나페 등이다. 주류, 차, 커피 등 다양한 음료도 준비되어 있으며 식사를 위해 간단하게 포장되어진 음식을 가져가 음료만 주문하여도 먹을 수 있는 편안하고 아늑한 장소이다.

(8) 식사예절

1) 예약문화

프랑스의 식사예절은 예약에서 시작된다. 예약은 적어도 이틀 전에 하는 것이 좋으며 그렇게 함으로써 주방에서 재료를 준비할 수 있는 충분한 시간적 여유를 줄 수 있다.

2) 테이블 세팅

세팅이 된 식탁은 옮기지 않으며 음식은 나오는 순서에 따라서 먹고 뜨거운 음식은 식기

전에 빨리 먹고 차가운 음식은 여유를 갖고 천천히 먹는다.

3) 소음

나이프 소리, 음식을 먹는 소리를 내는 것은 예의에 어긋나며 큰소리로 웃거나 큰 목소리와 큰 행동은 매너에 어긋므로 대화는 조용히 나눈다.

식사를 시작하기 전 식사 호스트는 초대한 손님을 소개한다.

식사하기 전에 식전주인 아페리티프(aperitif)를 준비한다.

호스티스가 먼저 식사를 하고 그 뒤를 이어 다른 사람들이 식사를 시작하며 모든 사람이 끝날 때 까지 먹는다.

테이블에 배치된 나이프와 포크는 순서대로 바깥쪽부터 사용하며 식사를 하다 쉴 경우에는 접시 위에 팔(八)자 모양으로 올려놓는다.

빵은 손으로 뜯어 먹는다.

생선 요리는 앞면을 다 먹은 후 뒤집지 않고 뼈를 발라낸 후 뒷면을 먹는다.

스테이크는 왼쪽부터 나이프와 포크를 이용해 잘라 먹는다.

치즈와 과일은 나이프와 포크를 사용하여 먹는다.

식사가 끝난 후 핑거볼이 나오면 두 손을 넣지 않고 손가락만 씻고 냅킨을 이용해 손가락을 닦는다.

(9) 프랑스 코스 요리 순서

Course 1 　오르되브르(hors d'œuvre)

전채요리로 소량으로 미각과 후각을 자극하고 위액 분비를 촉진하여 입맛을 돋우는 음식이나 음료이다.

Course 2 　수프(potage)

식사의 시작으로 맑은 수프인 콘소메(consommé)와 진하게 끓인 포타주(potage)로 나눈다. 수프와 함께 바게트, 하드 롤, 크루아상 등을 같이 곁들인다.

Course 3 　생선요리(poisson)

바다 생선, 담수어, 갑각류, 패류 등을 이용한 요리로 가끔 생략하기도 한다.

Course 4 　육류요리(entrée)

디너 중간에 나온다는 의미로 미들 코스라는 이름을 가지고 있으며 송아지고기, 쇠고기,

닭고기, 양고기, 돼지고기 등 육류를 이용한 요리이다.

Course 5   채소요리(légumes)

샐러드로 신선하게 먹거나 감자 등을 요리하여 먹기도 한다. 주로 이용하는 채소는 엔다이브, 양상치, 오이 등이며 비네그레트 소스, 발사믹 소스 등을 곁들어 먹는다.

Course 6 디저트(desserts)

식사를 마치고 먹는 후식으로 그 종류가 매우 다양하다. 치즈, 과일, 프티푸(petit four), 셔벗, 아이스크림 등이 있고 따뜻한 후식은 수플레, 크레페 등이 있다.

Course 7 음료(café)

후식을 마친 후 마지막 코스로 커피, 홍차, 차, 코코아 등의 음료를 마신다.

4. 독일(Germany)

(1) 지리적 특징

동유럽과 서유럽의 중심부에 위치한 독일은 그 지리적 위치상 9개의 나라와 인접해 있는 특징을 가지고 있다. 북쪽으로는 덴마크와, 서쪽으로는 네덜란드, 벨기에, 룩셈부르크, 프랑스, 남쪽으로는 스위스, 오스트리아, 동쪽으로는 폴란드, 체코와 맞닿아 있다.

독일의 영토는 약 357,002km^{2}이며 총 16개의 주로 나누어져 있으며 동서보다는 남북의 그 길이가 더 길다. 독일의 지형은 매우 다양한 구성으로 이루어져 있는데 높고 낮은 산맥과 고원, 구릉 지대, 호수, 평야들이 서로 섞여 있고 북에서 남쪽지방까지 크게 5개의 지형으로 구분되어진다.

독일의 북부는 저지대로 형성되어 있고 중부는 산악 지대, 남서부는 구릉 지대, 남부는 알프스와 가까운 지대이다. 북부는 북해 연안의 습지가 분포되어 있고 유일하게 바다와 접해 있는 지역으로 점토질 평야와 황야가 펼쳐진 저지대로 비옥한 옥토와 늪지대를 가지고 있다. 중부는 산악 지대로 그 산맥이 독일의 북쪽지역과 남쪽 지역을 나누는 역할을 하며 스위스 국경과 독일 국경을 흐르고 있는 라인 강과 함께 자연적인 경계선을 이루고 있다. 중부 산악 지대의 남서쪽은 라인 강 일대의 저지대로 온화한 기후를 나타내며 독일에서 제일 넓고 큰 포도원과 과수 재배가 이루어지는 곳이다. 이 지대의 대표적인 도시는 슈트라스부르크, 뤼데스하임(rüdesheim) 등이다. 남부는 알프스와 가까운 구릉 지대와 커다란 호수인 킴제 호수로 이루어져 있다.

독일은 16개의 주로 나뉘어 있고 그 주마다 수도가 다르며 각 주마다 상징적인 문장을 가지고 있다.

[표 3-1] 독일 연방 16개 주

주	면적(km^2)	인구(만명)	수도
바덴-뷔르템베르크	35,762	1,074	슈투트가르트
바이에른	70,549	1,249	뮌헨
베를린	892	340	베를린
브란덴부르크	29,477	255	포츠담
브레멘	404	66	브레멘
함부르크	755	176	함부르크
헤센	21,114	608	비스바덴
메클렌부르크-포어폼메른	23,174	170	슈베린
니더작센	47,618	799	하노버
노르트라인-베스트팔렌	34,083	1,803	뒤셀도르프
라인란트-팔츠	19,847	405	마인츠
자아르란트	2,568	104	자아르브뤼켄
작센	18,413	425	드레스덴
작센-안할트	20,445	244	마그데부르크
슐레스비히-홀슈타인	15,763	283	키일
튀링엔	16,172	231	에어푸르트

[그림 3-9] 무너진 베를린 장벽

[그림 3-10] 쾰른 성당

(2) 기후

독일의 기후는 서유럽에 영향을 주고 있는 해양성 기후와 동유럽에 영향을 주고 있는 대륙성 기후 사이의 온냉한 서풍지대권이다. 서쪽은 편서풍과 북해의 영향을 받은 해양성 기후로 온난 습윤하지만 북서쪽에서 남동쪽으로 이동하면서 대륙성으로 변하고 그 영향으로 동쪽은 강수량이 적다. 겨울은 춥고 습하며 평균 기온은 저지대의 2도, 산악 지대의 −6도 사이의 평균 기온을 나타낸다. 여름은 덥고 건조하며 저지대의 18도, 남부의 계곡지역의 20도의 평균기온을 나타내고 있다. 봄은 서늘하고 비가 자주 오며 가을은 맑고 따뜻하다. 라인 강 주변은 온난한 기후로 사계절의 기온차가 그리 크지 않으며 바이에른 지역에 정기적으로 불어오는 알프스 남풍인 푄(foehn wind) 현상의 영향을 받는다. 남동부에 위치한 하르츠 산지 지역은 한랭한 바람과 시원한 여름, 눈이 많은 겨울 등 독특한 기후를 나타낸다.

(3) 역사

기원전 켈트족, 슬라브족, 프랑크족, 튜턴족, 게르만족 등의 여러 부족들은 서로 독일 영토를 점령하기 위해 수많은 싸움을 하였고 로마제국이 그 세력을 확장하던 시절 게르만족의 한 부족인 체루스커(cherusker)족의 족장 헤르만(hermann)이 승리하여 서기 9세기경 독일의 역사가 시작되었다. 헤르만은 아르미니우스(arminius)라고도 불렸고 헤르만은 독일의 첫 번째 영웅으로 추대되고 있다. 훗날 프랑크족의 카롤루스 마그누스(Carolus magnus)에 의해 게르만족 사회를 통합한 후 카를 대제의 칭호를 사용하였고 카를 대제의 죽음으로 독일은 프랑스어를 사용하는 서프랑크와 게르만족인 동프랑크로 분리되어졌고 911년 동프랑크 게르만족에게서 독일의 첫 황제 콘라드 1세(프랑켄 왕)가 선출되었다.

15세기 독일은 지금의 공식 명칭인 도이치(deutschland)라는 이름을 사용하였는데 도이치라는 단어는 프랑크 지역의 동쪽 지역을 의미하는 명칭이다. 역대 왕들은 각 지역 영주들과 세력을 결합하여 왕권을 넓히며 교회와 마찰이 잦아졌고 16세기 초 가톨릭에 대한 불만을 가진 수도사 마틴 루터(Martin Luther)는 가톨릭 교리와 교권에 반박하여 종교 개혁을 이루었다. 1866년 프로이센은 독일 남부 지역과 오스트리아를 통합하고 프랑스와의 전쟁을 승리로 이끌어 통일 독일을 이루었고 프로이센은 독일의 황제(kaiser)로 등극하였으며 그의 오른팔이었던 비스마르크(Bismarck)가 최초의 총리로 취임하여 19년 동안 통치하였다. 프로이센 왕국은 근면함을 강조하였으므로 19세기에는 미국 다음으로 세계 제2의 산업국가가 되었다. 빌헬름 뢴트겐에 의해 X-ray 기술이 발명되었고 카알 벤츠와 고

트프리트 다임러가 결합하여 메르세데스 벤츠를 생산하는 등 독일은 과학기술과 자동차 발명 등 놀라운 발전을 이룩하였다. 이 당시 독일의 국력은 프랑스를 추월하였고 20세기 초반 아프리카와 아시아에 독일의 식민지가 늘어났다. 1914년 6월 28일 오스트리아 황태자가 러시아에 의해 암살당하자, 오스트리아와 동맹 관계였던 독일이 러시아에 선전포고함으로써 제 1차 세계 대전이 일어났다. 러시아와 동맹관계였던 프랑스와 영국이 전쟁에 참여하였고 1917년 미국의 참전으로 1918년 독일에 항복하여 4년간의 전쟁은 끝이 났다.

1889년 오스트리아에서 출생한 히틀러(Adolf Hitler)는 1914년 제 1차 세계대전이 발발한 뒤 독일군에 자원하였으나 전쟁에 패하자 이후 정치 활동에 적극 참여하여 나치당 총서기와 총리를 역임한 후 1934년에 총통이 되었다. 나치와 히틀러는 영토 확장 정책을 수립하여 먼저 국내에서 유태인, 집시, 동성애자, 정치적 반대론자를 적대시하였고 시민의 권리를 박탈하였다. 1939년 9월 1일 히틀러가 폴란드를 공격함으로써 제 2차 세계 대전이 시작되었다. 독일의 막강한 군대는 폴란드, 덴마크, 노르웨이, 네덜란드 등 대부분의 유럽 국가를 비롯 소련과 북아프리카의 수에즈 운하까지 점령하였다. 1942년 히틀러는 본격적으로 '유대인 문제의 궁극적 해결'이라는 캠페인으로 점령국인 폴란드에 강제 수용소를 세워 6백만 명에 달하는 유태인을 학살하였다. 천년의 제국을 꿈꾸었던 독일은 동맹국인 이탈리아와 일본에 맞선 미국, 영국, 프랑스, 소련의 4대 강국에 패배하였고 1945년 9월 2일 일본의 항복 조항을 마지막으로 제 2차 세계 대전이 막을 내렸다.

제 2차 세계 대전의 패배로 제 3제국인 독일은 식품 생산과 분배가 중단되었고 수용소에 갇혔으며 연합군 점령국에 의해 독일의 수도인 베를린이 동독과 서독으로 분단되었다. 이후 미국, 영국, 프랑스의 관할을 받던 서독은 독일 연방 공화국(BRD)을 수립하였고, 러시아의 관할을 받던 동독은 독일 민주 공화국(DDR)로 분단되어 서로 다른 길을 걸었다. 동독 시민들이 공산당의 통제에 반박하여 서독으로 망명하여 하루 망명자가 8,000명에 이르자 동독 정부는 1961년 8월 13일 오전 12시를 기점으로 베를린을 둘로 가르는 경계망을 만들어 베를린을 둘로 나누고 그 철책은 콘크리트 장벽으로 대체되어 베를린 장막 '통곡의 벽'이 형성되었으나 1989년 11월 9일 베를린 장벽이 무너지면서 독일은 통일되었고 철거에 의해 쪼개진 콘크리트 조각들은 전 세계에 기념품으로 흩어졌다.

(4) 지역별 음식의 특성

독일의 음식 문화는 지역에 따라 다양하며 풍부하게 나타나는데 라인 강을 중심으로 북부와 남부·동부·서부지역으로 그 특징을 나눌 수 있다. 북부는 북해와 발트 해와 인접한

지역으로 어패류와 해산물이 풍부하며 기온이 낮아 음식에 지방 함량이 높다. 북쪽에 위치한 스칸디나비아 반도의 영향으로 청어와 메기와 같은 지방이 많은 생선을 즐겨 먹는데 대표적인 요리로 슐레스비히-홀스타인 주(州)의 훈제요리인 스프랫(sprat)이 유명하다.

남부는 육류 요리가 발달했고 감자, 소시지, 맥주와 함께 독일의 유명한 요리들은 대부분 남부의 요리이다. 그 예로 남쪽에 위치한 바이에른은 삶은 소시지를 즐겨 먹는 습관을 가지고 있어서 바이에른과 바덴-뷔르템베르크 주(州) 경계선을 흰 소시지 적도선이라고 부르기도 한다. 바이에른에서는 돼지고기의 누린내를 없애기 위해 맥주를 사용하고 라인란트에서는 마늘과 고추냉이, 육두구과 함께 요리한다. 동부는 아시아와 근접한 지역으로 캐러웨이, 파프리카 등 향신료를 많이 사용하며 서부는 라인 강 유역의 포도원과 과수원이 밀집해 있는 지역으로 유명한 와인이 많고 향신료를 많이 사용하지 않는다.

1) 독일의 다양한 펍(pub)

① 크나이펜(kneipen)

독일어로 펍(pub)은 크나이펜으로 크나이펜에서 술잔을 기울이고 흥겨운 분위기 속에서 운동 경기를 볼 수 있는 장소로 이른바 독일인의 삶에 스며들어 있는 문화라고 할 수 있다.

② 새네 펍(szene pub)

새네 펍은 일반 펍과 분위기가 다소 달라 그 지역에 살고 있는 사람만이 들어갈 수 있고 이방인들에게는 배타적인 성향을 띠는 장소이다.

③ 신나치(neo-nazi)

신나치주의는 독일의 이익을 우선시하는 민족개념의 전체주의 단체로 외국에 대한 배타적인 성격을 가지고 있으므로 인정된 그룹만이 들어갈 수 있다.

(5) 독일의 축제

1) 와인축제

독일 축제의 대부분은 여름에 몰려 있지만 포도 수확 시기인 가을에 열리는 와인 축제는 포도가 재배되는 지역의 자그마한 마을에서 음악과 춤, 음식이 있는 흥겨운 축제로 와인 생산업자들은 그들의 특별한 와인 제조방법과 자신이 수확한 와인을 선보인다.

2) 옥토버페스트

옥토버페스트(oktoberfest)는 뮌헨에서 열리는 큰 규모의 맥주 축제로 2주간 지속되며 와인 축제보다 한 달 정도 이른 9월에 열린다. 축제 기간에는 포도 재배 지역도 맥주를 위

한 텐트로 가득 채워지고 밤새도록 100여명이 앉을 수 있는 긴 탁자와 의자에서 맥주의 향연을 이루어진다.

3) 봐이나학츠마르크트

봐이나학츠마르크트(weihnachtmarkt)는 와인 시장, 크리스마스 시장이라는 의미인데 독일 주요 도시의 수공업자들이 자신의 제작품을 크리스마스 전에 팔기위해 세운 시장이 와인 시장으로 바뀐 것으로 도자기와 목재용품, 장신구 등을 구할 수 있고 11월 마지막 주부터 한 달간 열린다.

4) 사육제

독일의 다섯 번째 계절이라는 별명을 가진 날로 나쁜 기운을 몰아내는 의식에 기초를 두고 기독교의 사순절 전 마지막 날을 기념하기위해 11월 11일 11시에 시작되었다. 사육제(fastnacht)에는 우스꽝스러운 모습과 가발을 쓰고 술에 취해 특이한 행동을 하며 보스가 된 여성은 남성에게 명령을 하고 남성들의 넥타이를 반으로 자른다.

(6) 식생활 문화

독일의 음식은 거칠고 단순한, 한마디로 야수성을 지니고 있어서 역사적으로 동물을 통째로 잡아 식탁에 올려 칼을 이용해 먹었으며 귀리로 만든 오트밀과 검고 거친 빵, 치즈 등과 함께 식사하였다.

독일의 식생활 문화의 변화는 기독교의 보급과 시민 혁명을 통해 식사 도구와 식기가 중요시 되었다. 식사 도구로 칼이 제일 중요하게 여겨졌으며 그 다음은 스푼도 함께 사용하게 되면서 독일의 귀족층에 궁전식(hop) 식사 예절이 자리 잡게 되었다. 포크의 용도는 식탁 위에 놓인 고기를 자를 때 고정하기 위해 사용되었으나 로마 상류층의 문화를 받아들이면서 호프식 식사 예절은 시간이 지날수록 그들의 화려한 문화를 본받아 화려하고 사치스럽게 발전하여 식탁보와 냅킨도 사용하게 되었다.

독일의 하루는 프뤼슈틱(fruhstoeck)으로 시작된다. 프뤼슈틱은 아침식사를 뜻하며 버터 바른 빵에 치즈, 훈제된 고기, 소시지, 달걀을 올려 먹거나 잼, 꿀, 누텔라, 견과류를 곁들여 먹기도 하며 커피와 과일주스로 마무리 한다. 독일인들에겐 아침 식사 이후 두 번째 아침 식사(zweites fruhstuck)가 있다. 두 번째 아침 식사는 선택 사항이긴 하지만 대부분의 독일인들은 오전 중간에 차 또는 커피와 함께 조각 케이크나 프레츨, 치즈 등을 먹는다. 점심 식사는 독일인이 중요하게 생각하는 시간으로 하루의 식사 중 가장 많고 다양한

종류의 식사를 한다. 일부 지역에서는 점심식사를 여유 있게 하기 위해 상점도 일시적으로 문을 닫는다. 수프로 시작되는 식탁은 주 요리인 생선 요리, 육류 요리, 스튜 등 풍부한 식사와 함께 푸딩, 아이스크림 등의 달콤한 디저트로 마무리 한다. 저녁 식사인 아벤트에쎈 (abendessen)은 '저녁 빵'이라는 의미로 점심 식사에 비해 그 양이나 종류가 적다. 가급적 불을 사용하지 않고 간단하게 식사하므로 샐러드, 피클, 훈제 생선, 소시지 등을 먹고 저녁 식사에는 손님도 잘 초대하지 않지만 매우 친한 경우에는 방문하여 점심은 물론 저녁식사까지 함께 하여야 예의에 어긋나지 않는다.

독일에는 '사람은 빵만 먹고 살 수 없고 소시지와 햄이 있어야 한다.' 라는 속담이 있는데 돼지고기와 빵, 소시지, 감자가 중요한 식재료라고 할 수 있다. 대부분의 빵은 묵직한 느낌의, 씹을수록 맛있는 호밀 빵으로 천연 발효를 이용해 오랜 숙성 기간을 거친 빵이다. 크리스마스에 먹는 슈톨렌(stollen)은 견과류와 설탕에 절인 과일이 들어간 빵으로 각 지역마다 고유의 조리법이 있다. 이렇듯 독일은 지방자치국가로 각 지역마다 조리방법과 음식의 특성이 다르다.

(7) 독일의 음식

1) 소시지

돼지는 독일의 기후와 지형적인 조건에 가장 잘 맞는 가축일 뿐 아니라 쉽게 기를 수 있고 영양적으로도 우수하다. 독일 요리에서는 돼지고기의 모든 부위를 다 사용하며 약 1,500 종류의 소시지(sausage)가 있는데 각 지방마다 첨가물, 향신료, 조리법이 다르다.

① 비엔나 소시지

오스트리아의 수도 비엔나(vienna)에서 처음 생산되어서 이름 붙여진 소시지(vienna sausage)로 원재료인 고기를 먼저 조리한 후 작은 창자에 넣어 훈연, 가열한 소시지다.

② 프랑크푸르트 소시지

17세기경에 프랑크푸르트 지방의 기술자가 처음 만든 소시지(frankfurt sausage)로 먼저 조리한 원재료를 돼지의 작은 창자에 넣어 성형 후 가열한 소시지다.

③ 브라트부르스트

석쇠에 구운 후 반으로 자른 빵에 끼워서 먹는 소시지(bratwurst)다. 카토펠푸퍼른과 함께 가장 대표적인 독일의 길거리 음식이다.

④ **보크부르스트**

쇠고기로 만든 소시지(bockwurst)로 붉은 색을 띠며 삶아서 만들었으므로 바로 먹을 수 있다.

⑤ **커리부르스트**

커리 가루를 사용하여 만든 소시지(kurrywurst)로 노란색을 띤다.

⑥ **리베르부르스트**

간을 이용하여 만든 소시지(leberwurst)로 영양이 매우 풍부하다.

⑦ **블루트부르스트**

돼지비계와 피를 이용하여 만든 소시지(blutwurst)로 붉은 색이다.

2) 슈니첼

고기 조각이라는 의미인 슈니첼(schnitzel)은 고기를 커틀릿같이 얇게 저며 요리한다. 송아지 고기를 이용한 뷔너슈니첼은 빵가루를 입혀 튀긴 것으로 진한 버섯 소스를 곁들인다.

3) 감자요리(kartoffel küche)

으깬 감자, 수프, 디저트 등에 많이 이용되는 것이 감자이다. 독일의 기후와 잘 맞아 생산량이 많은 감자는 독일인의 주식이라고도 할 수 있다. 주로 가루로 만들어서 요리에 이용하거나 삶아서 으깨거나 수프, 디저트 등 조리법도 다양하다.

① **크네델**

크네델(knoedel)은 감자를 삶아 치즈를 으깬 후 섞어 주먹 정도의 크기로 만든 것을 말하며, 고기 요리에 곁들여 먹는다.

② **크로켓**

감자를 쪄서 으깬 후 고기, 채소를 잘게 다져 볶은 것과 함께 양념을 한 후 주물러서 동그랗게 만들어 달걀과 빵가루를 묻혀 기름에 튀겨낸다.

③ **카토펠푸퍼른**

감자를 다져 얇은 케이크와 같은 모양으로 만든 후 양파를 섞어 지진 후 사과 소스와 함께 먹는 카토펠푸퍼른(kartofelpupperm)은 일종의 감자 팬케이크로 대표적인 길거리 음식이다.

④ 카토펠샐러드

카토펠샐러드(kartofel salat)는 감자를 삶은 후 여러 가지 형태로 썰어 부재료와 함께 소스에 버무려 샐러드로 먹는다.

4) 사우어 크라우트(sauerkraut)

양배추를 채쳐서 식초, 향신료, 소금에 절여 발효시킨 사우어 크라우트(sauerkraut)는 신맛이 풍부하고 아삭한 질감을 가지고 있어 소시지, 고기요리와 함께 먹는 대표적인 채소 음식으로 겨울을 위한 저장식품이다.

5) 슈바이네 학센

돼지 정강이뼈를 양념한 후 오븐에 구운 요리인 슈바이네 학센(schweine haxen)은 사우어 크라우트를 곁들여 먹는다.

6) 슈바이네 브라텐

슈바이네 브라텐(schweinebraten)은 돼지고기를 덩어리째 오븐에서 구운 요리이다.

7) 슈톨렌

크리스마스에 먹는 빵인 슈톨렌(stollen)은 견과류와 설탕에 절인 과일을 넣은 케이크이다.

8) 사우어브라텐

사우어브라텐(sauerbraten)은 쇠고기를 식초와 향신료에 재운 후 물과 함께 오랜 시간 동안 조리한 음식으로 신맛과 단맛이 나는 그레이비 소스를 곁들인다.

9) 스패츨

밀가루와 우유, 달걀, 육두구을 반죽한 후 스패츨(spaetzle)이라는 도구에 밀가루 반죽을 통과시켜 올챙이 모양같이 나온 것을 소스나 육수와 함께 조리한다. 주로 사이드 디시(side dish)로 이용된다.

10) 아이스바인

독일은 주로 화이트 와인을 생산하는데 기온이 영하일 때 포도가 얼기를 기다렸다가 수확해 만든 와인을 아이스바인(eisbein)이라 부른다.

11) 트로켄베렌아우스레제

귀부병으로 인해서 오그라들고 마른 포도 알로 만든 와인으로 당도가 매우 높다.

TIP 04 독일의 맥주

독일은 유명한 맥주 축제인 옥토버페스트가 있는 것처럼 애호가가 많고 친구나 비즈니스 고객, 친척들과 함께 맥주를 마시는 것이 자연스러운 나라이다. 1516년 바바리안 남작에 의해 만들어진 '독일 순수법(German purity law)'이라는 양조법을 적용하여 맥주를 만들었는데 재료는 반드시 홉(hop)과 이스트, 엿기름, 보리 등의 4가지만을 이용하여야 한다는 것이었으나 오늘날에는 많은 변화가 이루어졌다. 20종류 정도 되는 맥주가 있는데 일반적으로 알려진 맥주는 필스너(pilsner)로 도르트문트지역에서 생산되는 황금색의 맥주이다. 알트비어(alt)는 흑맥주로 라인 강 유역인 뒤셀도르프 지역에서 생산되며 맛이 부드럽고 달콤하며 지금은 여러 지방에서 생산된다. 쾰른 지역에서 생산되는 쾰쉬비어는 황금색을 띠고 알코올 도수는 3.7% 정도 밖에 되지 않으며 가늘고 긴 컵에 마신다. 베를리너바이스비어는 여성들이 즐겨 마시는 맥주로 딸기와 같은 과일 시럽을 첨가하여 단맛이 강하다. 라우흐비어는 보리를 연기로 훈제하여 훈제향이 풍부한 갈색의 맥주이다. 바이에른 바이젠비어는 밀을 주재료로 만든 맥주로 이스트를 넣고 만든 뿌연 황금색과 이스트를 넣지 않고 만든 투명한 황금색의 2종류가 있다.

---

(8) 독일의 식사예절

독일은 식사하기 전에 맛있게 먹겠다는 '구텐 아페티드(guten appetit)'라는 말을 한다.

식사 시에는 소리를 내지 않으며 차나 커피를 먹을 때도 소리를 내지 않고 마신다.

식사를 할 때는 대화를 하며 상대방과 식사 속도를 맞춘다.

초대받은 손님은 대부분 꽃과 와인을 준비해가며 함께 참석한 손님들에게 와인을 보여준 후 나누어 마신다.

일반적으로 한 접시에 모든 음식을 담아 먹으므로 자신의 접시에 담긴 음식은 남기지 않는다. 사이드 디시인 감자와 채소는 충분하지만 주 메인인 고기요리는 사람 수와 동일하게 준비하므로 양이 부족하면 감자와 채소를 먹는다.

5. 스위스(Swiss, Switzerland)

스위스의 대표적인 상징물은 알프스 산맥과 에델바이스이다. 에델바이스는 알프스 산지에서 자라는 꽃으로 크기는 10~20cm이고 별과 같은 모양을 띠는 흰색의 얇은 꽃잎을 가지고 있고 솜털이 많이 나 있어 솜다리라는 별명을 가지고 있는 스위스의 국화이다.

[그림 3-11] 스위스의 알프스 산맥

(1) 지리적 특징

스위스는 위도 45~48도에 위치해 있으며 북쪽에는 독일, 서쪽은 프랑스, 남쪽은 이탈리아, 동쪽은 오스트리아와 국경을 마주하고 있는 내륙 국가로 유럽 대륙의 중앙에 위치한 결과 다른 나라의 문화가 유입될 기회가 많았으므로 다채로운 문화와 다양한 언어를 가지고 있다. 독일어권, 프랑스어권, 이탈리아어권으로 나뉘며 소수 지역은 토속어인 레토로망스어를 사용한다. 약 73% 정도의 스위스인들은 독어를, 20%는 프랑스어, 7% 정도는 이탈리아어, 1% 미만은 레토로망스어를 사용한다.

스위스는 알프스 지대, 중앙 지대, 쥐라 지대로 나뉘며 국토 면적의 1/4 정도만 경작이 가능하고 2/3는 눈과 얼음, 산림으로 뒤덮인 산악 지대이다. 남쪽에 위치한 알프스 지대는 평균고도 1700m로 유럽 대륙의 중요한 분수령이다. 2/3는 눈과 얼음, 바위, 산림, 초원으로 이루어져 있고 스위스 인구의 11%가 거주하고 있다. 미텔란트(mittelland)라고도 하는 중앙지역은 스위스 영토의 약 30%를 차지하고 있으며 평균고도 580m의 고원으로 방목을 주로 하며 농업과 축산업이 발달하여 스위스의 대부분의 인구가 몰려있고 그중 30% 정도는 제네바호와 보덴호에 거주하고 있다.

북쪽에 위치한 쥐라 지대는 평균고도 700m이고 스위스 영토의 10% 정도 차지하고 있으며 방목 지대와 마을로 구성되어 있다. 스위스는 작은 연방제 국가로 면적은 41,277km² 이고 26개의 주(Kanton, 칸톤)로 나뉘어져 있고 인구는 현재 8,061,016명(2014)이다. 산악 지대로 인해 대부분의 인구가 도시에 몰려 있어 인구밀도가 높다고 할 수 있다. 스위스의 최고 지대는 이탈리아 국경과 근접해 있는 뒤프르봉으로 4,634m이며 최저 지역은 아

스코나 지방으로 지중해성 기후의 영향으로 야자수가 열린다. 광대한 영토를 가지고 있는 스위스는 순환 기후의 영향으로 이탈리아와 근접한 지역인 티치노 지역은 지중해성 기후로 날씨가 따뜻하고 야자수가 자랄 수 있는 실질적으로 스위스에서 가장 날씨 좋은 지역이다. 일반적인 기후는 평균 20~25도이고 겨울도 2~6도이며 봄, 가을에는 주로 비가 많이 내린다.

(2) 역사

스위스 영토의 토착 민족은 헬베티아족으로 이들은 다른 말로 켈트족인데 로마 문화를 함께 수용하면서 안정되고 평화로운 시기를 지내고 그리스, 로마와 함께 무역을 하였다. 서기 3세기경에 게르만족이 스위스 서부지역을 점거, 주거지로 삼았고 4세기에는 기독교의 전파와 함께 5세기 민족의 대이동으로 라틴 문화와 게르만 문화가 형성되면서 자연스럽게 언어의 다양성을 띠게 되었다. 6세기 프랑크 왕국에 의해 통일된 스위스는 독립국가로서 주변국가인 이탈리아와 프랑스, 독일 민족들을 영입하면서 자연스럽게 언어가 나뉘게 되었다. 15세기에는 군사력을 강화시켰고 연방정치를 하던 칸톤(주, 州)들은 서로 협력, 동맹을 맺기 시작하고 스위스의 용병은 계속적으로 해외 원정을 나갔다. 섬유가공이 발달된 스위스의 북쪽과 동쪽지역에서는 방적과 직조, 면직물, 나염, 자수 등이 성황을 이루었고 소농들에게 일거리를 제공할 수 있게 되었다. 18세기 스위스는 산업국가로서 확고한 자리를 차지하게 되는데 크게 공헌한 종목은 쥐라 지역의 가내 수공업인 시계 산업이었다.

[표 3-2] 스위스 연방정부

공식명칭	스위스 연방(Swiss Confederation, Confederaziun Helvetica)
국화	에델바이스
수도	행정도시 베른(Bern), 사법수도 로잔(Lozanne)
종교	천주교(49%), 기독교(48%), 유태교(1%미만)
정체	연방공화국(연방제)
독립	1648년 8월 1일 신성로마제국으로부터 독립
헌법	1874년 5월 제정
정부형태	스위스식 회의체
실권자	연방평의회 위원(7인, 임기 4년)

언어	독일어(73%), 프랑스어(20%), 이탈리아어(7%), 레토로만스어(1%미만)
UN가입	2002년 9월10일
군사력	민병: 육군 320,600명, 공군 30,600명 1815년 11월 20일 영세중립국선언
국기	붉은 바탕에 흰 십자 모양: 1240년 신성로마제국 황제 프레드릭 2세가 슈비츠(schwyz)주에 자유의 상징으로 이 국기를 하사하였고 슈비츠 주민들은 함스부르크 가의 압제에 저항할 때 이 기를 들고 싸워 1814년 국기로 제정
화폐단위	스위스 프랑(SwF)
시간차	한국과의 차이는 8시간 차이 (3월 하순~9월 하순 서머타임으로 7시간차)

(3) 축제

1) 독립기념일

8월 1일은 스위스가 신성로마제국으로부터 독립을 한 날로 작은 마을마다 축제가 열리는데 불꽃놀이와 함께 밤에는 불이 켜진 등(燈)을 아이들이 들고 다닌다. 스위스의 국기와 칸톤 기(旗)를 계양하며 제빵사들은 스위스 깃발을 꽂은 빵을 만든다.

2) 부활절

4월 초 목요일부터 일요일까지의 나흘이 부활절 연휴인데 일요일 밤에는 스위스 전역에서 부활절 토끼가 숨겨놓은 달걀 찾기 대회가 시작된다. 성서의 이야기인 예수님이 십자가를 지고 가는 모습과 로마군사들, 유태인들과 함께하는 빌라도, 3명의 마리아, 두 명의 죄수, 고위 성직자들로 분장하여 재연을 한다.

3) 제네바 축제

8월 2~11일의 제네바 축제는 프랑스 사보이(Savoy) 공작의 공격을 받은 제네바 시민 중 한 여인이 성곽 위의 사보이 군사의 머리 위에 뜨거운 수프를 끼얹고 냄비로 머리를 친 사건에서 유래되었다. 최근에는 초콜릿으로 냄비를 만들고 마지팬을 이용해 수프 속의 채소를 만든다. 초콜릿 냄비는 가장 어린 아이와 어른이 부수어 먹는다.

4) 바젤 파스나흐트

스위스 최대의 축제로 모르게슈트라이히 시계가 월요일 새벽 4시를 알리면 시작되어 목요일 4시까지 계속되며 요란한 복장과 가면을 쓰고 연주를 한다. 월요일과 수요일은 술집

을 다니며 일 년 동안 일어났던 일을 이야기하며 노래 부르고 연기하고 화요일에는 가면을 쓴 음악가들이 행진한다.

5) 취리히의 봄맞이 축제

4월 중하순에 열리는 젝세로이텐 축제는 14세기 노동시간의 종료를 알리기 위해 취리히 대성당의 종이 울리는 풍습에서 유래되었는데, 스위스의 노동 윤리를 잘 보여주는 축제다. 축제일에는 광장에서 종이로 만든 눈사람을 태워 겨울이 끝나는 것을 알린다.

6) 뇌샤텔 와일 페스티발

9월 말~10월 초 금요일부터 일요일까지 이루어지는 축제로 10세기부터 뇌샤텔 지역의 포도원에서 포도원과 와인을 존중하는 빈티지 페스티벌을 열었다. 도시 중심부와 마을광장에 화려한 장식을 하고 퍼레이드를 한다.

7) 생 모리츠 요리 축제일

전 세계의 톱클래스 요리사들이 모여 주제를 정하고 일주일 정도 축제를 벌인다. 이 기간에 생 모리츠 최고의 호텔에서는 이 축제를 위해 모인 요리사들의 요리를 직접 맛볼 수 있으며 파티를 연다.

8) 공현절

1월 6일로 마구간에서 예수님이 태어나셨을 때 동방 박사 세 사람이 예수 그리스도를 보러 간 날을 기념하는 것으로 3왕 내조 축일이라고도 한다. 특별한 케이크를 만들어 그 안에 플라스틱으로 만든 인형을 숨겨 놓는데 인형을 발견한 아이가 그 날의 왕으로 왕관을 쓰고 하루 종일 식구들을 마음대로 부려먹는다.

9) 크리스마스

꿀과 향신료를 넣어 구운 렙쿠헨(lebkuchen)은 산타클로스의 원조인 니콜라스 주교를 축하하기 위해 만드는 것이다. 각 가정마다 다른 조리법으로 맛과 모양이 다양하고 예쁘게 포장해서 친척들과 나누어 먹는다.

(4) 식생활 문화

스위스의 식생활 문화는 주변국가인 이탈리아, 프랑스, 독일의 영향을 많이 받았으므로 종종 스위스 음식은 독일 음식이나 프랑스 음식으로 오해를 받기도 한다. 예를 들면 이탈

리아와 근접한 스위스의 남쪽지역은 토마토와 양파를 이용한 요리가 많고, 프랑스와 인접한 지역은 치즈를 이용한 요리가, 독일과 인접한 지역은 소시지와 감자 요리가 많다. 이처럼 각국의 요리를 받아들여 자국의 요리로 발전시키는데 많은 시간이 걸렸고 스위스 특유의 소박함과 쉽게 구할 수 있는 재료를 이용한 서민적인 요리들이 탄생되었고 그 요리들은 지역적 특징을 반영한다.

가장 유명한 요리는 초콜릿과 치즈, 퐁듀(fondue)를 들 수 있다. 프랑스와 접한 지역에서 유래된 퐁듀는 기원은 18세기 한 사냥꾼이 마른 빵과 치즈를 가지고 알프스 산맥을 헤매다 모닥불에 치즈를 녹여 먹은 것에서 유래된 것이다. 알프스 지역의 혹독한 추위로 인해 프랑스와 독일, 이탈리아의 요리로부터 스위스의 독특한 조리법을 만들어 내고 스위스 고유의 요리로 발전되었다. 오늘날에도 높은 산세와 혹독한 겨울 기후로 겨울을 위한 음식 요리법이 발전되었는데 남아있는 재료를 활용하여 손쉽게 만들 수 있는 요리들이 많다.

스위스 사람들은 먹는 것을 매우 중요하게 생각하여 아침식사가 일찍 마무리되므로 츠뉘니(znüni)라고 하는 오전 간식 시간이 있다. 점심식사는 가장 중요하게 생각되므로 보통 점심식사 시간이 한 시간 넘게, 제대로 식사를 할 경우에는 두 시간 정도 걸린다. 점심시간이 되면 상점 문을 닫고, 학교에 간 아이들도 집으로 돌아가고, 회사가 멀지 않은 사람들은 집으로 가서 점심을 먹는다. 정부에서도 국민들이 먹는 점심비용은 외출을 하건, 집에서 먹건 면세 혜택을 주고 있는 사실만 보더라도 이들이 얼마나 점심식사를 중요시 하는가를 잘 알 수 있다.

TIP 05   **스위스의 유명한 전통 요리 조리법**

사과튀김

묵은 프렌치 롤빵 500g
사과 1kg
버터 4Ts
설탕 4Ts
버터 6Ts
계핏가루 조금

① 빵과 사과를 가능한 얇게 썬다.
② 프라이팬에 버터를 두르고 열을 가한 후 빵과 설탕을 넣고 딱딱해질 때까지 섞는다.
③ 썰어놓은 사과를 넣고 양쪽 모두 잘 익도록 뒤집는다.
④ 버터를 넣고 녹인다.
⑤ 계핏가루를 뿌리고 따뜻한 그릇에 담아 내 놓는다.

취리히식 송아지 요리

얇게 저민 송아지 고기 500g
밀가루, 버터 4Ts
작은 양파 2개
화이트 와인 1/2cup
크림 1/2cup
소금, 후추 조금

❶ 얇게 잘라 놓은 송아지 고기를 작게 썰고 밀가루를 입힌다.
❷ 프라이팬에 버터를 두르고 잘게 썬 양파를 살짝 볶는다.
❸ 센 불에서 송아지 고기를 익힌 다음 화이트 와인, 소금, 후추를 넣고 1~2분 익힌다.
❹ 크림을 얹은 후 뢰스티와 함께 내 놓는다.

뇌샤텔 퐁듀

마늘 한 통
달지 않은 화이트 와인 2cup
레몬주스 4Ts
에멘탈 치즈 1cup
그뤼에르 치즈 1cup
키리쉬 1cup
옥수수 전분 1Ts
바게트빵 200g
후추, 육두구
파프리카 소량

❶ 마늘로 냄비를 문지른 다음 화이트 와인과 레몬주스를 넣고 익힌다.
❷ 치즈를 먼저 넣고 중불에서 센 불로 올리면서 계속 저어준다.
❸ 옥수수 전분에 키리쉬를 넣어 섞은 후 냄비에 넣는다.
❹ 후추, 파프리카, 육두구로 양념한다.
❺ 녹은 퐁듀가 담긴 도자기 냄비 카클롱(caquelon)을 퐁듀 전용 도구 버너로 옮겨 식사를 한다.
❻ 빵 조각을 퐁듀에 찍어 먹고 뜨거운 차나 차가운 화이트와인을 같이 먹으면 좋다.

당근 케이크

달걀 6개
설탕 1 1/2cup
레몬 1개
키리쉬 20g
아몬드 파우더 3cup
생당근 간 것 250g
밀가루 3Ts
슈가파우더 조금

❶ 달걀 노른자에 설탕을 넣고 거품기로 저어 혼합시킨 후 레몬껍질과 키리쉬를 넣는다.
❷ 머랭에 아몬드 파우더, 당근, 밀가루를 차례로 섞는다.
❸ 달걀 노른자 혼합물을 넣는다.
❹ 기름과 밀가루를 바른 오븐용 팬에 반죽을 담은 후 180도에서 1시간 정도 굽는다.
❺ 구운 케이크를 식힌 후 슈거 파우더를 뿌린다.

뢰스티

감자 750g
버터 50g
소금, 후추 조금

❶ 감자의 껍질을 벗긴 후 깨끗이 씻는다.
❷ 감자를 스틱모양으로 가늘게 채 썬다.
❸ 버터를 녹인 후 감자를 넣는다.
❹ 소금과 후추를 넣어 간을 한 후 섞어준다.
❺ 감자가 부드럽게 될 때 납작하게 만들어 팬케이크와 같은 모양을 잡아 준 후 노랗게 될 때까지 굽는다.
❻ 뒷면도 노릇하게 굽는다.

[그림 3-12] 스위스의 요리

(5) 스위스의 음식

1) 렙쿠헨

스위스의 루체른 지방 스타일의 전통 케이크인 렙쿠헨(lebkuchen)은 크리스마스에 먹는다. 벌꿀과 향신료를 넣는데 각 가정마다 그들만의 조리법을 가지고 있다.

2) 라클렛

스위스 전통 치즈 요리인 라클렛(raclette)은 질 좋은 라클렛 치즈 또는 그뤼에르 치즈, 아펜젤 치즈를 라클렛 전용 프라이팬 도구에 넣고 녹인 후 먹기 좋은 크기로 잘라 삶은 감자와 빵 위에 얹어 피클과 함께 먹는다.

[그림 3-13] 라클렛 전용 프라이팬

3) 스위스의 초콜릿

19세기부터 스위스의 초콜릿(chocolate)은 명성을 떨치게 되었는데 이렇게 되기까지는 몇몇의 초콜릿 연구가들의 꾸준한 노력과 헌신이 뒷받침되고 있다. 유명한 인물로는 린트, 네슬레, 트블레르 등인데 특히 있으며 린트는 컨칭(conching)이라는 가공법을 초콜릿에 응용하였고 회전 압력법을 개발하여 초콜릿이 더욱 부드럽고 잘 녹을 수 있도록 만들었다. 초기의 초콜릿은 음료로 마셨지만 판초콜릿인 고체로 만든 사람은 스위스의 다니엘 페터로, 우유를 넣어 밀크 초콜릿을 만들었다.

4) 뮤슬리

말린 귀리와 과일, 잡곡 등을 우유와 함께 혼합하여 먹는 뮤슬리(muesli)는 스위스의 비르혀-베너 박사에 의해 발명된 식품으로 주로 아침 식사로 많이 먹는다.

5) 치즈

① 아펜젤 치즈

스위스 동부지역의 아펜젤 지방에서 만든 치즈(appenzeller cheese)이다. 신선한 우유를 3~6개월간 숙성시켜 만든다. 숙성 과정 중에 허브를 이용한 물로 계속 씻어 매운맛과 부드럽고 톡 쏘는 맛을 낸다.

② 에멘탈 치즈

스위스 치즈라고도 불리는 에멘탈 치즈(emmental cheese)는 전 세계적으로 가장 유명하다. 직사각형 모양의 크고 작은 구멍을 가지고 있는 치즈로 견과류의 향과 부드러운 맛을 낸다. 에멘(emmen)은 스위스의 도시 베른 근처에 있는 강의 이름을 본 따 만든 이름이다. 에멘탈의 모양은 사각형도 있지만 수레바퀴 모양을 가지고 있는 것도 있는데 그 무게는 180~220 파운드 정도로 크다. 퐁듀나 샌드위치, 키쉬(quiche) 등에 이용된다.

③ 그뤼에르 치즈

그뤼에르라는 어원은 프랑스와 공존하는 칸톤 프리부르에서 유래 되었으며 이 지역에서 생산되는 치즈(gruyere cheese)로 14세기 초에 만들어졌다. 견과류의 향을 가지고 있으며 지방을 제거한 우유로 만들며 무게는 65~85 파운드 정도로 원형의 경질 치즈이다. 짭짤한 맛과 가지고 있으며 톡 쏘는 향, 그리고 아주 작은 구멍이 있다.

6) 퐁듀

① 치즈 퐁듀

스위스의 뇌샤텔 지방에서 유래된 치즈 퐁듀(cheese fondue)는 에멘탈 치즈, 그뤼에르

치즈 등을 이용해 만들고 다양한 치즈에 와인을 혼합한 후 퐁듀 전용 포크를 이용해 빵과 과일 등 다양한 재료들을 찍어 먹는 음식이다. 치즈가 금방 굳어버리므로 약한 불 위에서 계속 데우면서 먹는데 불이 너무 강해서 치즈가 끓지 않도록 해야한다.

② 오일 퐁듀

오일 퐁듀(oil fondue) 또는 퐁듀 부르기뇽이라고도 하며 프랑스 부르고뉴 지방에서 운영하던 레스토랑을 스위스로 이전하면서 유래된 메뉴로 뜨거운 기름에 고기와 채소, 해산물, 버섯 등을 넣어 익힌 후 소스에 찍어 먹는다.

③ 스위트 퐁듀

디저트 퐁듀로 달콤한 맛이 나는 재료들을 초콜릿이나 아이스크림 등에 찍어 먹는 퐁듀이다. 초콜릿 퐁듀는 스위스의 대표적인 디저트로 초콜릿과 크림을 혼합하여 녹인 후, 과일이나 과자를 찍어 먹는데 초콜릿 소스가 끓지 않도록 주의한다.

Ⅱ 중남부 유럽(South Central Europe)

1. 이탈리아(Italia)

(1) 지리적 특징

장화를 닮은 모양의 지중해에 위치한 반도 국가인 이탈리아는 유럽의 남쪽에 위치해 있으며 우리나라처럼 삼면이 바다로 둘러싸여 있다. 북위 36~47도로 대부분의 지역이 온화한 기후로 기온차가 적게 나타나므로 북유럽 사람들은 이탈리아를 '태양의 나라'라고 부른다.

7~8월은 태양빛이 따갑고 더우며 비도 거의 오지 않는다. 남북의 길이가 1,300km에 이르고 국토의 40%가 산지이며 20%는 평원, 40%는 구릉 지대로 구성되었다. 20%의 평원도 경사진 특징을 가졌다. 북쪽에 위치한 알프스 산맥은 프랑스, 스위스, 오스트리아, 유고슬라비아와 자연적인 국경을 이루고, 이탈리아 반도를 가로지르는 아페니니 산맥은 영토 개발에 큰 어려움과 함께 각 지역 간의 문화적 격차와 환경의 분리에 영향을 끼쳤다. 이탈리아에서 가장 큰 포 강(Po river)은 알프스 산에서부터 시작되어 동쪽으로 680km 정도 흘러 아드리아 해로 들어간다.

토지가 척박하여 농산물 등의 식재료 부족 현상이 있었고 북쪽은 토지를 경작할 수 있

었으나 산맥으로 막힌 국토로 인해 북쪽과 남쪽의 빈부 격차가 심하다. 산악 지대의 특성으로 해양성 바람이 많이 부는 서부지역과 알프스 산맥이 있는 북부지역은 연평균 600~900mm로 강수량이 풍부하다.

내륙의 포 강 유역은 겨울에 혹독하게 춥고 여름에는 무더위가 특징인 대륙성 기후로 가을과 봄에 집중적으로 비가 내리고 중부 지역은 지중해성 기후로 강수량의 80%가 겨울에 집중되어 있으므로 여름에는 부족한 물로 인해 강과 땅이 말라버린다. 이런 문제점으로 인해 12세기에 언제나 풍부한 물 자원을 가지고 있는 포 강의 물줄기 방향을 페라라(Ferrara) 지방 아래로 바꾸었고 그로 인해 이탈리아 남부는 농업으로 성공할 수 있게 되었다.

(2) 역사

이탈리아의 역사는 너무나도 복잡해서 정리하기가 그렇게 쉽지 않다. 3,000년 전으로 거슬러 올라가면 유럽의 역사가 곧 이탈리아의 역사라고 해도 될 정도로 서양 역사의 중심으로 세계사와 일치한다고 할 수 있으며 내분과 분열이 끊이지 않아 19세기까지 한 번도 통일이 된 적이 없는 나라였다.

지중해 문명이라고도 할 수 있는 이탈리아는 시칠리아 섬, 샤르데냐 섬과 이탈리아 반도로 구성되어있고 아프리카 북부와 근접해 있으며 서쪽으로는 아라비아 반도와 동쪽으로는 아시아 지역과 인접해 있으므로 이집트 문명과 오리엔트 문명이 지중해 문명을 이루는데 많은 영향을 주었고 로마와 그리스의 문명 또한 영향을 주었다.

[표 3-3] **이탈리아의 역사 연대기**

연대		주요 사건
기원전	753년	로마 건국 로마 시조인 로물루스(Romulus)와 레무스(Remus)는 신화에 나오는 등장인물로 파라티노 언덕에서 늑대에 의해 길러졌다는 전설의 인물이다.
	450년	로마법을 제정함
	32년	마르쿠스 안토니우스와 클레오파트라(이집트의 여왕)의 연합한 군대를 상대로 아치오(Azio) 전쟁에서 옥타비아누스(시저 아우구스투스)의 승리
	27년	옥타비아누스는 아우구스투스(Augustus)의 칭호로 제정 시대로 전환

	313년	콘스탄티누스 1세에 의해 크리스트교를 공인
	330년	로마와 크리스트교 문명이 시작됨
	380년	크리스트교를 국교화함 다른 종교에 대해 금지령 교황이 로마와 주변국에 대한 통치권을 행함
	395년	로마제국은 서로마와 동로마로 분리
	476년	동고트족, 서고트족, 반달족에 의해 서로마 제국의 멸망 동로마 제국은 교황 중심의 통치권으로 변모
	952년	신성 로마 제국 탄생 오토 1세에 의해 이탈리아와 독일 왕국의 정치적 결합이 이루어짐
	1097년	1차 십자군 전쟁 십자군은 예루살렘을 탈환한다. 십자군 전쟁은 크리스트교들이 이슬람에 대항하여 전쟁 선포
서기	1348년	페스트(흑사병) 발생 흑사병이 발생하여 인구가 많이 죽었고 흑사병이 사라지면서 전쟁이 사라지게 되고 농산물 재배기술과 농업이 발달되어지면서 식량 자원이 증가
	1434년	메디치가(家)가 피렌체를 통치 이탈리아의 르네상스 중심지화
	1492년	크리스토퍼 콜럼버스(Christopher Columbus)에 의해 아메리카 대륙 발견
	1796년	프랑스의 나폴레옹 1세의 이탈리아 원정 승리로 인해 밀라노에서 이탈리아 왕 으로 추대
	1805년	공화정에서 군주제로 바뀜
	1815년	나폴레옹 제국의 멸망과 오스트리아가 북 이탈리아를 통치
	1848년	바티칸 교황청을 인정하고 가톨릭을 국가의 유일한 종교로 인정
	1861년	이탈리아 의회 구성과 함께 입헌 군주제 도입
	1870년	이탈리아의 민족 통일, 로마를 이탈리아의 수도로 제정
	1915년	이탈리아의 세계 제 1차 대전 참전
	1921년	무솔리니에 의해 파시스트 국민당 결성
서기	1940년	무솔리니는 프랑스와 영국에 대해 선전 포고를 함(제 2차 세계 대전) 삼국 조약 체결, 독일, 이탈리아, 일본의 동맹
	1945년	무솔리니의 독제 체제 붕괴
	1946년	이탈리아 공화국 수립
	1955년	국제 연합(UN)회원국으로 등록
	1999년	유로화 도입

(3) 지역별 음식

20개의 행정구역으로 분리되어있는 이탈리아는 각각의 구역마다 자치권을 행사하며 로마정부와 밀접한 관계를 형성하고 지방세, 지방법규 등 각 지역마다 독특한 문화적 특성을 가지고 있다.

1) 북부

북서부, 북동부 지역을 대표하는 도시로는 리구리아(liguria), 피에몬테(piemonte), 롬바르디아(lombardia), 베네치아(venezia)주 등을 들 수 있는데 이들 도시는 다른 이웃 나라들과 국경을 마주하고 있는 지역으로 버터와 올리브 오일을 많이 사용하고 풍부한 쌀 생산량으로 인해 쌀을 이용한 요리인 리소토 등이 발달하였다.

① 리구리아

리구리아(liguria) 지방은 해안선을 따라 자리 잡고 있는 주(州)로 항구 도시인 제노바를 포함하고 있고 알프스 산맥의 비탈면에 수없이 많은 꽃들이 자리 잡고 있어 '꽃의 해안선'이라는 별명을 가지고 있다. 온실에서 장미, 카네이션 등의 화초를 재배하여 철도 등을 이용하여 수출하고 있다. 또한 풍부하지 못한 농경지를 가지고 있지만 이탈리아의 최대 올리브 생산 지역으로 각광 받고 있으며 바질, 잣, 올리브 오일 등을 혼합한 페스토(pesto) 소스와 미네스트로네 수프도 제노바가 원산지 이다.

② 피에몬테

북부에 위치한 피에몬테(piedmontese) 주(州)는 잠시 이탈리아 왕가의 본거지였던 토리노(torino)를 중심으로 스위스와 프랑스의 영향을 받기도 하였으나 아직까지 프랑스의 영향이 강하다. 쌀 요리가 많으며 특히 노바라(novara)와 베르첼리(vercelli) 지역은 쌀을 생산하는 주요 도시이다. 마늘을 많이 사용하고 강하게 양념한 스튜와 캐서롤(casserole)이 유명하다.

특산물로는 알바지방에서 생산되고있는 트뤼플(송로버섯)로 프랑스산인 송로버섯과는 그 향과 색이 확연히 다르다. 화이트 트뤼플은 향이 더 부드럽고 피에몬테 지방의 흙냄새와 마늘과 비슷한 맛을 가지고 있다. 얇게 썰어 소스나 샐러드, 메인 요리 위에 올려 먹는다.

③ 롬바르디아

북부에서도 가장 인구가 많고 부유한 산업 지역으로 중심지는 밀라노이며 상업과 교통의 중심지라고 할 수 있는 롬바르디아(rombareuda)는 중세 시대에 북쪽으로부터 내려온

게르만족과 롬바르드족의 침입을 받으면서 롬바르디아라는 명칭을 사용하게 되었고 남쪽에 위치한 포 강을 이용한 관개 시설로 넓은 평야와 낙농업을 펼칠 수 있었다. 걸쭉하고 진한 소스를 이용하여 오랜 시간 조리하여 맛과 풍미가 더욱 깊은 요리를 탄생시켰는데 송아지 고기를 이용한 커틀릿과 사프란을 넣어 조리한 리소토, 이탈리아의 크리스마스 케이크인 파네토네(panettone)가 유명하다.

④ 베네토

아드리아 해안을 끼고 위치해 있는 베네토(veneto) 지방의 대표 도시는 베네치아이며 포 강 유역 어귀에 위치해 있어 풍부한 해산물과 육지 산물이 잘 어우러진 음식이 발달하였다. 쌀을 이용하여 만든 수프와 콩 요리가 유명하며 10가지 이상의 해산물을 이용하여 만든 브로뎃토(brodetto) 스튜와 신선한 해산물 튀김도 유명하다. 옥수수 가루를 이용하여 만든 폴렌타(polenta)도 이 지역의 대표적인 음식이다.

2) 중부

피렌체와 로마가 중심 도시로 토스카나(toscana), 라치오(lazio) 주가 위치해 있다. 강한 소스를 이용한 요리가 많고 올리브와 포도가 풍부한 지역이다.

① 토스카나

중부에 위치한 토스카나(toscana)는 프랑스 음식에 많은 영향을 받은 지역으로 피렌체를 중심으로 하는 궁중 음식과 피렌체 주민들의 소박한, 자연을 그대로 닮은 음식으로 나눌 수 있다. 토스카나의 대표 요리는 고기와 버섯, 채소, 간 등을 이용한 꼬치 요리이며 송이버섯과 돼지고기, 채소, 간 등에 올리브 오일을 사용하여 부드럽고 담백한 맛을 나타내며, 소스를 사용하지 않고 구운 2.5cm 두께의 스테이크인 비스테카 알라 피오렌티나(bistecca alla fiorentia)도 대표적인 음식이다.

② 라치오

라치오(lazio) 지역은 고대 로마의 발상지라 할 수 있는 지역으로 라티니(latini)부족에 의해 그 이름이 생겨났다. 수도는 로마이며 채소가 풍부하고 목초지가 널리 퍼져있어 고기와 채소를 혼합하여 사용하는 요리가 발달하였다. 아티초크, 브로콜리, 어린 양에 마늘과 로즈마리를 넣어 구운 요리, 내장을 이용한 요리, 카르보나라 파스타, 쇠고기를 얇게 썰어 만든 살팀보카(saltimbocca) 등이 있다. 또한 페코리노 로마노 치즈도 이 지역을 대표하는 치즈이다. 교황청과 정부가 있는 지역으로 2,000년이나 지난 건축물들이 즐비하여 관광지로도 유명하다.

3) 남부

이탈리아의 대표적인 섬인 시칠리아(sicilia), 사르데냐(sardinia)와 나폴리(napoli) 지역이 위치해 있고 바다와 근접한 위치를 차지하고 있다. 나폴리는 이탈리아의 대표적인 항구도시이며 피자의 탄생지이고 소박한 음식과 풍부한 올리브, 가지, 포도 등이 유명하다.

① 시칠리아

남부에 위치한 시칠리아(siciy, sicilia)는 섬으로 지중해에서 가장 큰 섬으로 이탈리아 반도의 끝에 위치한 시칠리아 섬은 그리스인, 아랍인, 노르만족, 스페인, 프랑스 등에 의해 지배받아왔고 뒤이어 로마 제국에 속하게 된 지역이다. 가지와 참치, 레몬, 잣이 풍부하여 이 재료를 이용한 요리가 많고 시칠리아를 통해 이탈리아 반도로 설탕과 와인, 파스타가 전해졌다. 아랍인의 영향으로 쿠스쿠스를 이용한 수프, 장미수를 넣은 마지팬과 같은 후식도 이 지역의 대표 음식이다.

② 캄파니아

남부에서 가장 화려한 색채와 부유함을 가지고 있는 캄파니아(campania)는 오렌지와 토마토, 후추, 옥수수, 올리브, 포도가 풍부하다. 대표 도시는 나폴리로 세계 3대 미항 중 하나로 대표적인 관광 도시이며 최대의 토마토 생산지로 유명하다. 토마토 소스를 처음으로 개발하여 요리에 사용하였고 마가리타 피자의 원산지이기도 하다. 해산물도 풍부하여 앤초비(anchovy) 통조림과 토마토 페이스트 등의 가공품이 대량 생산되고 있으며 모차렐라, 리코타 치즈의 주 산지이다. 대표 요리로는 피자, 파스타로 주로 토마토를 이용하여 만든다. 주로 양고기와 염소고기를 먹으며 해산물은 올리브 오일을 이용하여 튀겨 먹거나 수프로 또는 건조시켜 사용한다. 프로볼로네(provolone) 치즈는 그 모양이 다양하여 코스 요리에 주로 사용하고 있으며 파스타는 올리브 오일과 마늘, 콩을 넣어 간단하게 만들어 먹는다. 나폴리식 피자는 얇은 도우에 생토마토, 치즈, 신선한 허브를 올려 담백하게 먹는다.

③ 바실리카타

이탈리아에서 가장 가난한 지역으로 알려진 바실리카타(basilicata) 지방은 산지 재료를 이용하여 만든 요리가 대부분이며 다른 지방보다 음식의 양이 적다. 칠리와 붉은색 피망, 생강 등을 양념으로 사용한다.

(4) 식생활 문화

20개의 지방으로 이루어진 지역으로 각 지역마다 독특한 특징을 가지고 있는 이탈리아는 토양이 비옥하여 과일과 채소, 농산물이 풍부하고 삼면이 바다로 되어있는 지리적 요건

으로 해산물이 풍부하다. 이런 풍부한 재료들과 함께 이탈리아의 요리는 뜨거운 음식을 중심으로 발달되었고 육류와 빵이 조화롭게 이루어졌다.

피스타치오, 복숭아, 아몬드와 같은 과실, 견과류 등은 아시아의 생산물이었으나 로마시대 이전에 아랍인에 의해 이탈리아에 들어왔고 면, 쌀, 옻나무, 오렌지, 레몬, 뽕나무도 이미 아랍인들에 의해 기원전 5~10세기에 소개되었다. 사탕수수도 요리에 이용되었으며 16세기 아메리카 신대륙의 발견으로 토마토와 선인장 열매, 옥수수가 전해졌고 쌀도 포 강 유역으로 확대 되었다. 또한 뽕나무의 재배로 이탈리아의 실크과 패션에 많은 영향을 끼쳤다.

아침식사를 주로 카페나 바에서 해결하는데 에스프레소 또는 카푸치노와 함께 브리오쉬(brioche), 코르네토(cornetto)처럼 작은 빵을 먹고 홍차에 레몬을 곁들이거나, 밀크티를 주로 먹는다. 아침을 조금 먹은 사람들은 스푼티노(spuntino)라 하여 오전 11시에 간단한 빵과 음료를 먹는다. 점심은 오후 1시경으로 대부분은 사람들은 집에서 식사를 하고 직장 근처의 바(bar)에서 간단한 샌드위치 등을 먹는다. 저녁식사는 8~9시경에 시작되며 온 가족이 모여 즐기며 때때로 자정을 전후로 해서 피자와 맥주를 같이 먹기도 한다.

TIP 06 이탈리아의 코스요리

1. 아페르티보(aperitivo)

식전 요리인 전채요리이다. 그 종류로는 돼지고기 허벅지를 절이고 훈제한 프로슈토(prosciutto), 브루스케타(bruschetta), 포카치아(focaccia) 등을 차갑게 먹고 겨울에는 따뜻하게 먹는다.

2. 안티파스토(antipasto)

전채요리로 제철에 나오는 식재료를 사용하며 종류로는 멜론과 익히지 않은 훈제육을 함께 곁들여 먹는다.

3. 추파(zuppa)

수프이다.

4. 프리모 피아토(primo piatto)

'첫 번째로 나오는 접시'라는 의미로 메인 요리가 나오기 전에 나온다. 대표적인 요리로는 파스타, 쌀 요리이며 뇨끼(gnocchi), 피자와 칼초네(calzone) 등이고 채소와 해산물, 육류가 들어간 요리로 종류가 다양하다.

5. 세콘도 피아토(secondo piatto)

'두 번째 나오는 접시'라는 의미로 메인 요리이다. 사용되는 식재료는 해산물, 육류 등을 이용하며 송아지 고기로 만든 커틀릿, 돼지고기를 채소와 함께 익힌 요리와 송아지 고기 조림 등 각 지역마다 독특한 특징을 가지고 있다.

6. 콘토로노(contorono)

세콘도 피아토와 함께 제공되는 음식으로 샐러드, 빵, 감자 등이다.

7. 포르마지오(fornaggio)

여러 종류의 치즈를 먹는다.

8. 돌체(dolce)

디저트로 아이스크림, 케이크, 크레페, 생과일, 티라미수 등이다.

9. 파스티체리아(pasticceria)

단 과자이다.

10. 식주(liquore)

식후주로 25~80도로 알코올 도수가 높으며, 그 종류로는 그라파(grapa), 아모르(amore), 리몬첼로(limoncello) 등이다.

11. 카페(cafe, espresso)

커피, 진한 에스프레소 등이다.

(5) 이탈리아의 음식

1) 오레키에테

양고기 내장 요리로 신선한 채소와 샐러드를 곁들인 요리이다. 오레키에테(orecchiette)는 '조그마한 귀'라는 의미로 밀가루 반죽을 이용하여 만든 파스타이다.

2) 갈리폴리

갈리폴리(gallipoli)는 생선 수프인데 그리스 요리 방식과 거의 흡사하다.

3) 살라미

살라미(salami)는 주로 돼지고기를 이용하여 만든 이탈리아식 소시지로 사용하는 육류에 따라 그 맛과 향이 다양하다.

4) 프로슈토

전통 햄인 프로슈토(prosciutto)는 생고기를 소금에 절여서 발효시킨 것이며 훈제하지 않은 생고기로 애피타이저에 주로 이용된다.

① 프로슈티 꼬티: 조리한 프로슈토

② 프로슈티 크루: 조리하지 않은 프로슈토

5) 이탈리아의 빵

지역적으로 향토적인 특색이 뚜렷한 이탈리아는 각 지방마다 빵도 다양하다.

① 롬바르디아 지방의 로제타, 포카치아

로제타(rosetta)는 소금기가 많아 짭조름한 맛이 나며 빵의 모양이 장미꽃 모양을 나타내어서 붙여진 이름이다.

포카치아(focaccia)는 올리브 오일을 이용한 평평하고 넓은 빵으로 로즈마리를 넣어 만들며 수프에 곁들여 먹는다.

② 모르세두

칼라브리아 지방의 대표적인 빵인 모르세두(morseddu)는 손으로 얇게 펴서 피자처럼 만든 다음 위에 돼지 내장과 토마토를 잘게 다져 양념과 함께 올려서 만든다.

③ 카놀리

시칠리아 지역의 디저트인 카놀리(cannoli)는 동그랗게 만든 페이스트리 안에 꿀과 아몬드를 넣어 만든 것이다.

④ 카사타

카사타(cassata)는 바닐라 아이스크림에 과일 캔디를 부셔 뿌린 크림 제노와즈 케이크이다.

6) 카포나타

카포나타(caponata)는 시칠리아의 새콤, 달콤한 가지 채소볶음으로 빵 위에 올려서 먹거나 주요리에 곁들여 먹어도 좋다.

7) 카포첼라

카포첼라(capozzella)는 양 머리 구이로 양의 뇌에 빵가루와 허브를 넣어 볶는 요리이다.

8) 나폴레타나

나폴레타나(napoletana)는 피자 반죽위에 앤초비를 올려 만든 피자이다.

9) 마르게리타

피자 반죽위에 토마토, 바질, 모차렐라 치즈를 올려 만든 마르게리타(margherita) 피자는 사용한 3가지의 재료가 이탈리아 국기를 상징한다.

10) 칼초네

칼초네(calzone)는 피자의 한 종류로 피자 반죽 안에 갖은 채소와 치즈를 넣고 반으로 접어 오븐에서 구운 것이다.

11) 살팀보카

송아지 고기를 얇게 썬 후 햄과 함께 꼬치로 꿰어 팬에 익혀 마살라 와인으로 만든 소스를 곁들인다.

12) 뇨끼

우리나라의 수제비와 비슷한 뇨끼(gnocchi)는 잘 삶은 감자를 곱게 으깬 후 달걀, 기름, 소금, 치즈와 밀가루를 넣어 부드럽게 반죽한 후 모양을 만들어 소금물에 삶아 익힌 후 버터와 치즈를 넣고 같이 버무린다.

13) 파스타

이탈리아의 건조 국수인 파스타(pasta)는 듀럼밀로 가공한 세몰리나 가루를 이용하여 만들며 그 모양과 종류도 다양하다.

① 롱 파스타

세몰리나 가루와 물을 넣고 가늘고 길게 만든 건조 파스타이다. 둥근 모양의 가늘고 긴 파스타를 총칭하여 스파게티라고 부르는데 일반적으로 스파게티면은 지름이 1.6~1.9mm 정도이고 스파게티보다 가는 면은 스파게티니, 버미첼리, 카페리니, 페데리니 등 굵기에 따라 이름이 다르다. 롱 파스타(long pastas)에는 스파게티처럼 둥근 모양뿐만 아니라 스파게티를 눌러 단면을 평평하게 만든 링귀니, 라자냐 등과 직경 2.2mm 정도 중심 부분에 작은 구멍이 뚫린 부카티니가 있다.

② 쇼트 파스타

대표적인 쇼트 파스타(short pasta)는 마카로니로 만드는 방법과 재료는 롱 파스타와

동일하다. 마카로니는 중심에 구멍이 있는 관형 파스타로 소스가 면에 잘 흡수되도록 만들었다. 종류로는 펜네, 토르틸리오니, 리가토니, 칸넬로니, 파르팔레, 루마케, 푸실리 등이 있다.

③ 속을 채운 파스타

만두와 같이 속을 채운 파스타(stuffed pasta)로 치즈, 다진 고기, 새우, 채소 등을 넣는다. 종류로는 라비올리, 토르텔리니 등이 있다.

14) 볼로냐 소스

붉은 토마토 소스로 고기, 버섯, 양파, 토마토를 넣은 파스타 소스를 볼로냐 소스(bologna sauce)라고 말한다.

15) 카르보나라 소스

카르보나라 소스(carbonara sauce)는 생크림을 이용한 흰색의 소스로 베이컨, 달걀노른자로 만들어 맛이 풍부하다.

16) 봉골레 파스타

'조개'라는 의미의 이탈리아어인 봉골레는 모시조개와 마늘을 이용하여 만든 나폴리식 파스타(vongole pasta)이다.

17) 마레 소스

마레는 '해물'이라는 의미로 홍합, 새우, 오징어, 조개, 연어, 생선 등 여러 가지 해산물과 토마토를 혼합하여 만든 소스(mare sauce)이다.

18) 페퍼론치노 소스

마른 고추인 페퍼론치노(pepperoncino)와 마늘, 올리브 오일을 넣고 만든 매운 맛의 소스이다.

19) 아란치니

아란치니(arancini)는 이탈리아어로 작은 오렌지라는 의미로 주먹밥을 만들어 빵가루를 묻힌 후 튀긴 시칠리아 섬의 전통 음식으로 라구나 토마토 소스, 모차렐라 치즈를 혼합하여 만든다.

20) 피에몬테 와인

① 바롤로 와인

피에몬테(piemonte)의 알바지역의 포도원에서 생산되는 최고급 적포도주이다.

② 베르무트 와인

피에몬테의 특산품으로 1786년 베네데토 카르파노에 의해 만들어진 백포도주(vermouth wime)이다. 허브와 향신료 등을 넣어 독특한 향과 맛을 낸다.

③ 네비올로 와인

타나로 강 지역에서 생산되는 적포도주(nebbiolo wine)로 바이올렛 향이 나고 숙성 기간이 짧은 것이 특징이다.

21) 리소토

쌀이 많은 이탈리아 북쪽 지방의 대표 요리인 리소토(risotto)는 버터를 넣고 쌀을 볶다가 채소와 다진 고기, 포도주, 육수를 넣고 익힌 후 치즈를 넣어 먹는 요리이다.

(6) 식사예절

이탈리아의 모든 요리는 포크와 나이프를 사용하지만 감자튀김이나 뼈가 있는 고기요리, 빵 등은 손으로 먹는다. 청결을 유지하는데 신경쓴다.

스카르페타(scarpetta)라는 식사 문화는 파스타나 메인요리의 소스가 남았을 경우 빵 조각으로 남은 소스를 닦아 먹는 것이다.

식사 중에는 손의 위치가 중요한데 손을 식탁 밑으로 내리거나 팔꿈치를 식탁 위에 올리지 않는다.

큰 접시에 담겨 공동으로 같이 먹는 음식은 접시를 돌려서 덜어 먹되, 뒤적이지 않는다.

식탁 위에 있는 후추, 소금은 본인이 직접 가져다 먹는데 거리가 먼 경우 가까이 있는 사람에게 부탁하여 가져온다.

샐러드는 개인 접시에 담아서 각자의 취향에 맞게 드레싱을 뿌려서 먹는다.

> **TIP 07**　**이탈리아 각 지방의 음식 축제**
>
> 이탈리아의 여름은 특별하다. 사그라(sagra)라는 감사제가 각 지역마다 열리며 그 지역의 농산물을 중심으로 열리는 축제이다.
>
> **6월 축제**
> ① 이세르니아-몰리세 지역의 6월 7일 열리는 감사제로 양파 사그라가 있다.
> ② 비아다나-롬바르디아 지역의 프로슈토 (돼지고기 햄), 멜론, 와인 축제이다.
>
> **7월 축제**
> ① 아리치아-라치오 지역의 돼지 통구이인 포르케타 축제로 7월 첫째 주 일요일이다.
> ② 카마스트라-시칠리아 지역의 다양한 신체 모양을 가진 빵 축제로 7월 2일이다.
> ③ 몬테포르치오-카토네 지역의 살구 축제로 7월 마지막 주 일요일이다.
>
> **8월 축제**
> ① 노토-시칠리아의 젤라토 축제이다.
> ② 카스텔간돌포-라치오 지역의 복숭아 축제이다.
> ③ 펠리토-캄파니아 지역의 푸실리 파스타 축제이다.
>
> **9월 축제**
> ① 안그리-캄파니아 지역의 토마토 축제이다.
> ② 카르마뇰라-피에몬테 지역의 피망 축제이다.
> ③ 부도이아, 체라, 산타피오라-토스카나, 피에몬테 지역 등에서 열리는 버섯축제이다.

2. 스페인(spain)

이베리아 반도에 위치한 스페인은 대륙의 마지막 자락에 자리 잡고 있으면서 유럽과 아프리카, 지중해와 대서양을 하나로 연결하는 역할을 하는 나라이다. 이베리아 반도의 남단부분은 14km 정도의 거리 밖에 되지 않는 지브롤터 해협을 사이에 두고 아프리카와 분리 되어 있으나 조류나 바람의 교차로 통행하기가 그리 쉽지는 않다. 스페인의 북쪽은 폭 435km, 높이 3,040m의 높은 피레네 산맥으로 인해 유럽 대륙과 지형적으로 구분되어졌고 그로 인해 자연스럽게 프랑스와 지리적인 국경이 만들어졌으며 1659년 프랑스와 스페인의 공식적인 국경이 되었다.

(1) 지리적 특징

스페인 대륙은 삼면이 바다와 접해 있고 유럽과 아프리카와 가깝다는 지리적인 요건으

로 인해 오랜 시간동안 서양과 동양의 다리 역할을 할 수 있었다. 전 국토의 2/3가 해발 800m 이상이 넘는 산으로 덮여 있으며 전체적으로 산맥과 고원, 평원 지대로 구성되어 있어 유럽에서는 스위스 다음으로 알려진 고산 지대이다. 이베리아 반도의 총 면적은 60만 km²이며 그중 505,370km²가 스페인 영토이고 나머지는 포르투갈이다. 스페인은 지역별로 17개의 자치주로 구성되어 있고 그들의 경계는 지리적 뿐만 아니라 문화적으로도 나뉘어져 있다.

(2) 기후

변화무쌍한 바람과 기후를 가지고 있으면서도 작열하는 태양과 함께 서늘한 바람이 불며 몇몇 지역은 매우 춥고 또다른 지역은 매우 더운 특징을 가지고 있다. 여름에는 건조한 지중해 기후의 영향을 받지만 지리적인 차이로 인해 확연히 다른 성향을 나타내는데 북서 지방은 특히 여름에 강우량이 많고 삼림도 울창하다. 내륙지역은 그와 반대로 매우 건조

[그림 3-14] 스페인의 구엘공원

하고 겨울에는 추위가 매서우며 남부 지방은 해안 지대가 많고 비가 거의 오지 않으며 겨울에도 따뜻하다. 흙과 바위는 거의 대부분 흰색을 나타내고 뜨거운 태양을 받아내고 있어 휴양지로도 유명하다. 동부 지역은 고도가 낮은 곳은 덥고 건조하며 남쪽으로 내려갈수록 덥다. 이렇게 다양한 기후대를 나타내고 있는 스페인은 지리적으로도 매우 다양하여 만년설로 뒤덮인 산이 있는가 하면 넓은 평원이 펼쳐져 있기도 하다. 이렇게 확연히 다른 기후로 인해 스페인 사람들의 삶에도 변화가 있는데 강우량이 많은 지역은 물이 충분하여 여러 개의 작은 마을로 나뉘어져 있고 나무를 이용하여 지은 집에 넓은 전망대를 가지고 있는 반면 건조한 지역은 물이 부족하기 때문에 사람들이 모여 살아 마을 단위가 훨씬 크며 벽돌과 흙을 이용하여 집을 지어 땅과 집이 혼연 일체인 느낌을 받을 수 있다.

[그림 3-15] 스페인의 대표적인 건축가 가우디의 건물들

[그림 3-16] 스페인 바르셀로나

[그림 3-17] 사그라다 파밀리아 성당

(3) 역사

스페인이 위치한 이베리아 반도는 많은 민족들의 침입을 받았다. 그 중 가장 먼저 그리스인에 의해 지배를 받았고 그리스인이 물러가면서 로마인에 의해 기원전 1세기부터 3세기에 걸쳐 지배를 받았다. 스페인에 아직까지 남아있는 로마의 흔적으로는 언어에도 뚜렷하게 나타나고 있는데 각 지방의 언어인 카스티야어, 카탈루냐어, 가예고어 등이 모두 라틴어에서 유래된 것을 알 수 있고 많은 건축물에도 로마인들의 흔적을 남겼다. 5세기에 들어서면서 게르만족에 속해 있는 서고트족에 의해 최초로 통일을 이루게 되지만 로마의 문명을 받아들인 서고트족은 크리스트교로 개종하고 로마의 문화와 언어를 받아들여 로마와 함께 융화되어갔다.

711년 북아프리카를 통해 아랍계의 무어인들이 이베리아 반도를 침입하면서 새로운 인종과 종교, 언어가 혼합되어졌다. 무어인들은 다른 민족과 섞여있으면서도 끊임없이 아

랍 본토와 친밀한 관계를 형성하였고 그로인해 바그다드와 다마스쿠스의 아랍문명을 스페인에 정착시킬 수 있게 되어 서양 문명 속에 동양의 신비함을 더하게 되었다. 지금의 스페인에서 아랍인들의 흔적으로 남아 있는 대표적인 상징 건축물이며 세계 불가사의 중 하나로 그라나다 지방의 알람브라 궁전을 들 수 있다. 아랍인들에 의한 과학기술의 바탕이 스페인의 농업과 상업에도 많은 발전을 가져왔는데 오늘날 스페인이 가죽과 비단, 도자기, 금, 은, 유리 세공업이 발달한 것도 이러한 영향 때문이라고 할 수 있다. 1492년 이슬람의 통치를 받던 그라나다가 크리스트교 군대에 의해 수복되면서 가톨릭 계통의 왕인 이사벨 여왕에 의해 스페인의 통일이 이루어지고 이사벨 여왕의 지지를 얻은 이탈리아인 크리스토퍼 콜럼버스에 의해 아메리카 대륙이 발견되었다. 신세계의 발견은 스페인에 부(富)를 안겨 주었고 그로 인해 문화적으로도 가장 부(富)를 풍요롭게 누릴 수 있었던 '황금 세기(1598~1700년)' 가 시작 되었다.

18세기에 들어서면서 거리적으로도 너무 멀고 광대한 신대륙을 통치하는 것이 힘겨웠지만 쿠바와 푸에르토리코, 필리핀과 아프리카 일대 지역만이 식민지로 남아 있었으나 19세기 말 미국과의 전쟁으로 대부분의 식민지를 잃었다. 많은 내전이 수시로 발발하였고 프랑코 장군의 독재로 스페인의 법과 질서를 회복시켰으나 1975년 프랑코 장군의 사망을 기점으로 의회군주제를 채택하였으며 후안 카를로스 국왕이 오늘날까지 집권하고 있다.

[그림 3-18] 거리의 탱고 악사

(4) 지역별 음식

스페인의 기후가 변화무쌍한 것 같이 각 지역마다 독특한 지역 문화를 가지고 있으며 지방 색을 충분히 나타내는 음식과 요리법들이 각 지방마다 개발되어 왔다.

1) 북쪽

피레네 산맥이 있는 북쪽 지역을 대표하는 도시로는 바스크 지방이 있고 그 지역에서는 주로 생선 요리를 먹으며 각 가정마다 조리법이 다른 계절 요리가 발전되어 왔다. '마르미타코(marmitako)'라고 하는 가다랑어와 감자를 함께 요리한 것과 고추 요리가 유명하다. 바스크 민족들은 베레모와 같은 그들 특유의 의상과 풍습을 가지고 있다. 항구도시인 바르셀로나의 대표적인 요리는 '사르수엘라(zarzuela)'로 다양한 생선과 해물 그리고 각 지역에 따라 과일과 육류, 가금류 등을 함께 요리한다.

2) 남쪽

남쪽의 해안 도시인 발렌시아 지방은 평야가 많은 지역으로 '파에야(paella)'를 볼 수 있는데 이 요리는 쌀과 함께 해산물과 마늘, 사프란, 올리브 오일 등을 넣어 조리한다. 19세기부터 유명해져서 스페인을 대표하는 요리로 자리 잡게 되었다. 라만차 지방에서는 마늘 수프가 유명한데 빵, 마늘, 올리브 오일, 피망 등을 함께 요리하며 마늘 향을 충분히 느낄 수 있는 요리다. 남부 지방의 대표적인 도시인 안달루시아 지방은 뜨거운 태양이 유명한 지역으로 올리브와 해바라기, 오렌지, 포도가 너무나도 풍부한 지역으로 여름은 아프리카와 맞먹는 더위와 건조로 인해 차가운 토마토 수프인 가스파초(gazpacho)는 안달루시아 지역의 무더위와 갈증을 한방에 날릴 수 있는 음식이라 할 수 있다.

3) 서쪽

북서 지방은 바다와 밀접한 관계가 있을 뿐 아니라 충분한 물 공급으로 인해 산림이 우거진 지역이 많아 산지에서 나오는 재료들을 이용하여 그들 특유의 음식을 만들었다. 바다와 연결되어 해산물도 유명한데 대표 음식 중에 메를루사(merluza)라는 대구 요리가 있다. 이 요리는 조리방법이 2가지로 갈리시아식 방법은 파프리카 소스를 첨가하여 찜을 만들고 아스투리아스식 방법은 매운 사과 소스를 곁들인다. 북서 지역의 대표적인 도시는 갈라시아(galaxia)로 생선이나 고기를 잘게 다진 후 밀가루 반죽으로 만두피를 만들어 속을 채운 엠파나다(empanada)와 '포테(pote)'라는 전골요리와 문어를 이용한 요리인 '풀포(pulpo)'가 북서 지방의 대표 음식이다.

4) 동쪽

동쪽 지방은 해안가가 주로 위치한 장소로 대표적인 지역인 아스투리아스를 들 수 있다. 이 지역에는 콩을 이용한 요리가 많은데 콩과 소시지 등을 넣고 끓인 스페인식 스튜인 '파바다(fabada)'와 사과로 만든 시드르(cidre) 음료가 유명하다. 스페인의 동부 지역에 위치한 발레아레스 군도는 채소, 생선, 파를 주재료로 사용하여 만든 '칼데레타(caldereta)'가 유명하며 마요네즈도 이곳에서 유래 되었다.

> **TIP 08 메렌데로(merendero)**
>
> '싸고 즐겁게'라는 의미로 각 지역마다 형성 되어 있는 작은 마을의 식당을 의미한다. 메렌데로는 주로 여름에 각광받고 있는 곳으로 옥외 식당위주로 운영되어지고 있으며 코스 요리에서부터 와인까지 저렴한 가격에 이용할 수 있는 소박한 식당이라고 할 수 있다.

> **TIP 09 타파스(tapas)**
>
> 타파스 바는 메렌데로와는 조금 다른 성격을 띤 대중적인 식당을 의미한다. 어찌 보면 스페인에서 가장 전형적인 식당으로 젊은이부터 노인에 이르기까지 이용 계층이 다양하며 대표적인 만남의 장소라고 할 수 있다. 타파스는 그날의 신선한 음식을 접시에 세팅 한 후 카운터 위에 진열해 놓고 뷔페식으로 편안하게 선택할 수 있도록 하였다. 종류는 생선 튀김, 버섯 구이, 채소 요리, 샐러드 등 다양하다.

(5) 식생활 문화

스페인 인구의 70% 정도는 농업에 종사하고 있으며 그들은 거칠고 험난한 지형에 양, 산양, 소, 돼지 등을 기르고 올리브, 포도 등을 재배하고 있는데 다행히도 올리브와 포도에 가장 적합한 토지와 기후를 가지고 있어 세계 최대의 올리브 생산국이라는 별칭을 얻을 수 있었다. 스페인 요리를 한마디로 표현한다면 마늘, 토마토, 올리브 오일을 많이 사용하는 요리, 매콤하며 달콤함을 함께 느낄 수 있는 요리라고 할 수 있다. 역사적인 배경 또한 스

페인 식문화에 한 획을 그었는데 로마와 아랍인들의 음식 문화와 원조 스페인 음식 문화가 한데 어우러져 독특한 스페인 음식을 형성하였고 아랍인들에 의해 들여온 여러 종류의 향신료 덕분에 색다른 맛과 향을 음식과 접목할 수 있게 되었다. 또한 로마에 의해 전래된 올리브와 마늘도 스페인 요리에 없어서는 안 될 중요한 재료가 되었다.

스페인의 생활양식은 1일 5식으로 유명한데 아침식사는 '금식이 끝나다.'라는 의미인 데사유노(desayuno)로 아침 7~8시경 커피와 초콜릿 또는 빵, 추로스, 비스킷 등을 곁들여 간단하게 먹는다. 11시경에 중간 아침 식사를 하는데 집 근처의 가벼운 바(bar)에서 소시지, 오징어 튀김, 토마토와 함께 빵, 오믈렛, 과자 등으로 무겁지 않은 식사를 한다. 세 번째 식사는 코미다(comida)로 오후 1~2시경에 먹는 점심 메인 식사로 3~4가지의 코스요리와 와인을 곁들이면서 충분한 시간을 갖는다. 점심 메인 식사가 끝나면 시에스타(siesta)라고 해서 낮잠을 청하는 시간으로 스페인의 더운 날씨로 생긴 풍습이었으나 도시에서는 점점 사라지고 있는 추세이다. 이로 인해 공식 저녁식사가 10시경으로 미루어졌다고 할 수 있다. 저녁 6시경에는 간식 시간으로 차와 페이스트리, 홍차, 빵, 케이크, 커피 등 간단한 요기를 위한 시간으로 메리엔다(Le merienda)라고 하며 마지막 식사는 저녁 10시 정도로 오믈렛, 수프 등을 집에서 먹기도 하지만 집 근처 타파스 바에서 담소와 함께 여러 종류의 타파스(tapas)를 즐긴다. 타파스는 크게 두 종류로 분류되는데 차가운 요리는 바의 계산대 위 접시를 이용해 담아 진열하고 즉석요리는 메뉴판이나 칠판을 이용하여 주문을 받을 수 있게 하였다.

본질적으로 스페인 음식은 가족들이 어울려 간단한 조리법으로 먹을 수 있는, 생선, 쌀, 달걀, 가금류, 육류, 채소를 함께 요리하며 회교도나 힌두교의 음식을 배척하지 않고 다양한 종류의 음식에 응용하였고 뜨겁지도 않고, 자극적이지도 않은 요리이다.

(6) 스페인의 음식

지중해성 기후와 토양으로 포도 재배에 최적의 조건을 갖춘 스페인은 유럽의 대표적인 포도주 생산국이다. 포도주는 일반 포도주와 고급 포도주로 나뉘는데 이는 주로 색에 의해 분류된다. 색에 의한 분류는 알코올 도수에도 영향을 주는데 일반적으로 11~13.5도가 가장 좋은 맛을 낸다. 숙성 연도가 2년 정도의 적포도주인 틴토(tinto)와 황금색을 띠는 블랑코(blanco), 맑고 투명한 색을 나타내고 신맛을 가진 로사(rosa), 백포도주와 적포도주를 적당히 혼합하여 만든 클라레테(clarete)가 있다. 스페인을 대표하는 음식에는 햄과 소시지도 포함되는데 햄은 간식과 안주로 이용되고 있으며 그 종류도 다양하다. 짠맛보다는 단

맛을 느낄 수 있는데 초리조(chorizo)나 살치차(salchicha) 등은 향이 독특하다. 삼면이 바다인 관계로 해산물도 풍부하여 오징어 튀김, 멸치류 튀김 등 다양하며 문어 또한 레몬, 고춧가루와 함께 요리한다.

1) 하몽

하몽(Jamón)은 스페인어로 '햄'을 의미하며 돼지 넓적다리 부분을 통째로 훈제하여 숙성 건조시킨다. 대표적인 하몽은 건조하고 추운 지방에서 만든 하몽 세라노이며 빵 사이에 넣어 샌드위치로 먹거나 안주 또는 멜론과 함께 먹기도 한다.

2) 스페인식 애저요리

20일된 어린 돼지 새끼를 통째로 바비큐하여 즉석에서 접시를 이용해 잘라 포도주와 함께 먹는 세고비아 지역의 음식(cochinillo asado)이다.

3) 스페인식 토르티야

감자, 양파, 달걀을 이용한 요리로 감자를 얇게 슬라이스 한 후 충분한 기름이 있는 프라이팬에 깔아 익힌 후 양파를 넣고 풀어 놓은 달걀을 넣어 익힌 것(tortilla Espanõla)으로 스페인식 감자 오믈렛이다.

4) 가스파쵸

안달루시아 지역의 음식으로 뜨거운 여름에 먹는 차가운 수프인 가스파쵸(gazpacho)는 마늘과 피망, 다진 토마토를 이용하여 만든 후 식초와 소금으로 간하여 먹는다.

5) 초리조

초리조(chorizo)는 향긋한 파프리카와 후추, 돼지고기, 소금 등을 넣어 훈제한 소시지이다.

6) 살치차

살치차(salchicha)는 돼지고기 비계와 햄을 후추 열매와 함께 혼합한 후 창자에 넣어 소금에 절여 간을 한 후 건조하거나 훈제한 소시지이다.

7) 모르시야

모르시야(morcilla)란 돼지 피를 섞어 만든 검은색의 소시지이다.

8) 시베트

시베트(civet)는 피레네 산맥 근교의 요리로 멧돼지, 염소 고기 등을 이용해 만드는 향이 풍부한 스튜이다.

9) 커피

① 카페 솔로

에스프레소 잔에 나오는 강한 커피(coffee)로 스페인 사람들이 즐겨 마신다.

② 카페 콘 레체

따뜻한 우유와 에스프레소를 커피로 큰 잔에 마신다.

③ 카페 코르타도

작은 유리잔에 에스프레소를 넣고 우유를 혼합한 커피이다.

10) 상그리아

여름철 술인 상그리아(sangria)는 적포도주에 탄산수, 레몬, 설탕, 다양한 과일 등을 넣어 하루 정도 숙성시킨 후 얼음과 함께 마신다.

11) 시드르

시드르(cidre)는 사과로 만든 술로 거품이 나게 따라야 제 맛을 느낄 수 있다.

12) 헤네시

안달루시아 지방의 셰리주로 순수한 백포도주인 헤네시(hennessy)는 최상품이고, 15~16도라는 높은 도수를 가지고 있으며 한 해에 수확된 포도만 사용하는 것이 아니라 다른 해에 수확된 포도들을 혼합하여 만든다.

13) 파에야

19세기말 발렌시아 지방에서 처음으로 선보인 파에야(paella)는 쌀을 들여온 아랍인들에 의해 만들어진 요리라고 할 수 있다. 쌀과 해산물에 사프란을 넣어 노란색을 선명하게 띠고 있는 해산물 밥이다.

(7) 식사예절

식사할 때 손의 위치는 항상 양손이 보이도록 식탁에 올려놓고 있어야 하며 고개를 들고 먹는다.

식사 시에는 항상 나이프와 포크를 사용한다.

매 식사 사이에는 간단한 차와 빵이 준비되어있거나 타파스를 즐긴다.

음식을 완전히 삼킨 후에 말한다.

식탁 위에 있던 냅킨이나 기물이 바닥에 떨어졌을 때 줍지 않고 웨이터에게 말한다.

초대 받아 식사를 마쳤을 때, 그라시아스(gracias)로 감사의 표시를 한다.

왼손으로 와인이나 맥주를 따르는 것은 무례하게 보일 수 있으므로 오른손을 사용한다.

3. 그리스(Greece)

(1) 지리적 특징

중동 지역, 지중해가 교차하는 지역으로 발칸 반도 남동쪽에 위치한 그리스는 해상국가로 북쪽으로는 알바니아, 마케도니아, 불가리아와 접해 있으며 동쪽 해안으로는 터키 지역과, 서쪽 해안으로는 이탈리아와 근접해 있는 나라로 위도 38~42도, 경도 19~27도에 위치해 있다. 남쪽은 지중해, 동쪽은 에게 해, 서쪽은 이오니아 해와 접하고 있다. 면적은 그리스의 영토는 131,957km²로 이루어져 있고, 2000여개의 크고 작은 섬들로 구성되었고 그중 170여개의 섬에만 사람들이 거주하고 있다. 대표적인 섬은 산토리니, 미코노스, 크레타 섬이며 관광지로도 유명하다. 그리스의 지형은 초승달과 비슷한 모양을 하고 있고 지중해 연안의 북동쪽에 위치해 있어서 레반트(Levant, 해 뜨는 동쪽)라고 불리기도 한다.

영토의 약 70%에 해당하는 부분이 산악 지대로 히말라야 산맥의 서쪽 끝자락에 위치해 있고, 최고봉은 올림포스 산으로 해발 2,917m이며 자연스럽게 이루어진 지역 간의 경계들인 평야, 계곡, 지지대 등과 여러 개의 강들이 흩어져 있으나 물이 말라 있는 곳들을 종종 볼 수 있을 뿐 아니라 담수 또한 부족하다. 지역에 따른 편차로 인한 강우량의 차이뿐 아니라 석회암 지반으로 물이 잘 빠지는 성질 때문이며 그로 인해 강을 이동 통로로 이용할 수 없었고 주로 바닷길을 이용하게 되면서 해안가의 마을 형성이 발달하게 되었다.

수도는 아테네로 평야 지대이며 해발 156m의 아크로폴리스를 중심으로 왕궁, 의사당, 대학 등이 몰려 있다. 경작 가능한 땅은 4,000,000m² 정도이지만 대부분이 고지대에 속하여 있고 굴곡이 심한 구릉지로 되어 있어 농업에는 적합하지 못하다. 과일이나 포도, 올리브, 담배 등의 경작물에 적합하다.

(2) 기후

대부분이 지중해성 기후이나 서쪽 지역은 산악 지대로 펠로폰네소스 반도지역이 위치해 있으며 이 지역은 사계절이 뚜렷하고 대륙성 기후와 지중해성 기후가 같이 공존하는 지역이다. 저기압이 발생하는 지역으로 바람이 따뜻하고 습한 기후를 나타낸다. 북부 지역은 여름에는 무척 더운 날씨로 강우량 또한 400mm 정도이며 바닷가 연안 지역은 습하고 온화하며 지중해성 기후의 영향을 많이 받고 있다.

[그림 3-19] 그리스 섬 풍경

(3) 그리스의 섬

그리스에는 역사가 깊은 크고 작은 수많은 섬인 크레타 섬, 키클라데스 군도, 도데카니소스 섬 등이 군도를 이루고 있으며 고대 유적지가 많이 남아 있다.

1) 크레타 섬

그리스 신화의 왕인 제우스가 태어난 크레타 섬(creta island)은 온화한 기후를 가지고 있어 농산물이 풍부하고 주변 국가인 이집트 등과 무역을 통해 활발한 경제 활동을 이루고 있다. 크레타 섬에는 커다란 항구도시인 이라클리온(iraklion)이 위치해 있고 많은 관광객들이 오고 가서 크레타 섬의 중심부 역할을 하고 있다. 크노소스 성이 있는 크레타 섬은 크노소스 왕권에 의해 300년간 기원전 14세기까지 통치됐고 17세기에는 베네치아 인들에 의해 지배받았으며 그 시대에 만들어진 요새와 성곽, 성당, 산책로 등의 역사적 유물지가 많다.

2) 키클라데스 군도

델로스 섬, 미코노스 섬, 닉소스 섬, 산토리니 섬, 파로스 섬 등 델로스 섬을 중심으로 해서 많은 섬들이 원을 이루고 있는데 그리스어로 키클라데스는 '둥근 원'이라는 뜻이다. 지중해에 자리 잡고 있는 섬들에는 짙푸른 바다색과 흰색으로 이루어진 집과 풍차, 성당들이 있으며 특별히 키클라데스 군도(cyclades island)에서 흔하게 볼 수 있는 이국적인 모습을 가지고 있다. 낙소스 섬, 안드로스 섬, 파로스 섬 등은 오랜 역사를 가지고 있는 큰 섬으로 와인, 올리브, 담배 등의 농산물을 생산하고 대리석, 보크사이트, 화강암, 납 등의 광산물도 풍부하다. 해산물도 풍부하여 요리에 많이 이용되고 있으나 식수가 부족하여 빗물을 받아 사용하는 물탱크를 이용하는 곳이 많고 5~6월이 가장 좋은 계절이며 1년 중 150일 정도 강한 북풍이 부는 지역으로 7~8월에 강풍이 집중되어 있다.

키클라데스 군도의 중심지인 델로스 섬은 그리스 신화의 태양신인 아폴론의 탄생지로 4년마다 그리스 전역이 참가하는 축제가 열리기도 하며 신성한 곳으로 각광 받고 있으며 해발 1,003m에 달하는 제우스 산이 위치해 있다. 낙소스 섬은 다른 섬들과는 달리 물을 쉽게 구할 수 있는 구조적인 여건을 가지고 있어 레몬, 오렌지, 포도, 올리브, 감자 등을 많이 생산할 수 있어서 다른 섬들보다 경제적으로 풍부하다.

3) 산토리니 섬

산토리니 섬(santorini island)은 키클라데스 군도의 가장 남쪽에 위치해 있는 섬으로 거주 인구는 대략 만 명 정도이며 섬의 규모는 76km^2 정도이다. 거대한 화산 폭발에 의해 생성된 섬으로 기원전 15세기에 형성되었고 화려한 자연 경관을 가지고 있으며 100m에 이르는 화산재와 화산암으로 인해 멋진 해안 절경을 이루고 있다. 화산 폭발이 있은 이후에도 잦은 지진으로 위험하기도 하며 화산 폭발 이후 생긴 84km^{2}의 면적과 350m에 깊이의 칼데라(화산 폭발로 인해 생긴 분화구의 일종인 저지대)를 가지고 있다. 또한 산토리니 섬은 다른 섬들과 달리 화산 폭발에 의해 피부에 좋은 검은 모래사장을 가지고 있다. 산토리니 섬의 수도는 티라(thira)로 흰색과 짙푸른 색으로 장식된 집들을 볼 수 있다.

4) 파로스 섬

키클라데스 군도에서 세 번째로 큰 파로스 섬(paros island)은 195km^{2}의 크기로 인구가 10,000명이 되지 않는다. 밀로의 비너스 조각상을 만든 세계적으로 유명한 대리석은 파로스 섬의 특산물이다. 성당과 수도원, 흰색 집과 포도밭, 올리브와 함께 붉은 제라늄 화분이 있는 파로스 섬의 모습은 많은 관광객들에게 사랑을 받고 있다. 파로스 섬의 수도는 파

리키아(parikia)로 이곳에는 콘스탄티누스 황제의 어머니인 헬레나가 세운, 백개의 문을 가지고 있는 성당인 파나이아 에카톤다필리아니 성당이 있다.

5) 도데카니소스 군도

에게 해 동쪽과 맞닿아 있고 터키와 근접한 도데카니소스 군도(dodecanesus island)는 터키와 깊은 관련이 있다. 도데카의 의미는 12라는 그리스어로 1908년 터키에 의해 강요 당하고 압박받던 시대에 저항하기 위해 12개의 섬들이 뭉치면서 도데카니소스 군도가 형성되었다. 전체 면적은 2,714km^{2}이며 전체 주민은 17만 명 정도이다. 도데카니소스 군도는 다른 섬들과는 다르게 역사적으로 또는 인위적으로 묶인 섬이라고 할 수 있어서 12개의 섬들은 각각의 독특한 특성을 가지고 있다.

6) 로도스 섬

1,398km^{2}로 제주도만한 크기의 로도스 섬(rhodes island)은 도데카니소스 군도에서 가장 넓은 섬으로 인구 11만 명이 거주하고 있으며 유럽 대륙의 제일 동쪽에 위치한 섬이다. 에게 해 남동쪽으로 가장 끝자락에 있어 터키의 영토라고 해도 될 만큼 근접해 있으며 유럽과 아시아의 경계지역에 위치해 있어 두 지역을 연결하는 해상로(海上路)로 인해 무역이 발달했고 이를 지키기 위해 강력한 군사력을 유지할 수 있었다. 로도스 섬은 투르크족의 침입을 막아낸 성 요한 기사단에 의해 세워진 중세 요새 등의 유적지로도 유명하여 많은 관광객들이 방문하였고 중세의 유물들과 현대의 네온사인이 조화를 이루고 있는 섬이다. 바람이 많은 섬으로도 유명하며 서쪽으로 갈수록 더욱더 거센 바람이 분다.

7) 스포라데스 군도

그리스어로 '흩어져 있다'라는 의미의 스포라데스(sporades Island)는 에게 해 동쪽에 위치한 여러 개의 섬이다. 스키아토스 섬에는 그 섬에는 5,000명 정도의 주민이 거주하고 있으며 올리브 나무와 늘 푸른 소나무, 크고 작은 만(bay)들이 서로 어우러진 곳이다. 1km 이상으로 이루어진 긴 백사장으로 인해 섬 전체가 해수욕장처럼 되어 있으며 코코나리에 스(koukounaries)라는 그리스 지정 자연보호구역이 있다.

[그림 3-20] 그리스의 신전 유물

(4) 역사

그리스 문명은 BC 3,000년에 시작되었다. 에게 해 남쪽에 위치한 크레타 섬을 기점으로 한 크레타 문명은 미노스 문명과 미케네 문명과 함께 이어져 왔으며 BC 9세기에 도시국가인 폴리스(polis)가 형성되었고 고대국가로 발전되어갔다. 기원전 800~600년에는 그리스의 르네상스로, 기원전 766년도에는 최초의 올림픽이 개최되었다.

고대국가의 대표적인 두 도시인 아테네와 스파르타는 독립된 국가로 식민 도시를 건설하여 주변으로 점점 세력을 확장해 나갔으며 이 시대에 연극, 철학, 역사, 수학적으로 많은 인물들을 배출했으며 그리스 문명의 최고 전성기로 아크로폴리스의 파르테논 신전이 건설되었다. BC 490~479년 페르시아 전쟁에서 페르시아 군대가 아테네를 침범하였고 북쪽에 위치한 마라톤 마을로 들어섰다. 단지 1,000명이었던 그리스군과 2만 5천명인 페르시아군의 싸움은 그리스군의 협공 전략으로 승리에 이르렀고 이 승전보를 알리기 위해 마라톤 마을의 한 청년이 40km를 쉬지 않고 달려와 '승리했다.'라는 승전보를 남기고 죽어서 유명한 마라톤의 전설이 되었다. BC 479~429년 동안 치러진 페르시아 전쟁 이후에 아테네는 정치, 경제의 전성기를 맞아 황금기를 맞이한다.

펠로폰네소스 전쟁이 BC 431~404에 걸쳐 치러지면서 내란이 발생하였고 이 전쟁으로 아테네는 패배했다. 이후 로마에 의해 지배받았으며 이 시기를 헬레니즘 시대라고 한다. 그리스는 이민족에게 지배를 받게 되는데 BC 2세기에 로마 비잔티움의 지배를 받았고 그 당시의 수도인 콘스탄티노플은 그리스 문명의 중심지였다. 15세기 중엽에는 이슬람교인 오스만 투르크족의 지배를 받고 그 이후 프랑크족, 카탈루냐족, 베네치아 인들에 의해 지

배받아왔다. 400년이라는 기나긴 세월동안 오스만 투르크족의 지배하에 있던 그리스는 많은 학대와 박해 속에서도 끊임없이 투쟁해왔으며 1821~1827년은 유럽과 함께 민족주의의 영향으로 독립 항쟁이 일어나 러시아, 영국, 프랑스의 도움으로 1830년 독립왕국을 이룬다. 독립 후 그리스는 영토 확장을 꿈꿔왔고 19세기 왕당파와 공화파가 서로 분쟁하는 가운데 1854~1856년 크림 전쟁이 일어났고 그리스에서는 혁명이 일어나 덴마크의 왕자가 왕위에 오르기도 하였다.

1912~1913년에는 발칸 전쟁을 통해 영토를 더욱 확대하였고 이 시기에 크레타 섬 등을 영토화 했다. 현재는 국민투표를 통해 입헌 군주제가 폐지되고 공화제 헌법이 선포되어 신민주당이 그리스를 이끌고 있다.

(5) 식생활과 문화

그리스 인들은 먹고 마시는 일을 중요하게 여기는 민족 중의 하나이다. 춤과 노래가 항상 삶에 묻어나는 그리스 인들은 식사를 할 때도 여러 명이 모여 주문과 식사를 같이 하는 모습을 볼 수 있다.

그리스 요리에서 가장 많이 사용되는 재료는 올리브 오일이다. 지중해에 위치한 그리스는 다른 지중해 지역의 나라들보다도 올리브 오일을 많이 사용하기 때문에 불포화 지방산이 풍부한 올리브 오일의 독특한 풍미를 느낄 수 있다.

섬이 많은 지리적인 요건으로 인해 해산물이 풍부하며 생선요리를 주 2회 이상 먹을 정도로 고기보다는 신선한 해물 요리가 많다. 주로 이용하는 해산물은 새우, 오징어, 홍합, 게 등이며 수프로 만들어 먹거나 토마토와 함께 밥을 만들어 먹기도 한다. 생선 요리를 할 때는 주로 올리브 오일을 발라 구워 먹으며 오레가노, 사프란 등과 같은 향신료를 곁들여 먹는다.

지중해의 온화한 기후로 인해 올리브, 포도, 무화과, 멜론, 수박 등 경제적으로 시장 판매가 가능한 환금 작물이 발달하였고 수많은 과일을 접할 수 있어 매 식사마다 빠지지 않고 과일과 샐러드를 올린다. 샐러드를 먹을 때는 올리브 오일을 곁들이고 과일을 먹을 때는 주스로 먹기보다는 통과일로 섭취한다.

다양한 종류의 음식이 있으며 요리법 또한 단순하지만 담백하고 뛰어난 맛을 가지고 있다. 또한 그리스 인들에 의해 문이 앞으로 열리는 제빵용 오븐이 만들어졌다. 요리에는 무화과와 염소 우유로 만든 치즈가 풍부하게 들어간다. 아침식사는 빵과 치즈를 함께 먹으며 비교적 이른 시간에 시작된다. 점심식사는 오후 2시부터 4시까지 상당히 긴 시간을 할애할

정도로 중요하게 여기며 적포도주를 곁들여 먹는다. 매일 한두 잔씩 식사와 함께 마시며 2 잔 이상은 마시지 않고 저녁식사는 길고 늦은 점심 식사 때문에 늦은 저녁 10시부터 11시 정도에 먹으며 많은 사람들이 모여 떠들며 즐기는 분위기로 실내보다는 옥외나 마당 또는 테라스에서 이루어지는 경우가 많아 가장 그리스다운 식사라고 할 수 있다. 금요일 저녁이나 주말 저녁에는 가족들이 함께 외식을 하거나 밤새 저녁을 즐긴다.

TIP 10 그리스의 레스토랑

① 타베르나(taverna)

외식을 많이 하는 그리스 인들에게 타베르나는 토속 요리를 먹으며 술을 곁들여 먹을 수 있는, 선술집과 같은 분위기로 메뉴도 한꺼번에 나오고 떠들썩한 분위기로 만돌린과 비슷한 그리스 전통 악기인 '부주키'의 연주를 들을 수 있다. 오늘의 메뉴가 항상 제공되고 주로 실외에 테이블을 놓고 밤늦도록 운영된다.

② 카페니온(cafenion)과 프시스타리아(psistaria)

커피나 스낵류를 즐기며 먹을 수 있는 레스토랑으로 서민적인 분위기이며 그릴 요리 전문 식당이다.

---

(6) 그리스의 음식

1) 기로스

여러 가지 고기를 양념한 후에 꼬챙이에 끼워 돌려가며 굽는 기로스(gyros)는 구운 고기 부분을 긴 칼로 잘라 넓은 빵 사이에 넣은 후 여러 종류의 채소를 넣어 돌돌 말아서 먹는 그리스식 샌드위치이다.

2) 수블라키

수블라키(souvlaki)는 고기 요리로 양고기, 산양고기, 생선 등을 올리브 오일, 레몬주스, 오레가노 등의 향신료에 재운 후 토마토와 양파를 같이 꼬치에 끼워 굽는다. 다 익은 고기는 피타에 끼워 쿠스쿠스(couscous)와 함께 먹는다.

3) 피타

샌드위치를 만들어 먹을 수 있는 빵인 피타(pitta)는 납작하고 둥근 모양이며 가운데를

갈라서 그 사이에 고기, 여러 종류의 채소, 감자 등을 넣어 먹는다.

4) 무사카

가지, 토마토, 감자, 얇게 저민 고기에 치즈와 백포도주를 함께 넣어 구운 무사카(moussaka)는 이탈리아 요리인 라자냐처럼 베샤멜 소스와 함께 곁들인다. 접시에 제공되기도 하며 때로는 뚜껑이 있는 작은 단지에 담기도 한다.

5) 파스티치오

파스티치오(pastitsio)는 무사카 요리에서 가지를 빼고 그 대신에 국수를 넣은 요리로 양이 엄청 많은 것이 특징이다.

6) 돌마데스

돌마데스(dolmades)는 육류 요리로 쌀과 다진 고기를 포도 잎에 싸서 조리한 것으로 달걀과 레몬즙을 이용한 소스를 곁들인다.

7) 호리아티키

호리아티키(horiatiki)란 토마토, 오이, 피망, 올리브, 양파 등의 여러 채소와 산양 우유로 만든 그리스풍 치즈인 페타 치즈, 소금에 절인 올리브, 올리브 오일을 넣고 만든 샐러드로 가지를 넣은 가지 샐러드나 요구르트, 오이, 마늘 등을 넣은 시골풍의 샐러드도 있다.

8) 칼라마라키아

오징어 튀김요리이다.

9) 수주카키아

쌀과 함께 만든 미트볼로 레몬, 토마토, 달걀을 넣어 만든 소스와 곁들여 먹는다.

10) 페타 치즈

그리스를 대표하는 페타 치즈(peta cheese)는 산양 우유를 이용해 만들며 흰색의 두부처럼 부드러운 사각형의 치즈이다.

11) 차지키

차지키(tzatziki)는 샐러드로 요구르트와 우유를 주로 사용하여 만든다.

12) 우조

그리스인들이 가장 좋아하는 음료인 우조(ouzo)는 포도주를 정제한 후에 남은 찌꺼기를 다시 증류하여 아니스 향신료를 첨가한 것이다. 45도라는 높은 도수로 물을 타서 마시기도 하는데 투명한 술이나 물과 함께 섞으면 뿌연색을 나타낸다.

13) 그리스 커피

터키에서 유래되어진 그리스의 커피(greece coffee)는 독특한 맛을 지니고 있으며 커피 찌꺼기가 컵 바닥에 많이 가라앉아있고 맛이 진하다. 뜨거운 커피를 제스토(zwsto), 크림이 들어간 커피를 메갈라(megala), 설탕이 들어간 커피인 메 자하키(me zahaki)라고 한다.

14) 레티나

레티나(retina)란 소나무의 송진을 넣은 백포도주이다.

III 동부 유럽(Eastern Europe)

1. 러시아(Russia)

(1) 기후

러시아의 기후는 대륙성 기후로 매우 한랭하여 0~-50도 이하로 겨울이 길고 추우며 여름은 서늘하고 짧다. 최북단 지역과 타이가 지역은 한대 기후 또는 냉대 기후를 나타내고 흑해 연안은 지중해성 기후를 나타낸다.

남부 지역은 스텝 기후이며 중앙아시아 지역은 사막 기후로 연평균 기온은 0도 이하다.

(2) 지리적 특징

아시아와 유럽에 걸쳐 광활한 영토를 가지고 있는 러시아는 지형적으로 크게 서부와 동부로 나뉜다. 경계지역은 예니세이 강(Yenisey River)이며 러시아어로 '큰 강'이라는 의미이고 독립되기 전 소련 연방 공화국의 면적은 전 세계 육지 면적의 1/6에 해당하는 2,277만 4,900km²로 우리나라의 220배인, 전 세계적으로 가장 넓은 영토를 가진 나라였다.

서부 지역은 전체 국토의 약 40% 정도를 차지하며 낮은 평원이 넓게 자리하고 있으며 구릉 지대와 고원이 간간이 있는 지역이다. 동부 지역은 산악 지대가 대부분이지만 틈틈이 평지도 함께 존재한다. 러시아 영토 대부분은 북위 50도로 치우쳐 있기 때문에 농사에 어려운 기후 조건을 가지고 있고 그로 인해 북쪽에 위치한 도시들은 여름동안 백야를 볼 수 있다. 더 북쪽에 위치한 무르만스크는 북위 70도로 여름에는 하루 종일 태양이 지지 않는다.

동부 지역이 산악 지대이기는 하지만 러시아의 영토는 전체적으로 '평원의 나라'라는 별명을 가지고 있을 정도로 높지 않은 구릉 지대와 평지로 이루어져 있다. 지금은 러시아 연방을 이루고 있으며 면적이 구소련의 75%에 해당하지만 그래도 전 세계 영토의 1/8에 달해 아직도 전 세계적으로 가장 넓은 영토를 가진 나라이다. 현(現) 러시아 연방의 가장 서쪽의 국경은 에스토니아로 동경 26도에 해당하며 가장 동쪽은 추코트 반도의 데지네프 곶으로 서경 170도에 해당한다. 광활한 영토를 가지고 있는 러시아 연방국은 동서의 거리가 10시간의 시간차를 가지고 있다. 국경은 북서쪽으로 노르웨이와 핀란드와 접해있고 서쪽은 소련 연방 공화국에서 독립한 에스토니아, 라트비아, 리투아니아, 벨로루시, 키예프와 맞닿아 있으며 남쪽으로는 그루지야, 아제르바이잔, 카자흐스탄과 남동쪽으로는 몽골, 중국, 북한과 접해 있다. 아시아와 유럽을 지리적으로 구분하는 우랄산맥이 자리 잡고 있으며 우랄산맥의 서쪽은 시베리아 평원이 자리 잡고 있다. 러시아의 영토는 지형적 특성에 따라 6개의 지역으로 구분한다.

(3) 지형적 특성

1) 콜라-카렐리야 지역

6개의 지역 중 가장 면적이 작은 콜라-카렐리야 지역은 북서부 지역으로 핀란드와 국경을 맞대고 있으며 대부분 고도가 198m 이하로, 낮은 구릉과 산맥, 언덕, 호수, 늪지대로 이루어져 있고 평평한 빙산고원으로 지하 광물이 풍부하게 매장되어 있다.

2) 러시아 평원

세계 최대의 평원 지대로 서쪽 경계선부터 동쪽의 우랄산맥까지이고 북으로는 북극해로부터 남쪽의 카프카스 지방과 카스피 해까지 펼쳐진 거대한 평원이다. 저지대 구릉지역으로 빙하의 퇴적물, 석탄기, 데본기의 석회암에 의해 만들어진 지대로 수많은 빙하호를 가지고 있으며 대량의 석탄이 매장되어 있다.

3) 우랄 산맥

북에서 남으로 길게 뻗어 있는 우랄 산맥은 북부 지역에 위치해 있으며 그 길이가 2,080km에 달한다. 러시아 평원의 동쪽 제일 끝자리에 해발 351~457m의 낮은 지대를 이루고 있는 산맥으로 유럽과 아시아를 지리적으로 나눌 수 있는 경계선이며 유럽과 시베리아를 연결하는 주요 통로로 암석 지대가 많고 광물이 많이 매장되어 있다.

4) 서시베리아 평원

러시아에서 가장 넓은 지대로 국토의 1/7에 해당하며 260만km²의 드넓은 평야 지대이다. 세계 최대의 늪지대를 형성하고 고도가 높고 건조한 기후를 나타내는 지역이다.

5) 중앙 시베리아 고원

예니세이 강과 레나 강에 위치한 중앙 시베리아는 고도 305~701m로 북쪽으로는 해발 1,700m에 달하는 푸토란 산맥이 자리 잡고, 남쪽으로 바이칼리아 산맥이 자리 잡고 있다. 예니세이 강과 레나 강이 흐르면서 골짜기를 이루고 있으며 비교적 높은 산들이다.

6) 동남부의 산악 지대

동남부의 산악 지대는 러시아 영토의 1/4에 해당하는 지역으로 대부분 고지를 이루고 있다. 남부 산악 지대는 카자흐스탄의 국경 근처의 바이칼 호가 있는 지역으로 알타이 산맥이 위치해 있으며 해발 4,200m가 넘는 험한 산 지형을 이루고 있다. 동부 산악 지대는 바이칼 호수에서 추코트 산맥과 베링 해까지 계속 이어진다.

(4) 러시아의 토양

1) 타이가(삼림대) 지대

툰드라 지대의 남쪽 지역으로 러시아 영토의 약 30%이다. 툰드라 지대와는 다르게 여름에는 온난하며 분포 식물은 주로 전나무, 낙엽송 등의 침엽수림이고 남쪽 지역은 자작나무, 떡갈나무와 같은 활엽수림이다. 봄과 가을에는 서리가 많고 습지로 인해 농업이 어려우나 표층의 부식질이 자주 이동되어 척박한 땅을 형성하고 있다.

2) 수림 지대

타이가 지대의 남쪽과 서쪽 국경, 동쪽의 노보시비르스크 지역으로, 동쪽으로 갈수록 폭이 좁아지면서 삼각형을 이루고 있다. 타이가 지대보다 여름이 길고 온난하며 겨울이 짧

고 기온도 높다. 연 강수량은 400~600mm 정도이나 증발이 많지 않고 주로 여름에 집중되어 있어 곡물을 재배하기에 좋아 많은 지역이 개간되어 농지로 이용된다. 향나무와 같은 침엽수림과 은행나무와 같은 활엽수림이 분포되어 있으며 토양층이 두껍고 빙하 퇴적물로 인해 토양이 비옥하여 여러 종류의 농산물을 재배할 수 있고 목축업도 발달하여 러시아의 중요한 농업 생산 지역이다.

3) 스텝 지대

동쪽 시베리아 알타이 산맥에서 서쪽의 국경까지로 여름에는 온난하고 연 강수량이 200~500mm 정도로 건조하여 건조한 기후에 잘 자라는 농산물과 동물을 기르고 있다. 토양은 부식질이 계속 쌓여 형성되는 흑색의 체르노젬(chernozem)으로 석회 성분이 많아 비옥하며 러시아의 곡창 지대로 밀, 사탕무 등의 농산물 재배가 이루어지고 있다.

4) 툰드라 지대

북극해 연안, 핀란드 국경에서 베링 해까지 동서로 분포되어 있고 전체 면적의 약 5%이다. 연평균 기온이 대부분 0도 이하로 극도의 한랭한 지역으로 0도 이상의 기온을 나타내는 달이 3~4개월 정도이다. 너무나도 낮은 기온으로 인해 토양층은 계속 얼어있고 여름에는 습지를 형성하며 혹독한 추위로 식물들의 성장 기간은 매우 짧고 토양층의 영구 동결로 양치류, 지의류 등의 식물만이 생존하며 농업은 이루어질 수 없다.

(5) 역사

4~6세기에 시작된 러시아의 선조는 동슬라브족이며 9세기에 들어와 바이킹족의 침입으로 노브고르드 공국을 수립하였고 남하하면서 키예프 공화국을 수립하였다. 10세기경 블라디미르 대공에 의해 기독교가 국교로 지정되었고 11세기에는 비잔틴 문화가 흥행하면서 100년 동안의 권력 다툼으로 인해 키예프 공화국은 무너졌다. 1238~1480년간 몽골은 키예프 공화국을 침입, 240년 동안 키예프 공화국을 지배하였다. 러시아는 1480~1613년까지 모스크바 공화국을 수립하였고 15세기 후반 이반 3세에 의해 러시아 제공국을 병합하여 영토와 세력을 더욱 확장, 오늘날의 우크라이나 지역과 벨로루시 등 동슬라브 지역의 영토를 통일하여 몽골과의 종속관계에서 벗어났다. 이반 4세에 의해 중앙정부의 권한이 강화되었고 볼가 강 유역과 시베리아를 정복하여 세력은 더욱 확장되었으나 이반 4세 이후 폴란드의 침입으로 쇠퇴하였다. 1613년 미하일 로마노프가 차르로 선출되면서 로마노프 왕조가 시작되었다. 1682년 17세기 말에 표트르 대제의 출현으로 러시아의 사회적, 제도

적, 지적 바탕을 확립, 러시아 최초의 해군을 창설하였고 서구화 개혁을 실시, 상트페테르부르크를 세워 수도로 지정하여, 서유럽으로의 진출을 더욱더 용이하게 하였다. 남으로는 페르시아 전쟁의 승리를 통해 카스피 해 연안까지, 북으로는 중국까지 국경을 이룩하였다.

표트르 대제는 모스크바 공화국의 차르체제를 폐지하고 러시아 제국을 선포하면서 황제의 칭호를 가지게 되었다. 1905년 10월 레닌이 이끄는 볼셰비키에 의해 혁명운동이 일어났고 쿠데타에 의해 정권을 장악, 프롤레타리아(노동계급) 독재를 이념으로 하는 공산주의 정권이 수립되자 레닌은 수도를 모스크바로 옮기고 토지, 대기업, 은행의 자산을 모두 국유화하여 공산주의 정책을 추진하였으나 레닌의 사망으로 1927년 스탈린에 의한 독재가 시작되었다.

스탈린은 집단 농장을 추진, 반대 세력에 대한 숙청과 5개년 경제개발계획을 3차에 걸쳐 실시하여 러시아를 더욱 빠르게 공업화 시켜 나갔다. 세계 2차 대전의 승리국가로 소련은 동유럽 전역과 북한을 자신들의 세력 아래에 둘 수 있었다. 1987년 레닌과 스탈린의 정책을 비판하면서 고르바초프 시대가 펼쳐졌고 페레스트로이카 정책을 시행하면서 보수 강경세력의 불만으로 1991년 쿠데타가 발생, 쿠데타를 진압한 옐친이 러시아 공화국의 대통령이 되었다. 그러나 옐친 대통령은 독선적인 통치로 지지도를 잃어 1999년 대통령직을 사임, 총리인 블라디미르 푸틴이 대통령직을 수행했고 2000년 대통령 선거에 의해 푸틴은 공식적인 대통령으로 당선되어 오늘날에 이르고 있다.

(6) 식생활 문화

지리적 여건으로 아시아와 유럽 여러 민족들이 함께 살고 있어 다양한 음식과 재료 등 각 지역마다 다양한 민족의 요리를 가지고 있으며 이러한 영향으로 동양적인 맛의 음식과 주로 신맛이 나는 러시아 전통 요리, 주변 공화국의 요리들이 혼합된 것이 많다.

또한 기후적으로 0~−50도로 혹독한 추위를 가지고 있어 채소나 어패류의 이용보다는 열량이 높은 육류를 많이 사용한다. 일반적으로 음식이 상하는 것을 방지하기 위해 염장을 하거나 향신료를 사용하며 장시간 보존이 가능한 냉동법이 발달하였다. 대체적으로 요리들이 싱겁고 재료 본연의 맛을 살린 요리가 대부분이다. 광활한 대지에서는 주로 목축업이 성행하여 유제품과 육류가 풍부하나 척박한 땅과 혹독한 추위 때문에 채소 생산이 귀하여 대부분의 채소 요리는 익히는 방법을 사용한다.

러시아의 식사는 전채(애피타이저), 수프, 주 요리, 후식 순서로 진행되며 옛날의 황제나 귀족 등 특권층의 호화로운 식사 예절이 그대로 남아 있고 서두르지 않고 이야기와 함께

식사를 하고 손님을 초대할 경우에는 많은 음식과 호화로운 요리로 대접한다.

추운 날씨로 인해 열량이 높은 음식이 발달하였다. 주식은 호밀과 잡곡을 많이 이용한, 일명 흑빵이라고 하는 빵을 먹으며 찰지고 신맛이 강하다. 러시아의 대표적인 유제품 소스인 스메타나와 함께 먹는데 흑빵과 소금과 감자는 전통적인 러시아인의 식탁에서 떠나지 않는 가장 중요한 식재료이며 러시아 식생활을 나타내는 표본이라 할 수 있다. 혹독한 추위를 이길 수 있는 방법으로 고열량이면서 따뜻한 국물이 풍부한 요리인 보르시치는 육수에 고기와 비트, 토마토, 감자 등 갖은 채소를 넣고 끓인 수프로 비트로 인해 짙은 붉은 색이다. 몽골의 영향을 받아 샤슬릭이라는 꼬치 요리가 발달했고 차(茶) 또한 대중화 되었다. 또한 양배추를 소금에 절여 먹는 방법을 전수 받아 19세기 중엽에 러시아에서 유일하게 널리 사용되는 채소는 양배추가 될 정도였다. 혹독한 추위와 유흥을 즐기는 러시아인들의 낙천적인 기질이 만나 '술을 마시는 것이 러시아인들의 즐거움이다.' 라는 말처럼 대표적인 증류주인 보드카(vodka)는 러시아어로 물(voda)이라는 단어에서 유래되었는데 알코올 도수가 40~70도까지 강력하고 무색, 무취, 무미를 자랑하는 술이다. 보드카는 오이피클, 캐비어 등과 함께 마시고 식사 전 한두 잔을 작은 잔으로 마시는데 열량이 높은 러시아의 음식에서 지방을 분해, 소화시키는 역할을 하고 있어 러시아의 식탁에서는 빠질 수 없는 요소이다.

(7) 러시아의 식사

러시아의 아침식사는 부드러운 하얀 치즈, 밀가루를 이용해 얇게 만든 팬케이크인 블린치키나 치즈를 넣은 과자인 스이르니키, 잼, 치즈, 햄, 달걀, 오믈렛, 카샤, 롤빵, 커피, 요구르트 등으로 풍성하게 먹지만 점심은 오후 2시경 패스트푸드나 카페 등에서 간단히 먹는다. 저녁식사는 오후 6~7시경으로 1차 코스와 2차 코스로 나뉘어 음식이 줄줄이 나오므로 1차 코스의 음식을 너무 많이 먹으면 2차 코스와 디저트까지 먹지 못하는 불상사를 겪을 수 있다. 1차 코스에서는 구운 생선, 캐비어, 고기, 샐러드, 버섯, 오이 등과 함께 보드차도 나오고 2차 코스에서는 고기나 경단 덩어리가 들어간 맑은 수프와 고기, 생선, 감자 등을 곁들인 메인 디쉬가 나온다. 디저트로는 아이스크림이나 설탕에 절인 과일 등 단맛을 즐기며 커피와 차를 즐겨 마신다.

(8) 러시아의 음식

1) 보드카

보드카(vodka)는 밀, 보리, 호밀 등의 곡물이나, 감자, 옥수수 등의 원료를 찐 후에 엿기름을 넣어 당화시킨 후 효모로 발효시켜 나온 엑기스를 자작나무 숯을 넣은 증류기로 증류한 것이다. 숯은 알코올에서 나오는 악취 성분을 잡아준다. 보통 40~70도 정도지만 현재는 40도 정도로 규정하고 있으며 아주 차갑게 해서 마시는 것이 전통적인 주법이다. 러시아 인들은 보드카를 약이나 마취제로 이용하기도 하는데 감기에 걸리면 후추와 함께 보드카를 마시고 배탈이 날 때도 소금과 함께 보드카를 마신다.

2) 체렘샤

절인 야생 마늘 줄기로 톡 쏘는 맛을 가지고 있는 체렘샤(cheremsha)는 보드카와 같이 제공된다.

3) 캐비어

소금에 절인 캐비어(caviar, 빠유스나야 이끄라)와 알이 큰 캐비어(제르니스따야 이끄라) 붉은색의 캐비어(께또바야)가 있다. 차가운 버터를 하얀 빵에 바르고 캐비어와 함께 먹는데 키예프 러시아 시절 그리스 정교회를 수용하면서 종교 축제일과 함께 200일 동안 육식과 유제품을 먹을 수 없었기 때문에 새로운 식재료를 개발해야만 했다. 점점 생선이 중요하게 부상하면서 철갑상어의 알인 캐비어가 중요한 최고급 음식으로 자리 잡게 되었다.

4) 바레니에

딸기와 같은 과일을 설탕과 함께 끓여서 만든 잼이다. 과일 함량이 많아 걸쭉하다. 차를 마실 때 우유를 혼합하지 않고 바레니에(bapehbe)를 스푼으로 떠서 차와 함께 먹는다.

5) 랴젠카

발효 우유를 오븐에 넣어 황갈색으로 변할 때까지 구운 것이다.

6) 카샤

아침 식사 대용으로 먹는 죽으로 메밀죽, 기장죽, 보리죽, 우유를 이용한 죽 등 다양하다.

7) 스메타나

스메타나(smetana)는 우유를 발효시켜 만든 크림 소스로 러시아의 대표적인 유제품 소스이다.

8) 피로시키

반달 모양의 빵인 피로시키(pirosiki)는 버섯, 월귤 나무 열매, 고기, 채소 등을 다진 후 만두 모양으로 빚어 소를 넣어 채운 뒤 튀긴 빵으로 빵 모양과 맛은 각 지역마다 다르고 주말이나 명절 등 때와 장소를 가리지 않고 먹는다.

9) 보르시치

러시아의 붉은 색 수프로 우크라이나 지역에서 유래되었으며 고기, 비트, 토마토, 양파, 감자, 당근 등을 넣어 끓인 수프이다. 보르시치(borscht)에 스메타나를 넣어 핑크빛 보르시치를 만들기도 한다.

10) 블리니

팬케이크로 철갑상어 알인 캐비어와 함께 먹는다. 블리니(blini)는 왕들이 먹던 음식으로 현재는 스메타나와 함께 먹는다.

11) 샤슬릭

몽골의 영향으로 생겨난 조리법으로 양고기 또는 쇠고기를 채소와 함께 꼬치에 꿰어 조리한 고기 요리다. 샤슬릭(shahslyk)은 보드카와 함께 먹는다.

12) 비프 스트로가노프

비프 스트로가노프(beef stroganoff)는 쇠고기를 크림 소스와 함께 긴 시간 끓인 후 따뜻하게 먹는 음식이다.

TIP 11 러시아의 차(茶)문화

러시아인들이 세계 3대 명차인 그루지아차(홍차의 일종)를 마실 때 각설탕이나 시럽, 잼 등을 차에 직접 타지 않고 차를 조금씩 적셔서 갉아 먹거나 스푼을 이용해 떠먹는 방법으로 차의 쓴맛과 당류의 단맛을 직접 조화롭게 혀로 즐기는 방법이다.

2. 헝가리(Hungary)

(1) 지리적 특징

유럽 중동부에 위치한 헝가리는 지리적으로 북쪽의 오스트리아, 슬로바키아, 우크라이나와 국경이 맞닿아 있으며 루마니아는 서쪽, 세르비아, 크로아티아, 슬로베니아와는 남서쪽 국경과 마주하고 있다. 바다와 인접하지 못한 헝가리는 유럽에서 두 번째로 긴 강인 다뉴브(danube) 강에 의해 동서로 나뉘어져 있다.

국토의 면적은 93,028km²로 동서의 길이는 528km 정도이고 남북의 길이는 320km이다. 대부분의 국토가 저지대로 구릉 지대도 400m 이하로 낮고 산악 지대도 약 5%이지만 500~1,000m 정도의 높이다. 헝가리의 수도인 부다페스트는 유럽 온천의 중심지이다. 전 국토의 80% 정도가 온천으로 개발될 수 있는 지대로 전 지역에 1,000여개의 온천이 있으며 30도 이상의 수온이 신경통과 관절염에 효과가 좋아 관광 명소이다. 내륙 국가인 헝가리는 헝가리의 바다라는 별명을 가지고 있는 볼로톤 호수를 가지고 있는데 이 호수는 유럽에서 3번째로 크고 중부 유럽에서는 가장 넓은 호수로 바다라고 해도 뒤지지 않으나 크기에 비해 깊지 않다. 호수의 깊이는 무릎이 잠길 정도이며 허리가 잠기려면 중심부를 향해 한참 걸어가야 한다. 호수의 물은 무척 깨끗하고 깨끗한 물을 보존하기 위해 모터보트가 금지되어 있다. 북쪽은 언덕과 포도원 등이 많고 지형이 울퉁불퉁한 반면 남쪽은 평평하고 넓고 얕은 호수로 많은 사람들의 휴양지이다.

(2) 기후

헝가리의 기후는 비교적 따뜻하고 온화하며 대륙성 기후의 영향을 많이 받고 있지만 때때로 서안 해양성 기후의 영향도 받는다. 남쪽 지중해성 기후도 뚜렷이 나타나고 사계절도 뚜렷하다. 연평균 강우량은 600mm이며 겨울의 기온도 -2~12도로 비교적 따뜻하고 여름도 24도 정도로 쾌적하다.

(3) 역사

헝가리의 조상은 마자르(magyar)족으로 6~7세기에 걸쳐 헝가리에 정착한 부족으로 우리에게는 훈족이라는 이름으로 알려졌다. 마자르족은 896년경 아르파드의 지도하에 왕국을 설립하였고 13세기에는 몽골에 의해 점령당해 국민이 대량학살을 당하고 전 국토는 황폐해졌다. 14~15세기 국력을 보강하여 중부 유럽의 강대국으로 화려한 르네상스 문화로

일어섰으나 1526년 오스만 제국이 이끄는 터키 군대와의 전쟁인 모하치 전투에서 참패하고 150년간 터키의 지배를 받았다. 대부분의 국토가 터키의 지배에서 벗어나면서 오스트리아의 지배로 들어가게 되어 합스부르크 왕가에 귀속되었고 다시 150년간 온갖 학대와 경제적 압박, 종교적 탄압에 시달리는 식민의 삶을 살아왔다. 18세기 초 합스부르크 왕가의 폭정에 반발한 민족들이 반란을 일으켰으나 실패하였고 1849년 오스트리아로부터 독립을 선언하고 헝가리 왕국의 섭정 대통령으로 선정된 코슈트 러요시(Kossuth lajos)와 함께 국민군이 조직되어 오스트리아에 무력 항쟁을 실시하였으나 러시아와 내분의 영향으로 독립운동은 실패하였다. 1867년 오스트리아와 헝가리간의 이중제국 시절로 약 50년간 오스트리아의 황제를 헝가리의 왕으로 인정해야 했으며 정치적으로, 군사적으로, 경제적으로 오스트리아의 지나친 간섭을 받게 되었다. 1914년 제 1차 세계 대전에 오스트리아와 헝가리가 이중제국으로 참전하였고 1918년 이중 제국은 해체되었고 제 1차 세계 대전에서의 패배로 연합국과 맺은 트리아농 조약에 의해 독립은 인정받았으나 헝가리 국토의 2/3를 주변국가에게 할양하게 되었고 제 2차 세계 대전에서는 헝가리의 수도인 부다페스트가 70% 이상 파괴되어 유럽에서 약소국으로 몰락하였다.

제 2차 세계 대전 당시 독일에 의해 완전히 점령당했고 독일이 패망하자 소련의 지배권 안으로 들어가게 되었다. 1946년 소련의 도움으로 헝가리 공산당이 정권을 장악, 헝가리 인민공화국을 선포하여 소련의 위성국가가 되었으나 스탈린이 죽은 후 자유화 정책을 추진하였으나 소련과 스탈린 지지파에 의해 저지당하고 1956년 민중 폭동이 발생, 반(反)소련화를 일으켜 1989년 러시아군이 헝가리에 공식적으로 작별을 고하면서 진정한 헝가리 공화국이 탄생하여 국호를 헝가리 공화국(The Republic of Hungary)으로 개칭하였고 민주주의를 기초로 자유 총선을 실시, 대통령을 선임하였다.

(4) 국경일

헝가리의 국경일은 일 년에 4일인데 그중 2일은 실패한 시민 혁명을 위한 날이며 많은 농민과 학생, 주민들의 희생을 기리면서 건물마다 국기를 게양한다. 하루는 1956년 부다페스트 봉기를 기리는 날로 부다페스트의 다뉴브 강에서 화려하고 장활한 불꽃놀이가 펼쳐진다. 헝가리의 국기는 빨간색, 흰색, 녹색이 가로로 새겨져 있는데 빨간색은 피와 혁명을 의미하고 흰색은 평화와 순결을, 녹색은 희망과 자유를 상징한다. 헝가리의 국기는 오스트리아에 대항한 독립 전쟁 때에 사용되었다.

(5) 식생활 문화

헝가리 사람들은 먹는 것을 아주 중요하게 생각하며 일반적인 조리법을 따르지 않고 상상하기도 어려운 재료들을 가지각색의 방법으로 요리하여 많은 양을 먹는 것이 헝가리식이라고 할 정도이다.

또한 대부분의 음식에 파프리카를 많이 사용하는데 헝가리가 세계 최대의 파프리카 생산국인 이유도 여기에 있다고 할 수 있다. 파프리카에는 비타민 C가 풍부한데 이를 발견하여 노벨상을 탄 사람도 헝가리 사람이다. 체리페퍼를 헝가리풍의 생선 수프인 세게디 헐라슬레에 사용하는데 엄청나게 매운 맛을 자랑하는 수프로 헝가리 문화를 대표할 수 있는 음식이라고 할 수 있다. 헝가리는 농경사회이므로 많은 농산물을 이용한 전통적인 요리와 영양가가 높은 요리가 많다.

유희를 즐기는 헝가리 사람들은 손님을 초대한 후에는 마당에 거창한 잔칫상을 차린 후 준비한 음식과 음료는 하나도 빠짐없이 깨끗이 비워야 한다는 철칙을 가지고 있어 음식을 거절하는 사람이 있다면 무례한 사람으로 오인받기도 하며 엄청나게 많은 음식을 먹어 나이 든 헝가리인은 대부분이 배가 나와 있을 정도로 먹는 것을 즐긴다. 1930년에 이탈리아에서 커피를 받아들여 하루의 시작을 에스프레소로 시작한다.

아침식사를 가장 중요하게 생각하며 집에서 아침식사를 하지 못한 사람들은 일터에 준비되어 있는 음식을 먹는다. 롤빵과 얇게 저민 고기, 요구르트, 치즈 등을 먹고 이고 에스프레소는 절대 빼놓지 않는다. 점심은 거창하게 준비하여 먹는 것을 중요시 하였으나 오늘날에는 패스트푸드 등 간단한 식사로 이루어진다.

대표적인 패스트푸드로 '란고시'를 들 수 있는데 밀가루 반죽을 큼직한 도너츠 모양으로 만들어 피자처럼 납작하게 한 후 마늘을 첨가한 따뜻한 음식이다. 원래는 터키의 음식으로 15세기 이탈리아를 통해 전수된 마늘을 가미하면서 헝가리풍으로 변하였다. 4시경에는 티타임으로 간단한 과자류와 커피를 마신다. 부실한 점심식사로 인해 저녁 식사는 되도록 이른 시간에 만찬을 거하게 차려 먹기도 하고 간단히 얇게 저민 고기와 빵을 함께 먹기도 한다.

(6) 헝가리의 음식

1) 토르마 수프

토르마는 식물의 뿌리로 매콤한 소스를 만드는 재료로 맛이 겨자 또는 와사비와 아주 유사하다. 토르마 수프(torma soup)는 토르마와 치즈, 버터, 다진 돼지고기를 혼합하여 만든

것으로 동그란 하드 롤의 안을 판 후 그 안에 수프를 채워 먹는다.

2) 양고기 수프

양고기 특유의 냄새를 제거하기 위해 레몬과 마늘, 민트 등 여러 종류의 향신료를 첨가하여 만다.

3) 굴라쉬 수프

굴라시 수프(goulash soup)는 가장 대표적인 전통 수프로 야외에서 장작을 이용해 냄비를 놓고 장시간 조리하는 수프로 돼지고기, 쇠고기, 양고기에 콩과 파프리카, 양파를 넣어 얼큰한 맛을 낸 수프로 야외에서 장작불을 이용해 끓인다. 굴라쉬라는 뜻은 평원 지대에서 말과 양을 모는 목동을 의미한다.

4) 팔라친타

전통 전병인 팔라친타(palacsinta)는 전채 요리로 먹기도 하지만 디저트나 간식으로도 많이 먹는다. 밀가루를 이용해 얇은 반죽을 만든 후 바닐라 크림, 호두, 땅콩, 채소, 고기를 넣어 먹거나 올리브, 올리브 크림, 치즈를 넣은 지중해풍 음식을 전통적인 헝가리풍으로 변화시켰다. 다양한 재료를 이용하므로 그 종류가 무궁무진하다.

5) 대리석 달걀

예수님의 부활을 기념하기 위한 부활절 달걀로 색을 칠하거나 장식을 하는데 홍차를 이용해 표면을 대리석처럼 만들기도 한다.

6) 텔퇴르 카포슈타

감자에 빵가루, 버터, 호도, 치즈 등을 입혀 삶은 요리로 감자를 그냥 삶는 것보다 보기에도 좋다. 텔퇴르란 헝가리 언어로 '입히다'는 의미이다.

7) 브라쇼이 어프로 페최네

전통 가정 요리로 돼지고기를 썬 후 기름에 튀겨 채소와 물을 넣고 익힌 후 붉은 파프리카를 넣어 매운 맛을 내고 튀긴 감자를 곁들여 먹는다. 원래 슬로바키아 지방에서 유래된 음식이다.

8) 피테

헝가리에서 가장 흔하게 먹고 있는 디저트로 케이크 종류인 피테(pithe)는 사과 피테,

치즈 피테, 크림 피테, 호두 피테 등 다양하며 명절이나 축제 때 가장 많이 만들어 먹는다.

9) 토카이 와인

토카이 와인(tokaji wine)은 세계적으로도 유명한 헝가리 와인으로 화이트 와인 계열의 황금빛과 과일 향과 벌꿀 향을 가지고 있다. 토카이는 헝가리 북동부에 위치해 있는 도시로 토케이 포도주의 원산지이다.

10) 팔랑카

살구, 체리 등을 이용하여 만든 무색의 브랜디로 40%의 알코올을 함유하고 있어 독하지만 과일을 증류해서 만들어 맛이 좋다. 예전의 농민들은 팔랑카(palanca)를 아침식사에 빠지지 않고 마시기도 했다.

11) 투로시

코티지 치즈로 만든 국수 요리로 그 위에 항상 베이컨 조각과 크림 소스를 얹어 먹는다.

12) 파프리카시 치르케

매콤한 파프리카를 넣은 발효 크림을 통닭구이에 양념하여 만든 요리이다.

13) 헐라슬레

헐라슬레(halaszle)란 헝가리풍의 생선 수프로 어느 지역에서 잡은 생선인가에 따라 그 이름이 변한다. 헝가리에서 두 번째로 큰 강인 티서 강에서 잡은 생선을 이용하면 그 주변 마을의 이름을 따서 세게드라는 이름을 사용하고 두너이라는 이름을 사용하기도 한다.

IV 남아메리카(South America)

1. 브라질(Brazil)

(1) 지리적 특징

남아메리카에서 최대로 큰 면적을 가지고 있는 나라로 브라질 대륙의 모형은 북쪽은 넓은 지대이고 남쪽으로 내려갈수록 점점 좁아지는 역삼각형의 모습을 가지고 있으며 규모는 우리나라의 85배에 해당한다.

브라질 대륙은 적도와 남회귀선으로 열대와 온대를 구분하는 경계선에 위치하므로 브라질의 북부 지역을 제외하고 대부분이 적도 아래에 위치해 있어 여름은 12~3월, 겨울은 6~9월에 해당한다. 남아메리카에 있는 모든 나라와 국경을 접하고 있고 예외 국가는 칠레와 에콰도르뿐이며 대서양과 맞닿은 해안선의 길이는 약 7,491km로 전 세계의 해안선 중 길이가 가장 길다. 브라질의 지리와 기후는 광활한 면적으로 인해 하나로 통일되기 어려우므로 보편적으로 4~5지역으로 나누어 설명하고 있다.

1) 북부

북부 지역은 대부분 아마존으로 이루어져 아마조니아(amazonia)라고 불린다. 이 지역은 론도니아, 아마조나스 등 6개의 주가 밀집해 있으나 인구 밀도는 희박하고 대부분이 열대 우림으로 뒤덮여 있으며 적도의 기후영향으로 고온이며 비가 수시로 내려 습도가 70%에 육박한다.

길이 6,500km의 세계 최대의 강인 아마존 강은, 흐르는 수량만으로도 전 세계 수량의 20%를 차지하고 있다. 아마조니아 지역은 수많은 원주민 보호구역이 있으며 아마존 분지 지역의 남쪽은 중앙대평원이 있고 북쪽으로는 가이아나 고원으로 베네수엘라 국경과 맞닿아 있는, 높이 2,994m의 브라질 최고봉 피코 다 네브리나(pico da neblina)산이 있다.

아마조니아 지대의 주요 생산물은 땅콩, 라텍스 고무, 원목, 광산물이고 파라 주에 위치한 카라자스(carajas) 광산은 여러 종류의 중요 자원과 함께 세계 최대의 철강 지대로 알려졌다.

2) 북동부

북동부 지역은 해안의 폭이 200km 정도의 평야 우림 지역으로 길게 뻗어 있다. 습한 기온과 비옥한 토지를 가지고 있어 대서양의 열대 우림지역을 형성하고 있으며 사탕수수와 귤 농작이 주로 이루어지고 있다.

북동부 지역의 내륙 지역은 소 사육을 주로 하고 고원 지대인 세타오(sertao)는 브라질 대륙에서 가장 건조하고 더운 지역으로 평균 기온이 38도 이상이며 몇 년간의 주기적인 극심한 가뭄으로 인해 희박한 거주 주민들조차 이주하고 있는 추세이다. 브라질에서 가장 가난한 지역으로 빈민촌이 형성되어 있으며 사탕수수, 감귤 농장, 석유, 관광 등이 주요 산업이고 살바도르, 포르탈레자 등이 주요 도시이다.

3) 중서부

브라질의 중서부 지역은 연방 특별구로 구성되어 있으며 많은 산맥과 강, 계곡이 있고

평균 고도는 600~1000m 정도에 이른다. 중서부 지역의 가장 큰 강으로 파라과이 강은 저지대로 습관성 홍수가 이루어지나 관광지로도 유명하다.

중서부 지역은 사바나 밀집 지대였으나 오늘날에는 산업이 급속도로 발달하면서 사바나 지역은 사라지고 있고 농업, 축산업 발달 지대로 변해가고 있다. 주요도시는 브라질리아, 캄푸그란데 등이다. 중서부 지역은 더운 기온을 나타내지만 저녁에는 대륙성 기후로 서늘하다. 브라질의 수도는 남동부 해안가인 리우데자네이루(Rio de janeiro)였으나 1960년 연방특별구인 브라질리아(brasilia)로 수도를 옮겼다.

4) 남동부

남동부 지역은 특성에 따라 두 지대로 나뉘는데 상파울로, 리우데자네이루, 벨로리존테로 이루어져 있다. 대표적인 도시는 리우데자네이루로 브라질에서 가장 아름다운 도시로 선정되었고 1960년 4월 전까지 브라질의 수도였다. 남동부 지역은 해안 평야 지대이며 고온 다습한 기후로 내륙으로 들어갈수록 평균 고도가 500~900m에 달하는 고지대이다.

절경의 화강암 절벽이 해안 지대를 이루고 있으며 열대 우림을 이루고 있다. 대서양 열대 기후가 주로 나타나는 지역으로 바다의 영향을 받아 연중 고온다습한 기후를 나타내고 있다. 이 지역은 브라질의 산업단지로 농업이 가장 선진화되어 있으며 주요 품목은 오렌지, 커피, 곡물 등과 유제품, 고기류 등을 들 수 있다. 주요 도시들이 집중되어 있어 소득수준이 높기도 하지만 범죄 등의 문제도 심각하다.

5) 남부

브라질의 남부 지역은 대부분 저지대로 낮은 산과 내륙고원으로 이루어져 있으며 이런 특성상 팜파(pampa)라는 광활한 초원 지대가 아르헨티나, 우루과이 지역까지 펼쳐져 있다. 브라질에서 유명한 이과수 폭포(iguazu falls)도 이곳에 위치하여 있고 지금은 축산업이 발달하여 소를 사육하고 있다. 남부지역은 곡창 지대로 도시계획과 환경보호, 경제개발의 중심이 된다. 아열대 기후를 나타내는 남부 지역은 여름 평균 30도 정도, 겨울 평균 10도 정도로 서늘한 기후를 나타내고 눈이 내리는 경우는 거의 드물다.

(2) 역사

브라질 원주민들은 안데스 유역의 문명과 함께 지역 공동체를 형성하며 채집과 수렵, 어로, 농경 생활을 하고 살았으며 아마존 강 유역에서 일어난 문화권과 오리노코 강 유역에서 일어난 문화권으로 나뉘어졌다.

브라질의 최초 발견은 1500년 4월 포르투갈 사람인 페드루 알바르스 카브랄에 의해서 인데 그는 우연히 브라질의 남쪽지방에 위치한 살바도르 지역에 도착하여 포르투갈 땅임을 선포하였고 로마 교황의 결정에 의해 남아메리카의 북동부와 동부지역은 포르투갈의 영역이 되었다.

포르투갈은 1530년 브라질 식민지 개척단을 파견하여 상파울로 지역에 도시를 개척하였고 1549년 총사령관을 브라질로 파견하여 통치하였다. 1763년 해안 지역에 위치한 리우데자네이루에 수도가 세워져 식민지 시대의 중심지가 되었다. 1822년 브라질로 피신한 포르투갈의 황태자 페드로 1세는 포르투갈로부터 브라질의 독립을 선언하였으나 페드로 1세는 반군에 의해 페드로 2세에게 왕권을 넘겼다. 페드로 2세는 상업, 산업, 문학, 과학의 발전에 기여했으며 철도를 만들고 이민을 허용하고 고무사업을 확장시켰다. 그는 또한 파라과이와의 전쟁에서 승리로 그 입지를 확고히 하였다. 1888년 브라질 흑인들의 노예제도가 완전히 폐지됨과 함께 1889년 헌법 개정으로 브라질 연합공화국이 되었고 대통령 직선제가 실시되었으나 민간 독재자와 군부 독재자들에 의해 통치가 시작되었다. 독재정치는 1932년 커피 재배 농장주들의 반란으로 인해 실패하였고 1956년 선거에 의해 새로운 대통령이 탄생하였다. 쿠비체크 대통령에 의해 1960년 새로운 수도 브라질리아가 건설되었다.

1970년 브라질은 경제적으로 성장하는 기적을 일으켰으나 1980년대 많은 외채와 인플레로 경제발전이 주춤하였고 오늘날 다시 안정세를 찾아가고 있다. 브라질 경제발전에 크게 이바지한 사업은 사탕수수로 16세기 말부터 유럽시장과 흑인 노예, 원주민 노예의 착취로 인해 점점 더 확장되어갔다. 점차 금, 다이아몬드와 같은 광물의 발견이 급증되면서 사탕수수 사업에 이어 브라질의 금광 시대가 열려 세계 금 생산량의 85%를 생산하고 있다.

(3) 브라질의 인종

여러 가지 피부색과 다양한 인종으로 이루어진 브라질은 포르투갈인들이 브라질 대륙을 발견하지 못했을 당시에는 인디언과 원주민이 자신들의 삶을 살아가던 땅이었다.

1) 메스티조

500년 동안 토착민인 인디언과 원주민, 유럽인, 아프리카인들이 한데 어우러져왔다.
브라질로 건너간 최초의 포르투갈인들은 브라질 토착 원주민들 사이에서 새로운 메스티조(mestizo)라는 인종을 만들어냈다.

2) 뮬라토

점차적으로 포르투갈인들이 늘어나면서 아프리카인종과 포르투갈인종 사이에서 뮬라토(mulato)라는 새로운 인종이 생겨났다. 뮬라토들은 브라질뿐 아니라 남아메리카 지역에서 중요한 비중을 차지하고 있었지만 1888년 노예제도가 폐지될 때까지 그들의 신분을 회복하지는 못하였다.

3) 파울리스타노스

파울리스타노스(paulistanos)는 상파울로 주에 사는 사람들을 일컫는 말로 진취적인 특징을 가지고 있다. 브라질의 가장 부유한 인종으로 노예무역, 광산, 커피 재배 등을 통해 경제적, 문화적 중심지로 남미를 키워갈 수 있는 원동력이 되고 있다.

4) 카리오카스

카리오카스(cariocas)는 리오데자네이루의 거주민들을 일컫는 말로 낙천적이고 태평한 성품을 가지고 있다.

5) 세르탕

세르탕(sertão)은 북동부 지역의 세타오 사람들을 일컫는 말로 유럽인과 아프리카인의 혼혈족이며 빈민촌을 형성하고 있다.

6) 카보클로

아마존 유역에서 카누를 타고 다니며 생활하고 있는 카보클로(caboclo)인종은 배가 유일한 이동수단이다. 이들은 조상 때부터 카누를 조정하며 산 아마존 원주민으로서 백인과 원주민의 혼혈족을 일컫는다.

(4) 브라질의 축제

1) 카니발

브라질뿐 아니라 전 세계적으로도 가장 유명한 축제로 브라질의 카니발은 포르투갈어인 엥트루도(entrudo)에서 유래된 말로 그 의미는 사순절 전에 벌어지는 행사로 카니발 기간 동안에는 서로에게 밀가루, 물, 잉크 등을 던지며 즐긴다. 브라질에서 열린 최초의 카니발은 1641년 포르투갈 왕인 돔 후앙 4세의 즉위식을 기념하기 위해 열렸고 19세기에 들어서면서 카니발이 극단적으로 가열되면서 카니발을 금지시켰으나 이탈리아에서 가면을 이용

한 카니발로 인해 새로운 양상의 카니발 문화가 형성되었다. 브라질 카니발의 심장이라 할 수 있는 삼바는 20세기가 시작되면서 인기 있는 음악이 되었으며 1928년 리우데자네이루에 최초로 삼바를 위한 학교가 생겨나기도 했다.

1960년부터는 카니발이 브라질의 대규모 상업 상품으로 발전되었고 4일 동안 끊이지 않고 각 지역의 전통행사와 함께 흥겨움이 더해진다. 카니발은 브라질 문화의 본질이며 브라질에서 혼합된 유럽과 아프리카의 문화를 잘 혼합하여 반영한 축제라고 할 수 있다. 축제가 열리는 4일 동안은 모든 경제 활동대신 음악과 춤, 그리고 거대한 행렬이 이어지는 것이 볼거리이다.

2) 부활절

브라질 가톨릭교회의 가장 성대하고 중요한 축제로 전국에서 부활절 축하 축제로 촛불 축제와 행진, 고적대가 어우러진다.

3) 성 요한 축제

6월은 많은 축제가 벌어지는 달로 그 중 성 요한 축제는 6월 24일이다. 이날은 밤이 되면 모닥불과 음악, 춤을 추면서 사탕수수로 만든 브라질 증류주인 카차카가 들어간 따뜻한 음료수인 쿠엔탕(quentao)를 마시며 종이에 소망을 써서 종이로 만든 풍선에 달아 하늘로 날리는 행사 또한 커다란 볼거리이다.

4) 크리스마스

브라질의 크리스마스는 12월 24일부터 1월 6일까지이며 자정 예배 후 온 가족이 모여 칠면조 요리를 먹으며 식사를 마친 뒤, 가족들끼리 서로에게 선물을 교환한다.

(5) 식생활 문화

브라질의 음식은 인종의 다양성과 함께 각 인종마다 가지고 있는 특성을 잘 나타내고 있으며 재료 또한 그 종류가 다양하다. 아침 식사는 간단하게 크래커, 커피, 우유, 과일 등을 먹고 점심 식사는 가장 푸짐하게 먹는다. 점심 식사는 12~2시 정도로 최소 한 시간 정도 식사를 하고 그 재료로는 쌀, 콩, 감자와 비슷한 만디오카 등으로 조리하며 디저트는 과일, 크림 샹띠에, 아이스크림, 그리고 카페 징요(에스프레소)를 마신다. 점심식사는 질보다 양을 중요시하여 뷔페 형식의 카페테리아가 많다. 대부분의 식당들은 손님들이 담아온 음식의 무게를 달아 가격을 책정한다. 저녁은 점심 식사보다 훨씬 간편하고 간소하며 7시부터

늦은 시간인 10시 정도이다. 주로 샌드위치, 수프 등 가벼운 음식을 먹고 가정에서는 손쉽게 만들어 먹을 수 있는 콩 스튜 등을 먹으며 대체적으로 음식의 간이 센 편이다.

1) 원주민의 식생활

브라질의 원주민들은 채취한 과일이나 사냥을 통해 얻은 고기를 먹었다. 주로 바나나를 섭취했고 시간이 지나면서 생식으로 먹기보다 삶아 먹거나 구워 먹기 시작했다. 원주민의 식품으로 유명한 만디오카는 주로 뿌리를 섭취하였으며 고추와 후추, 계피 등을 음식에 사용했다.

2) 흑인의 식생활

사탕수수가 성행했던 브라질은 16세기에 들어서면서 부족한 노동력을 충족시키기 위해 아프리카에서 수많은 흑인 노예들을 브라질로 데려왔다. 세네갈, 가봉, 모잠비크 등지에서 들어온 흑인들은 그들의 독특한 식생활 문화를 동시에 가져왔는데 마늘과 소금을 많이 사용하였고 아프리카에서 직접 공수해온 야자수 덴데(dende) 열매의 기름을 튀김에 이용하였다.

대표적인 음식인 쿠스쿠스(couscous)는 아프리카와 모로코, 이집트 등의 전통 요리로 옥수수 가루나 듀럼밀을 사용하여 만든다. 가루를 반죽한 후 소금을 넣고 삶아 덴데 기름을 발라 먹는데 브라질 서민들의 가장 보편적인 음식이라고 할 수 있다. 또 페이조다(feijoada)는 페이존이라는 콩과 고기를 넣고 오래도록 끓여서 먹는 요리이다.

3) 백인의 식생활

남부 지역은 포르투갈 인을 선두로 독일인, 스페인, 이탈리아 등 많은 유럽인들이 이주하여 백인의 식생활이 형성되었다. 브라질로 이주한 포르투갈 사람들에 의해 '해산물 대구 요리', '달걀 감자 대구요리' 등 대구 요리가 많았다. 이탈리아 이주민이 많은 지역은 파스타 요리가 발달했고 독일인 거주 지역은 버터와 치즈 같은 낙농 제품이 주를 이루었다.

4) 지역별 음식 문화

① 북부

아마존 강 유역인 북부 지역은 아마조나스 지역으로 원주민과 인디언이 많다. 세계 산소 공급의 1/3을 공급하고 있는 울창한 밀림 지대에서는 과일과 수산물이 풍부하여 두 가지 재료를 이용한 음식이 많다.

대표적인 요리는 파투 누 투쿠피(pato no tucupi)를 들 수 있는데 투쿠피는 카사바 나

무에서 추출한 즙을 이용한 음식으로 카사바에는 쓴맛을 유발하는 시안배당체가 들어있어 생으로 먹으면 독성을 유발하므로 독을 제거하기 위해 반드시 끓여서 오리고기, 올리브 오일, 마늘, 소금, 후추, 월계수 잎을 넣고 오랜 시간 삶아서 먹는다.

생선을 꼬치에 끼워 구운 음식은 토마토, 양파, 고추를 혼합하여 만든 소스를 계속 발라 먹으며 미키에 그릴하도(mikie grilhado)라 한다. 대추야자열매인 바바수(babacu)는 초록색의 겉껍질은 분말로 이용하고 씨를 먹는다. 아사이(acai) 열매는 전 세계적으로 그 영양적 가치가 우수하다고 인정받고 있는데 초콜릿 맛을 내며 즙을 내어 카사바 분말과 함께 혼합하여 조리한다.

야자수인 부리티(buriti) 열매의 즙은 술과 달콤한 캔디를 만들어 정찬에 이용하기도 하며 나뭇잎은 그릇과 부채 등을 만든다.

② 북동부

이 지역은 가난한 지역이지만 여러 인종이 모여 살고 다양한 음식 문화가 어우러져 광활한 초원에서 방목하여 키운 소와 채소, 과일, 콩 등을 이용한 요리들이 발달했다. 대표적인 요리로는 콩을 불린 후 껍질을 제거한 후 소금, 후추, 양파와 함께 갈아서 혼합한 반죽을 묽게 만들어 튀긴 후 그 안에 여러 재료를 넣어 만든 아카라제(acaraje)로 주로 바이아 지방에서 간식으로 먹는다. 생선과 새우, 생강, 야자 등을 넣어 끓인 바타파(vatapa)등도 대표음식이다.

③ 남부

독일, 이탈리아, 포르투갈, 스페인 등의 유럽 이민자들에 의해 부유한 지대로 각광받고 있는 남부 지역은 '사도바울'이라는 의미의 상파울로와 리우데자이네루가 속한 지역이다. 상파울로는 커피 재배를 중심으로 발달하였고 엠파다(empada) 파이를 들 수 있는데 토마토와 야자열매, 양파, 파슬리, 올리브를 밀가루와 반죽하여 만든 음식이다.

또한 해안도시가 많은 남부 지역은 해산물 요리도 유명하여 대구 완자요리(bolinha de bacalhau)가 대표적인데 삶은 대구 살, 감자, 밀가루, 양파, 마늘 등을 넣어 혼합 후 달걀 흰자 거품과 섞은 후 자두 크기의 반죽으로 만들어 냉장고에서 숙성시킨 다음 빵가루를 입혀 기름에 튀긴 음식이다.

(6) 브라질의 음식

1) 미니쇼바

브라질 원주민의 음식이라 할 수 있는 미니쇼바는 원주민들의 지혜가 담긴 음식이다.

이는 높은 기온과 수렵생활 등으로 인해 일정하지 않은 수확량을 대비해 장기 보존하기 위한 원주민의 음식이다. 소의 혀, 돼지머리, 순대, 햄, 소시지, 만디오카를 넣고 2~3일 정도 계속 끓여 고기의 형태가 없어질 때까지 조리하여 저장한 음식으로 부족한 단백질을 보충하기에 적합하다.

2) 페이조아다

노예로 끌려온 흑인들이 먹던 전통 음식인 페이조아다(feijoada)는 검은 콩을 이용하며 먹다 남긴 음식을 모아 만든 요리이다. 요리에 사용되지 않는 돼지 코, 발, 귀와 같은 부위를 콩과 섞어서 오랜 시간 끓여 먹었고 오늘날에는 건조식품과 돼지고기, 소시지, 베이컨 등을 넣어 만든다. 하루정도 냄비에서 끓이는 요리로 칼로리가 높고 주로 점심에 많이 먹는다.

3) 슈라스코

슈라스코(churrasco)는 브라질 남부 가우초(gaucho)에 의해 만들어진 요리로 바비큐 요리다. 가우초들은 목축을 생업으로 삼았던 브라질 남부의 카우보이인데 1m 길이의 꼬챙이에 고기와 생선, 채소를 꿰어 숯불에 구운 꼬치 요리로 결혼식이나 생일에 꼭 먹는 요리이다.

4) 쿠스쿠스

쿠스쿠스(couscous)는 아프리카의 대표적인 곡물 요리로 브라질에서는 페이조아다와 함께 먹는다. 옥수수 가루, 듀럼밀 등을 이용하여 반죽하고 소금으로 간을 한 후 삶아 야자유를 발라 먹는 것으로 오늘날에는 대량 생산되고 있는 대중 음식으로 저녁 식사에 주로 먹는다.

5) 에스파다 파이

밀가루 반죽에 토마토, 야자수, 양파, 파슬리, 올리브 등을 넣어 구운 것을 에스파다 파이(espada pie)라고 한다.

6) 아카라제

아카라제(acarajé)는 콩을 불려 껍질을 벗긴 후 양파, 소금, 후추와 함께 갈아 만든 묽은 반죽을 타원형으로 튀긴 것으로 말린 새우와 콩, 양파 등을 혼합한 소스와 곁들여 먹는다.

7) 바타파

바타파(vatapá)는 양파, 마늘, 땅콩, 생강, 새우, 코코넛 밀크, 식빵을 넣어 만든 스튜로 야자유인 덴데유와 함께 반죽하고 닭고기 육수를 넣고 다시 한 번 끓인다.

8) 꼬시냐

꼬시냐(coxinha)는 닭고기를 튀긴 크로켓이다.

9) 빠옹 지 께이주

치즈를 이용하여 만든 브라질 전통 빵인 빠옹 지 께이주(pão de queijo)는 주로 간식으로 많이 먹는다.

10) 아사이볼

아마존 지역에서 나는 열대 과일로 영양가는 높으나 맛이 없는 아사이 열매를 갈아 여러 종류의 과일과 함께 먹는 디저트를 아사이볼(acai bowl)이라 부른다.

11) 음료

① 비타미나스

열대 과일이 풍부한 지역적 이점을 이용한 음료로 과일 쉐이크(vitaminas, 비타미나스) 이다. 바나나, 오렌지, 파파야, 망고, 파인애플 등을 이용하고 북동부 지역의 세라도에는 그 지방에서 나는 카자 주스, 아사이를 이용한 주스 등이 있다.

② 과라나

덩굴식물 열매인 과라나(guarana)는 카페인처럼 신경을 자극하는 물질이 있어 맛좋은 과일 주스뿐 아니라 건강 음료로 치료 기능이 있어 신이 내린 열매라는 별명을 가지고 있 다.

③ 콜도 데 카나

콜도 데 카나(cole de cana)는 사탕수수를 압축하여 뽑은 단맛이 나는 주스이다.

④ 아구아 데 코코

그린 코코넛을 이용해 만든 천연 음료수(agua de coco)로 전해질이 풍부하다.

⑤ 치마라로

치마라로(chimararo)란 마테 허브로 만든 차이며 브라질 남부지역의 전통 음료이다. 조 롱박에 뜨거운 물을 넣어 향이 배게 하여 마신다.

⑥ 카차카

사탕수수를 이용하여 만든 럼주로 카차카(kachaka) 또는 핑야(pinga)라고도 한다. 한 번만 증류하므로 향이 강하여 다른 음료와 섞어 마시기도 한다.

TIP 12 브라질 커피

브라질 커피는 전 세계 생산량의 반을 차지하고 있는 아라비카 종이고 종류로는 산토스, 미나스, 리오 등이 있다.

① 산토스는 상파울로의 산토스에서 생산되는 최상품으로 원두의 크기가 작고 붉은색 줄무늬가 있다. 맛과 향은 부드럽고 풍부하고 신맛이 난다.

② 미나스는 브라질의 최대 커피 생산량을 자랑하는 도시인 미나스 제라이스에서 생산되는 커피이다.

③ 리오는 브라질의 해안도시인 리우데자네이루의 독특한 토양 향기를 함유하고 있는 커피이다.

④ 카페진유는 강하게 로스팅한 커피로 냄비에 물과 설탕을 넣고 끓인 후 커피 분말을 넣고 다시 천에 내려 마신다.

---

(7) 식사예절

국물요리를 먹을 때는 개인 접시에 덜어 먹는다.

음식이 든 그릇은 오른손으로, 빈 접시는 왼손으로 든다.

식사를 마친 후 냅킨은 펼쳐 놓는다.

칠면조 등 가금류 요리의 꼬리 부분은 어른에게 먼저 드린다.

남자가 마시기 전에 여자가 먼저 포도주를 마시지 않는다.

저녁식사 초대는 초대시간 10분 전에 도착하고 30분을 넘기지 않는다.

저녁식사 때는 카차카를 마시면서 대화를 시작한다.

2. 멕시코(Mexico)

(1) 지리적 특징

북미대륙과 미국의 경계에 위치한 나라로 북쪽으로는 미국과 맞닿아 있으며 남쪽으로는 과테말라, 벨리즈, 온두라스, 엘살바도르와 국경을 접하고 있다. 국토의 면적은 우리나라의 9배 정도로 미국과의 국경은 3,200m이며 시에라마드레 산맥이 멕시코 국토의 남북으로 대륙을 관통하고 있어 대부분의 국토가 고지대를 형성하고 있다. 북부 고원 지대와 중앙 고원 지대, 해안 평야 지대로 나뉘는데 멕시코의 수도인 멕시코시티(Mexico city)가 위치한 지역은 해발 2,240m의 고산지로 북위 17도에 위치해 있으나 덥지 않고 겨울에도 10도 아래로 내려가지 않으며 연교차도 그리 크지 않으나 일교차가 크다.

멕시코의 북서쪽은 해안 지대로 차가운 캘리포니아 해류에 의해 기온이 낮고 강수량도 많지 않으며 남동부도 해안 지대이나 북서쪽과는 정반대로 난류가 흐르며 열대 기후를 나타내고 있어 관광지로도 유명하다. 중앙고원 지대는 멕시코의 역사적 중심부로 인구가 가장 많이 몰려 있고 커다란 호수가 있으며 멕시코시티도 이곳에 속한다.

멕시코의 지형은 중부 지역으로 들어갈수록 깊은 협곡을 가진 고산 지대가 나오고 해안 지대로 갈수록 저지대가 밀집되어 있으며 동쪽에서 서쪽은 약 640km, 북쪽에서 남쪽으로는 320km이다. 산이 많은 지형으로 높이 5,280m의 눈이 쌓여있는 화산 지대와 홍수림, 사막 지대, 열대우림, 산호초 등이 다양하여 수많은 동식물의 낙원이라고 할 수 있고 사막 지대에는 선인장과 사막거북, 3만종에 가까운 식물도 서식하고 있다. 멕시코는 각 지방마다 독특한 자연환경을 가지고 있으며 저지대와 고지대간의 문화적 차이도 크다. 더운 지방의 저지대 사람들은 고지대 사람들을 너무 심각하다고 생각하고 고지대 사람들은 더운 저지대 사람들을 격정적이고 폭력적이라고 생각한다.

멕시코의 동쪽은 멕시코 만(灣)으로 멕시코 만을 넘어 쿠바, 자메이카, 아이티, 도미니카 공화국이 있어 정치적, 경제적으로도 긴밀한 관계를 형성할 수 있고 따뜻하고 조용한 바다를 가지고 있어 휴양지로도 유명하다.

(2) 기후

멕시코의 기후는 건기와 우기로 나누어져 일 년에 6개월씩 건기와 우기가 교대되므로 6~11월까지인 우기에는 매일 하루에 2시간 이상씩 비가 쏟아지기도 한다. 멕시코의 지형적 요건으로 인해 열대 기후에서 사막 기후까지 다양하며 온대 기후를 나타내는 해발

1,600m 지역에서는 커피가 생산되기도 한다. 북서쪽 해안 지대는 기온이 서늘하고 건조하다.

(3) 역사

BC 1,200년경 동쪽 해안 지대에서 멕시코의 조상인 올멕(olmec) 문명이 시작되었다. 올멕 문명은 높이 914m, 넓이 185m인 거대한 인공고원(人工高原)을 건설하였고 올멕 문명의 지도자들의 얼굴을 조각한 20톤 이상의 석상 조각물들을 건축하였다.

풍성한 자원과 비옥한 토지로 인해 풍부한 경작물을 일구었고 이로 인해 많은 마을들이 생겨났으며 인근 지역의 마을들과 생산된 경작물, 고무, 청동 거울 등의 교역이 활발히 이루어져 더욱 발전되어갔다. 올멕 문명은 신앙의 대상으로 재규어와 인간의 합성 예술품을 만들어 뱀, 비, 자연, 곡식의 신을 숭배하였다.

멕시코시티 부근에서 탄생된 테오티칸 문명은 철기 문명으로 철로 만든 거울이 최대의 수출품이었으며 철을 이용한 도구 등을 만들었고 도시 계획을 세워 수로와 도로를 건설하여 중앙 집권적 통치제도로 다스렸다. 또한 BC 600~AD 900년경의 마야 문명은 테오티칸 문명의 남쪽 지역에서 대도시들을 건설하고 수많은 도시들을 연합하여 국가가 더욱 강대해졌다. 마야인은 설형문자를 사용하여 돌, 나무, 도자기 등에 자신들의 정치, 종교의식 등을 기록하였으며 올멕 문명과 테오티칸 문명, 마야 문명이 서로 교류하였다. 이들 문명의 쇠퇴로 AD 1200년 아즈텍 문명이 발생하였는데 유목 문화를 바탕으로 멕시코시티 부근에 정착하여 멕시코의 중심 지역을 통치해 나갔다. 아즈텍 문명은 호수를 막아 농지를 만들고, 수로 등을 개설하여 홍수를 조절할 수 있었으며 8km에 해당하는 인공 섬을 만들고 비와 전쟁의 태양신을 섬기는 피라미드를 만들어 숭배하였다. 아즈텍 문명은 1519년 스페인이 멕시코를 침략하기 전까지 계속 멕시코를 지배하고 있었다. 스페인은 1517년 멕시코의 동쪽 유카탄 반도로 상륙하여 멕시코 인들을 약탈하였고, 1519년 마야인들의 아이들을 신의 제물로 바치기 위해 데려간 아즈텍인들에 대해 반감을 가지고 있던 마야인들이 스페인군과 손을 잡고 아즈텍인을 공격하였다. 1521년 스페인군과 마야인 연합군은 아즈텍의 수도를 정복하고 자신들을 멕시코라고 부른 아즈텍인들을 따라서 멕시코라 명명하였고 그곳에 스페인 양식의 건물을 세웠다.

스페인은 점점 더 그 세력을 확장하여 멕시코 동부 해안과 서부지역인 캘리포니아 지역, 아카풀코 지역에 항구를 건설하고 멕시코를 넘어 태평양 연안까지 그 세력을 확장시켰다. 그들이 점령한 멕시코의 영토는 오늘날의 3.5배 정도가 되었으며 1522년 토지허용제도에

의해 인디언들을 강제로 지정한 구역에 살게 하며 강제노역을 시켰고, 그들의 종교 의식을 폐하고 가톨릭을 전파했으며, 멕시코의 토지를 스페인에게 배분하여 멕시코로의 이동을 도모하여 식민지로 더욱 자리를 굳혀갔다. 원주민에 대한 노동력 착취와 질병, 알코올 중독 등으로 점점 원주민의 인구가 줄어들면서 노동력이 감소하자 아프리카의 흑인 노예들을 들여와 1553년 흑인 노예의 인구 수는 스페인의 인구 수와 같게 되었다.

스페인은 멕시코의 무역 물품에 스페인 이외의 국가와는 수출, 수입을 할 수 없도록 제제를 가했으며 멕시코 내의 내수 사업 물품도 제제를 가해 오직 초콜릿, 옥수수, 토마토, 땅콩, 사탕수수, 가축 등의 축산업만을 허용하였다. 18세기에 들어서면서 멕시코에 매장되어 있는 은을 생산할 수 있었는데 그 생산량은 세계의 50%에 달하였다. 크레졸 인종에 의해 멕시코가 독립되면서 당시에는 캘리포니아, 텍사스, 파나마 지역까지 멕시코 령이었으나 그 경계가 명확하지 않았다. 1824년 멕시코의 새로운 헌법이 제정되었고 1829년 공식적으로 노예제도가 폐지되었으나 부패한 정부에 의해 1853년 애리조나, 뉴멕시코 등의 지역을 '가드스덴 조약' 에 의해 미국에 팔았고 1846년 멕시코와 미국의 전쟁으로 인해 멕시코 북부의 리오그란데 북쪽의 땅을 미국에 헐값에 이양하였다. 전쟁에 패한 멕시코는 막대한 부채로 인해 프랑스의 간섭을 받게 되면서 식민지화 되었으나 미국의 개입으로 식민지화를 포기하였다. 멕시코는 수많은 내전과 유럽 여러 나라의 개입, 커다란 부채 등으로 극심한 가난과 빈곤에 처하게 되었으나 철도를 개설하고 도로를 정비하며 교통망을 확충하고 경찰조직을 재정비해 치안을 안정시키면서 점점 발전해 나갔다. 금, 은, 고무, 커피 등을 수출하여 내실을 굳혀가고 외국 자본들의 투자를 유치하면서 안정되어갔으나 정권 권력 다툼으로 반란이 일어나면서 그 성장이 주춤해졌다. 국내외적인 혼란으로 1,900년대에는 경제가 쇠퇴하였고 인플레이션이 증가하고 노동자는 실직했으며 금리 또한 하락하여 더욱 위기를 맞이하였다. 1974년 멕시코에서 최초로 석유가 생산되었고 1982년 세계 제 4위의 석유 생산국이었으나 국가 재정의 적자와 농업의 생산 저하, 극심한 가뭄으로 멕시코는 다시 경제적 어려움에 처하게 되었다. 오늘날에도 멕시코 정부의 부정부패와 마약조직과의 결탁 등으로 어려움을 겪고 있으며 멕시코가 어떻게 발전해 나갈지는 미지수이다.

(4) 멕시코의 인종

스페인의 침략으로 멕시코 내에서는 새로운 인종과 계급이 생겨나기 시작하였으며 스페인 본국에서 이주해 온 페닌술라(peninsular), 멕시코에서 태어난 스페인인 크레올(creole), 스페인인과 원주민의 혼혈인 메스티조(mestizo), 스페인인과 아프리카 흑인 노예의 혼혈인 뮬라토(mulatto), 인디언과 흑인의 혼혈인인 잠보(zambo), 멕시코 원주민

인 인디오(indio), 순수한 흑인인 양가(yanga)로 그 계급이 나뉘게 되었다. 양가 계급은 그들의 자유를 주장하였고 노예해방과 함께 산 로렌조 디 로스니그로스(san lorenzo de losnegros)라는 흑인들의 도시를 설립하였다. 멕시코의 흑인들은 점차 다른 인종들과 혼혈이 되면서 순수 흑인들은 사라지게 되었다. 1810년 크레올인에 의해 멕시코에서는 비밀조직이 형성되었고 멕시코의 독립을 주장하면서 페닌슐라인들의 집과 농장을 공격하였고 그 세력을 점점 확장해가며 여러 지역들을 점령해나갔으며 1821년 마침내 멕시코의 독립이 선언되었다.

(5) 축제

멕시코의 축제, 피에스타(fiesta)는 일상에서 벗어나고 싶은 그들의 마음을 너무나도 잘 표현하고 있다. 이들의 축제는 라틴아메리카 원주민이 가지고 있던 문화와 스페인에 의해 전해진 가톨릭 문화가 혼합되어진 형태이며 스페인의 정복 정책인 가톨릭 전파 전략중의 하나로 원주민의 반발을 막기 위한 것이었다.

1) 카니발

9일 동안 이어지는 축제로 사순절이 되기 전 2월 말, 또는 3월 초에 시작된다. 여러 행진과 어린 아이들의 공연, 콘서트, 불꽃놀이 등 다채로운 행사와 열대지방의 춤을 추며 흥겹게 즐긴다.

2) 5월의 축제

싱코 데 마요(cinco de mayo) 축제는 1862년 멕시코가 프랑스와 푸에블로에서 승리한 날을 기념하는 날로 유럽의 침략자를 최초로 물리친 날이다. 푸에블로 지방에서 시작되어 멕시코 전역에서 기념되고 있는 축제로 5월 첫째 주 일요일에 행해지는 행사로 축제 의상을 입은 5명의 남자들이 기다란 장대에 올라가고 다섯 번째로 올라간 사람은 꼭대기에서 북과 호루라기를 이용해 시작을 알린다. 남은 4명의 장대 위의 사람들은 밧줄과 함께 뒤로 공중회전을 하고 밧줄과 함께 조금씩 아래로 내려가며 장대를 빙글 빙글 52번 돈다. 52라는 숫자는 마야달력에서 52년이 1주기가 되는 아주 중요한 숫자이다.

3) 7월의 축제

아악사카 주 구엘라헤우트사 축제로 7월 16일이 지나 돌아오는 두 번의 월요일에 열린다. 토착민들의 무용과 함께 파인애플 춤, 날개 춤 등이 원형극장 안에서 열리며 멕시코의

가장 독특한 축제이다.

4) 독립기념일

멕시코의 독립기념일에 멕시코시티에서 열리는 축제로 지나가다 방심하면 여기저기에서 날아 오는 달걀에 맞을 수 있다. 이달고(hidalgo) 신부를 기리며 열리는 9월의 축제이다.

5) 국제 세르반티노 축제

10월에 과나후아토에서 열리는 축제로 돈키호테의 작가인 미겔 데 세르반테스를 기리는 축제이다. 그의 업적을 기념하여 미술, 음악, 춤, 연극 등 다양한 행사와 함께 멕시코 정부에서 직접 운영하는 세계적인 문화 축제이다.

6) 11월 2일

죽은 자들의 날로 새로운 생명이 죽은 자들로 인해 온다는 생각을 하는 멕시코 인들에 의해 새 생명을 축하하는 축제이다. 원주민들의 조상 숭배와 생명 존중의 축제로 많은 사람들이 죽은 사람들을 위해 사탕과 음식, 꽃을 선물하는데 사탕의 모양은 해골이나 뼈다귀 모양으로 만든다.

7) 11월 20일

멕시코 혁명을 기리기 위해 열리는 축제로 역사적인 의미를 더 담고 있는 날이다. 멕시코의 수많은 도시마다 '11월 20일'이라는 거리를 만들어 이날을 기린다.

8) 라스 포사다스

12월 16일부터 시작되어 크리스마스 이브까지 계속되는 축제로 촛불 행렬과 함께 마리아와 요셉의 베들레헴 여정을 재현하는 축제이다. 아이와 어른이 한데 어우러져 집에서 집으로 이어지는 행렬 속에서 축제가 무르익어가면 사탕, 동전 등을 가득 채운 형형색색의 점토 인형인 피냐타를 눈을 가린 아이들이 장대를 이용해 깨뜨린다.

(6) 식생활 문화

멕시코의 음식 문화는 스페인이 멕시코를 발견하지 못한 시기인 원주민들의 토착 문화와 스페인 정복에 의해 형성된 스페인 식문화, 스페인 해방 후 프랑스의 음식이 한데 어우러진 문화라고 할 수 있다. 멕시코의 식생활 문화는 한마디로 '옥수수 문화'라고도 할 수

있는데 토양이 옥수수 재배에 가장 적합하여 옥수수를 대량 생산할 수 있기 때문이기도 하지만 옥수수는 멕시코에서 BC 7세기부터 재배되기 시작했고 마야 문명에서는 신격화하여 인간이 옥수수로 만들어졌으며 옥수수 인간은 신과 같은 지혜와 힘을 가지고 있어 새로운 인류를 만든다는 신화가 마야 문명에 이어 아즈텍 문명까지 전해지고 있다. 이렇듯 옥수수는 멕시코에서 중요한 식재료로 상류 계급을 제외한 대다수의 멕시코 인들은 옥수수 위주의 식사 문화를 가지고 있으며 오늘날에도 옥수수를 이용한 토르티야를 버리면 큰 죄악으로 생각하고 있다.

16세기 유럽 세계의 등장으로 유제품, 쇠고기, 닭고기, 밀, 양파 등이 소개되었으며 다채로운 재료의 등장으로 멕시코의 식문화에도 많은 변화가 생겨났다. 옥수수, 곡물 등 채소 위주의 식생활에서 육류의 사용이 다양해졌고 밀의 경작으로 밀을 이용한 빵이 옥수수를 이용한 빵과 함께 식용되었으며 식용유가 등장하여 조리법이 다양해지고 튀김 음식이 도입되면서 멕시코 음식에 많은 변화를 가져왔다.

아침과 저녁은 간단하게 먹지만 점심은 잘 챙겨 먹는 풍습을 가지고 있어서 아침식사는 허브티와 커피, 페이스트리 등을 먹는다. 점심은 식사라는 의미의 '라 코미다(La comida)'라고 하여 대부분의 레스토랑에서의 메뉴에도 '라 코미다'라는 메뉴는 빠지지 않고 있다. 점심 식사가 시작되기 전인 11~12시 사이에 공복을 이기기 위해 간단한 타코(taco)를 만들어 먹고 오후 3시경 점심을 푸짐하게 먹고 난 후 스페인 풍습의 영향으로 낮잠을 푹 즐긴후 오후 5시경부터 그들의 업무를 시작한다. 오후 6시경 '메리엔다(merienda)'라는 간식시간을 갖는데 달콤한 휴식이라는 의미로 커피, 코코아, 페이스트리 등을 먹는다. 저녁식사는 저녁 8~10시에 이루어지고 저녁을 많이 먹으면 소화되기 어렵다는 생각을 가지고 있어서 간단하게 먹거나 점심 식사에 먹다 남긴 음식으로 간단히 때우기도 한다.

1) 멕시코의 재료들

① 옥수수

멕시코의 대표적인 식재료이며 그 사용법은 다양하여 단순하게 굽거나 삶아 먹는 것만이 아니라 가루로 만들어 새로운 음식을 만드는데 그 대표적인 것이 토르티야다.

② 고추

멕시코가 원산지인 고추는 아기(agi)라고 불리는데 고추를 이용한 조리법도 다양하고 그 소비량도 엄청나게 많아 중요한 식재료 중의 하나이다. 우리나라의 청양고추보다 스코빌 지수(scoville heat unit, SHU)가 280배 매운 고추부터 단맛을 가진 고추까지 그 종류가 150가지에 이른다.

주로 소스에 많이 이용하는데 토마토 등과 함께 만드는 살사 소스, 아보카도, 양파 등과 함께 만드는 구아카몰 소스, 칠면조 또는 닭과 잘 어울리는 몰레 소스 등 다양한 소스의 기본 재료로 많이 이용한다.

③ 채소, 과일

광활한 국토를 가진 멕시코는 고원 지대의 서늘한 곳에서 생산되는 많은 채소와 과일 뿐 아니라 저지대의 열대성 기후에서 생산되는 채소와 과일 등 그 종류가 다양하다. 레드 페퍼, 그린 페퍼, 칠리, 브로콜리, 토마토, 호박, 호박꽃, 선인장, 라임, 레몬, 콩, 코리앤더 등 다양한 재료를 만나 볼 수 있다. 특히 멕시코인들은 레몬을 사용하는 음식이 많은데 즙을 짜낸 레몬도 쉽게 버리지 않고 그릇을 씻는 세제나 물에 넣어 마시기도 한다.

④ 단백질 식품

16세기 이후 많은 육류제품과 유제품이 들어오면서 식문화의 변화를 가져온 멕시코는 대표적인 육류 요리로 마차카(machaca)를 들 수 있으며 베이컨, 돼지고기, 양파, 토마토 등으로 만든 훈제 소시지인 초리조(chorizo)도 유명하며 멕시코 만(灣)에서 잡은 많은 종류의 생선을 이용하여 만든 세비체(ceviche)도 유명하다. 유제품은 대부분 치즈를 만들어 사용하고 있으며 우유는 신선한 우유보다는 통조림으로 된 것을 주로 이용하고 있다.

(7) 멕시코의 음식

1) 토르티야

토르티야(tortilla)는 멕시코의 주식으로 주로 옥수수 가루를 이용하여 만들지만 때로는 밀가루를 이용하여 만들기도 한다. 말린 옥수수 가루를 석회 가루가 섞인 물에 불려 둥근 원 모양의 전병을 만들어 코말(comal)이라는 쟁반 모양의 도자기에 굽는데 얇게 밀어 만든 토르티야에 각양각색의 재료들을 싸먹는 음식이다. 해산물, 육류, 채소와 다양한 소스에 따라 종류도 수백 가지로 멕시코의 대표적인 음식에 많이 이용되고 있다.

2) 토르티야 칩

토르티야를 조각낸 후 튀긴 것으로 토르티야 칩(tortilla chip) 또는 토토포(totopo)라는 이름을 가지고 있다. 마야 문명부터 옥수수를 신격화하여 먹다 남은 토르티야도 버리지 못하고, 버리게 되면 죄스러운 행동으로 생각하는 멕시코 인들은 남은 토르티야를 이용하여 칩을 만들었다. 토르티야 칩은 살사 소스, 구아카몰 소스에 찍어 먹거나 녹인 치즈와 함께 먹는 나초(nacho)로도 이용되고 있다.

3) 타코

타코(taco)는 칩처럼 튀긴 음식이지만 그 모양은 다르다. 애피타이저 또는 간식으로 먹는 타코는 토르티야를 U자 모양으로 구부려 튀긴 것으로 U자 안에 다진 고기, 콩, 양상추, 치즈, 양파 등 다양한 재료를 넣어 먹는다. 타케리아(taqueria)는 타코 전문점이다.

4) 몰레 소스

여러 종류의 고추를 이용하여 만든 몰레 소스(mole sauce)는 맷돌을 이용해 아몬드를 뭉갠 후 흙으로 빚은 냄비를 이용해 오랜 시간 끓인 소스로 칠면조 고기와 함께 먹으면 궁합이 잘 맞는다.

5) 아마릴야 소스

아마릴야 소스(amarilla Sauce)는 고추, 들풀, 향신료 등을 섞은 후 갈아서 만든 소스이다.

6) 다마레스

다마레스(damares)는 주로 축제일이나 생일 등의 행사 음식으로 소량의 육류를 바나나 잎에 싸서 구덩이에 넣어 찌는 음식이다.

7) 데킬라

멕시코를 대표하는 주류인 데킬라(tequilla)는 아가베(agave)라는 용설란을 이용한 증류주이다. 도수가 약 40~60도에 육박하고 손등에 라임즙 또는 레몬즙을 바른 후 소금을 뿌리고 데킬라를 단숨에 마신 후 손등의 소금을 핥아 먹는 독특한 방법이 유명하다. 데킬라에 파인애플을 혼합한 피나콜라다, 데킬라에 라임즙을 넣어 잔의 둥근 부분에 라임즙을 묻힌 후 굵은 소금을 묻힌 마가리타 등 다양하게 이용되고 있다.

8) 세비체

멕시코 만(灣)에서 잡은 여러 종류의 해산물을 이용한 요리인 세비체(ceviche)는 농어, 도미, 새우, 가재, 전복, 굴, 양파, 고추를 라임주스에 마리네이드 시킨 후 먹는다.

9) 리쿠아도스

리쿠아도스(ricuados)는 여러 종류의 과일 주스에 꿀, 설탕, 우유, 달걀을 넣어 만드는 전통 음료이다.

10) 아구아스

아구아스(aguas)는 쌀, 멜론씨, 히비스커스를 혼합하여 물을 넣고 끓여 거른 후 얼음과 설탕을 넣어 마시는 음료이다.

11) 아톨

아톨(atoll)은 옥수수 가루, 연유, 설탕을 혼합하여 먹는, 거리에서 쉽게 접할 수 있는 가장 대중적인 음료이다.

12) 코로나

코로나(corona)는 맥주의 일종으로 라임을 병 속에 넣어 시원하고 새콤하게 마시는 술이다.

13) 깔루아

커피를 혼합한 술인 깔루아(kahlua)는 멕시코의 수도 멕시코시티에서 만들어져 세계적으로 칵테일에 이용되는 혼합 리큐어이다.

14) 엔칠라다

엔칠라다(enchilada)는 옥수수 가루를 이용해 만든 토르티야에 닭고기, 치즈, 살사 소스를 넣어 감싼 후 위에 치즈를 올리고 화덕에서 굽거나 튀겨 소스를 뿌려 먹는다.

15) 브리토

브리토(brito)는 토르티야에 콩과 여러 종류의 다진 고기를 섞어서 먹는다.

16) 토스타다

토스타다(tostada)는 평평하게 튀긴 토르티야에 다진 고기, 채소를 얹어 소스와 함께 먹는다.

17) 토르타

토르타(torta)는 질감이 딱딱한 보리빵 안에 콩, 아보카도, 토마토, 양파, 고기, 핫소스, 할라피뇨를 넣은 멕시코식 샌드위치다.

18) 퀘사디아

퀘사디아(quesadilla)는 토르티야에 치즈와 여러 종류의 채소, 고기 등을 넣고 구운 음식이다.

V 북아메리카(North America)

1. 미국(America, United States of America, U.S.A)

(1) 지리적 특징

미국은 광활한 국토로 인해 다양한 기후와 다양한 인종, 다양한 물자, 다양한 자연환경을 가지며, 이로써 그 독특한 사회적, 문화적 특성이 형성될 수 있었다. 북아메리카에 위치해 있는 미국은 북위 24~48도, 경도 67~125도에 위치해 있으며 북쪽은 캐나다와 국경을 접하고 있으며 그 길이는 8,893km이고 남쪽은 멕시코와 국경을 접하고 있으며 그 길이는 3,200km이다. 서쪽은 태평양과 맞닿고, 동쪽은 대서양, 남동쪽은 카리브 해와 맞닿아 있고 총 길이는 19,924km이다. 넓은 국토 안에 수많은 강과 호수가 있고 그 넓이만도 총 470,131km²이다. 대표적인 강으로는 중심부를 관통하는 미시시피 강과 캐나다의 국경과 서로 나눠가진 나이아가라 폭포가 있다. 북쪽에 위치한 5대호(슈피리어호, 미시간호, 휴런호, 이리호, 온타리오호)는 석탄, 철광석이 풍부하며 수자원과 수월한 이동수단으로 공업단지가 발달하였다.

전체 국토의 면적은 9,826,675km²로 우리나라의 42배에 해당하며 넓고 비옥한 평야, 마르지 않는 물, 온대 기후로 인해 최대의 농업 생산국이 될 수 있었다. 또한 풍부한 철광석과 석탄, 석유, 우라늄, 구리 등 광물자원이 매장되어 있고 전 세계 석유량의 1/8, 석탄은 1/4이다. 콩과 옥수수는 전 세계 생산량의 50% 이상을 차지하고 있으며 옥수수와 밀은 중부 평야에 넓게 펼쳐져 있고 소를 방목하고 있다.

전역에 수많은 국립공원이 있는데 사막, 바다, 강, 숲, 산, 계곡, 늪, 호수, 황무지, 초원, 광야, 동굴, 빙하가 하나로 어우러져 자연을 그대로 느낄 수 있다. 거대한 미국은 크게 4개의 지역으로 나눌 수 있으며 지역마다의 특징을 가지고 있다.

1) 북동부

동쪽으로는 대서양과 맞닿아 있고 서쪽으로는 애팔래치아 산맥이 경계선으로 중서부 지역과 나뉜다. 다른 지역과 다르게 면적이 좁으며 겨울에 춥고, 토양도 척박하다. 또한 산맥과 구릉 지대가 펼쳐져 있어 사람들이 살기에 험난하여 마을은 조밀하게 구성되어 있다.

유럽과 가장 가까운 위치에 있으므로 미국 역사의 중심지로의 역할을 톡톡히 했다. 대표적인 도시는 뉴욕으로 미술, 음악, 연극, 음식, 축제, 자유의 여신상, 타임스퀘어, 공원 등 최고의 것들을 갖추고 있는 도시이다.

2) 중서부

애팔레치아 산맥을 사이에 두고 동북부 지역과 나뉘는 중서부 지역은 서북쪽으로 대평원과 5대호가 있는 광활한 지역이다. 미시간, 오하이오, 인디애나 주 등 넓고 평평한 대지와 평원은 온대 기후로 인해 따뜻하고 물이 풍부하여 농업과 제조업이 발달하였다. 많은 수로가 있어 교통수단이 편리하여 미국 산업의 중요한 중심지로 자리 잡고 있으며 중부의 곡창 지대와 산업 지대를 동시에 포함하고 있는 거대한 지역이다.

3) 남부

서쪽의 미시시피 강 유역을 시작으로 북으로는 버지니아 주, 오하이오 주를 포함하고 있는 광활한 지대이다. 목화가 널리 퍼져 있었으며 19세기 노예해방을 주장한 북부 연방에 대항하여 결성된 남부 연합이 속한 지역으로 남북 전쟁의 주체였다. 기온이 온화하여 겨울도 따뜻하며 여름에는 무덥고 광활한 토지와 비옥한 영토, 풍부한 물로 인해 농업이 그 어느 지역보다도 발달하였다.

지역적 특성상 2부류로 나뉘는데 대서양과 맞닿아 있는 지역인 버지니아, 미시시피 등은 평야 지대를 이루고 있는 반면 켄터키, 테네시, 아칸소 주는 산간 지대로 구분되어진다.

4) 서부

캐나다와 미국을 거쳐 거대하고 웅장하게 서 있는 로키 산맥을 경계로 태평양을 바라보고 있는 지역이다. 멕시코와 가장 인접한 지역으로 인종과 음식이 다른 지역보다 많아 다양성이 인정된 지역이다.

남서부 지역은 텍사스, 캘리포니아, 샌프란시스코 등이 포함되고 태평양과 맞닿아 있는 지역으로 멕시코의 영향을 많이 받아 옥수수를 이용한 음식도 발달하였고 히스패닉 계열의 인종도 다른 지역보다 월등히 많다. 워싱턴, 오리건이 속한 지역은 북서부에 해당하며 뉴잉글랜드의 영향으로 다른 지역보다 학문을 중요시하고 학구적인 분위기를 나타낸다.

서부 지역의 내륙 지방은 산간 지역이고 몬테나, 와이오밍, 네바다 등이 속해 있으며 거주민이 많지 않다. 산악 지대는 건조 기후로 사막을 형성하고 있고 사람이 살 수 없는 환경이었으나 20세기에 들어서면서 관심을 끌 수 있는 지역으로 변모하여 새로운 지역적인 특성을 만들어가고 있다. 농업과 곡물 재배가 어려운 서부 지역은 광산 자원이 풍부하게 매장되어 있고 관광 자원으로 성장하고 있다. 태평양 연안으로 이어진 산맥의 안쪽은 계곡 평야를 이루고 있으며 지중해 기후를 나타내고, 강수량은 적지만 채소와 과일 등 특수 작물이 재배되는 지역이다.

　이렇듯 각 지역에 따라 다른 기후와 토양의 특성은 미국을 향해 오는 이주민들에게 어느 곳에 정착해야 하는지를 알려 주는 나침반 역할을 톡톡히 하였다. 대체적으로 미국의 자연 환경은 북위 39도를 기준으로 나뉘는 북부와 남부로 그 기후와 자연 환경 또한 나뉘고 있음을 볼 수 있다. 북부 지역은 대체적으로 사계절이 뚜렷하고 겨울에는 춥고, 여름에는 덥고 강수량도 집중되어 있음을 볼 수 있는데, 특히 캐나다와 마주한 국경 근처는 영하로 내려가는 강추위가 혹독하다. 북부 지대는 주로 산간 지역과 구릉 지대로 평야가 거의 없고 척박한 토양으로 1년 경작 위주의 농산물이 생산되고 있고 남부 지역은 겨울도 따뜻하며 1년에 2~3모작을 할 수 있는 농작물이 생산되므로 대량 생산이 가능하여 평야가 많고 풍부한 물과 비옥한 토양으로 신의 축복을 한 몸에 받고 있는 지역이라고 할 수 있다.

　또한 서경 100도를 경계로 동부와 서부로 나눌 수 있는데 동부 지역은 습하고 서부 지역은 건조하다. 북동부는 대륙성 기후의 영향을 받고 남동부는 온대 기후와 아열대 기후의 영향을 받으며 캘리포니아 지역은 지중해성 기후와 사막 기후가 공존하고 있다.

[표 3-4] **미국의 지역 구분(미국의 50개 주)**

지역	주(州)
북동부	코네티컷, 메인, 매사추세츠, 뉴햄프셔, 뉴저지, 뉴욕 펜실베이니아, 로드아일랜드, 버몬트
남부	앨라배마, 아칸사스, 델라웨어, 플로리다, 조지아, 켄터키, 루이지애나, 메릴랜드, 미시시피, 북캐롤라이나 남캐롤라이나, 테네시, 버지니아, 서버지니아
중서부	일리노이, 인디애나, 아이오와, 캔자스, 미시간, 미네소타 미주리, 네브래스카, 노스다코타, 오하이오, 사우스다코타, 위스콘신
로키 산맥 지역	콜로라도, 아이다호, 몬태나, 네바다, 유타, 와이오밍
남서부	애리조나, 뉴멕시코, 오클라호마, 텍사스, 캘리포니아
하와이	하와이
북태평양지역	알래스카, 오리건, 워싱턴

시애틀의 증기시계

샌프란시스코

샌프란시스코(San Francisco)

몬트레이(Monterey)

[그림 3-21] 미국의 여러 도시들

(2) 역사

1492년 콜럼버스가 스페인의 도움을 받아 신대륙을 발견하게 되었으나 정작 콜럼버스는 그곳이 신대륙인 것을 알지 못했고 서인도라고 생각하여 그곳에서 발견한 원주민을 '인

디언'이라고 부르게 되었고 이후 17세기에 들어서 미국의 기원은 시작되었다.

미국을 이끌어온 주체 세력은 엄밀히 말해 1620년에 미국 동북부 해안에 상륙한 영국인 앵글로색슨족이다. 메이플라워호를 타고 영국에서 미국을 향해 온 청교도들은 약 30%에 지나지 않았으나 이들은 신앙심이 깊고 도덕적으로도 엄격했으며 부지런하고 검소함과 정직함을 최선으로 삼는 사람들이었다. 영국에서 미국으로 넘어온 무리들은 청교도인뿐만 아니라 경제적인 이유 때문에 기회를 찾아온 사람들이 70%에 달했고 이주민들이 신대륙에 살게 되면서 인디언들이 차지하고 있던 땅을 빼앗기 위해 2세기에 걸쳐 인디언들을 학살하여 급속도로 줄어들었으며 남은 인디언들은 척박한 땅의 서부지역에 '인디언 보호구역'이라는 명목을 붙여 이주시켰다.

1675년 박해와 인디언 소탕이라는 명목 하에 벌어진 인디언 몰살로 인해 도망치던 뉴잉글랜드의 인디언들이 모여 저항을 하였고 인디언 추장 메타콤의 선두로 백인과 인디언과의 전쟁이 시작되었다. 일명 '필립왕 전쟁'이라 불린 이 전쟁은 메타콤의 기독교 세례명인 필립을 따서 붙인 이름으로 메타콤의 저항이 실패하면서 백인과 인디언과의 전쟁은 끝이 났다. 그러나 1680년 노동력이 부족하게 되고 백인 노동력의 가치가 높아지면서 흑인 노예에 대한 필요가 높아졌고 1681년 본격적으로 아프리카의 흑인 노예들이 미국 땅을 밟으며 그들에 대한 착취가 시작되었다.

미국의 넓은 땅은 영국 이민자의 지배를 받았을 뿐 아니라 프랑스에 의해서도 식민지화된 곳이 있었으며 영국과 프랑스는 식민지 땅을 놓고 쟁탈전을 벌이기 시작했다. 프랑스인들과 친분이 있었던 인디언들은 프랑스와 손을 잡고 영국과 맞섰으나 1763년 영국의 승리로 불·인 전쟁이 끝났다. 영국이 식민지에 과한 세법과 경제적 압박을 가하면서 식민지 대표들은 영국과의 전쟁을 결의하였고 연합군을 결성, 조지 워싱턴을 총사령관으로 임명하였다. 1776년 7월 4일 토마스 제퍼슨의 독립선언문을 채택, 미국의 독립을 선포하여 공식적인 미국이 탄생하였다. 1789년 조지 워싱턴은 미합중국의 초대 대통령으로 정식 취임하였고 1792년 대통령 관저를 수도 워싱턴에 건설하였으나 1812년 미·영 전쟁 때 영국군에 의해 대통령 관저가 불타게 되었고 불탄 흔적을 지우기 위해 건물 외벽을 하얗게 칠하여 오늘날의 '백악관(white house)'이 탄생하였다.

전쟁과 함께 미국은 본격적인 서부 개척을 시작하였고 1840년 산업혁명으로 미국의 발전은 급속도로 가속화되었다. 풍부한 자원과 노동력, 기술 혁명으로 농업 국가였던 미국이 섬유, 철강, 운송 등의 공업 국가로 발전하였다. 19세기 초 광활한 남부 지역은 주로 담배를 경작하였으나 땅이 황폐해지고, 우후죽순으로 생산되는 담배로 인해 가격이 폭락하

여 대부분의 남부 농장들은 목화로 대체하였으나 막대한 노동때문에 흑인 노예들의 필요가 더욱 절실해졌다. 남부지방은 농업 위주인데 반해 북부지방은 공업 위주였고 국가의 규모가 커지면서 북부의 생활방식이 남부를 압박해왔다.

1860년 북부를 지원하는 링컨이 대통령으로 당선되었고 위기를 인식한 남부지역은 사우스캐롤라이나를 중심으로 미시시피, 플로리다, 앨라배마, 조지아, 루이지애나, 텍사스 지역과 함께 연방을 탈퇴, 새로운 독립 국가를 형성하여 제퍼슨 데이비스를 대통령으로 선출하여 건국 84년 만에 분열되었다. 링컨이 남부의 탈퇴는 내란이라 규정하고 1861년 남부 연합군의 공격으로 남북 전쟁이 시작되었다. 1865년 4년만의 전쟁 끝에 북부 지역의 승리로 노예제를 전면 금지하였다. 전쟁으로 남부 지역은 막대한 피해를 입었고 흑인들에 대한 증오감이 폭발하면서 KKK라는 인종 테러 단체가 등장하게 되었다. 남북 전쟁 이후 미국은 경제에 눈을 돌려 1883년 철도 운영 시간체계를 도입하고 대륙 횡단 철도를 건설하여 상업과 산업에 더욱 큰 발전을 가져왔고 19세기 후반에 들어서면서 산업화가 본격적으로 이루어졌다. 새로운 발명품들도 쏟아져 나왔는데 1867년 크리스토퍼 숄스의 타자기, 1876년 알렉산더 벨의 전화기, 1878년 에디슨의 축음기, 1879년 에디슨의 백열등, 1888년 이스트먼의 사진기, 1903년 라이트 형제의 비행기를 들 수 있다.

산업의 급성장과 풍족한 경제력으로 인해 미국은 해외로 눈을 돌리게 되어 1867년에 러시아에 720만 달러를 주고 '알래스카'를 사들였으며 1890년 하와이를 병합시켰고 중남미로 그들의 눈길을 돌려 스페인의 식민지인 쿠바에 눈독을 들이고 1898년 스페인과의 전쟁을 선포했다. 프랑스 파리에서의 강화조약에 의해 스페인은 쿠바를 포기, 괌(guam)과 푸에르토리코, 필리핀을 미국에 주었다. 이를 계기로 미국은 서양으로는 최초로 중국, 일본, 한국과 수교를 했으며 문호개방이라는 이름으로 중국에 경제적 침략을 했으며 필리핀의 소유권을 일본이 인정해주는 대가로 한국에 대한 일본의 침략을 인정하였다(태프트·가쓰라 밀약).

제 1차 세계 대전이 시작되고 미국은 초기에 개입하지 않았으나 미국의 참전으로 인해 연합군이 승리하였고 미국이 최대 강국임이 드러났다. 1929년 과잉생산으로 인한 경제적 공황 상태에 빠지게 되는데 1929~1933년까지 농업, 금융, 통화 등 광범위한 분야에서 장기적으로 대공황 상태에 빠졌으나 '뉴딜정책'으로 극복하였으며 이로 인해 미국의 정책은 혼합 경제 체제로 성격이 바뀌었다. 1939년 일본의 '대동아 공영권'으로 인해 미국을 아시아권에서 몰아내고 싶었던 일본은 1941년 하와이의 진주만을 일요일 아침에 공격하였고 이로 인해 미국은 제 2차 세계 전쟁에 들어가게 되었으며 1,000만 명의 전투인력과 막대한

군수산업으로 인해 1945년 독일의 항복으로 전쟁이 끝나고 끝까지 항전을 계속하는 일본을 향해 히로시마와 나가사키에 원자폭탄을 투여하여 1945년 8월 15일 일본 천황의 항복을 받아냈다. 제 2차 세계 대전에서 미국과 소련은 한편으로 싸웠으나 소련의 팽창주의에 위급함을 느낀 미국은 소련과 미국의 '냉전(cold war) 상태'를 조성하였고 이 긴장 상태는 1950년 6월 25일 한국 전쟁을 유발하였으나 1953년 7월 27일 전쟁을 휴전하는 합의문을 작성, 3년에 걸친 전쟁이 끝났다. 1965년 미국은 베트남에 미군 병력을 파견하였으나 베트남의 게릴라 전술에 이기지 못해 패하였고 1973년 베트남에서 철수하였다. 미국 사회는 베트남전에 대한 반전 운동이 펼쳐지면서 히피(hyippies)족이 등장하였다. 1990년을 전후로 소련을 비롯한 공산권 국가들의 붕괴로 미국은 세계 최강국의 자리를 굳혀갔고 1991년 이라크의 쿠웨이트 무력 침공에 미국은 즉각적으로 개입, 사담 후세인을 굴복시켜 걸프 전쟁을 승리로 이끌었다. 2001년 9월 11일 아프가니스탄의 테러로 뉴욕 세계무역센터 건물이 무너졌으나 미국의 막대한 군사력으로 아프가니스탄 정권은 무너졌다. 다민족이 모여 살고 있는 미국은 오늘날 그 인구가 3억 1880만 명에 이르며 백인(82%), 인디언(4%), 흑인(14%), 아시아인(4%) 간의 혼인으로 혼혈이 늘어나고 있는 추세이다.

[표 3-5] 혼혈 인종의 유형과 점유율(%)

혼합 유형	점유율(%)
백인과 인디언	21.0
백인과 아시아인	19.7
백인과 흑인	15.1
백인과 히스패닉	15.9
흑인과 인디언	3.6
흑인과 히스패닉	8.3
기타 두 인종 간의 혼인	8.9
기타 세 인종 간의 혼인	7.5
복수 인종 합계	100.0

(3) 식생활 문화

미국의 식생활 문화를 한마디로 표현하자면 다양성이다. 여러 나라에서 몰려든 이민자들에 의해 각 국의 음식들이 유입되어 그들만의 미국식 음식문화를 형성하였다. 콜럼버스의 신대륙 발견으로 인해 새로운 작물들을 접하게 되었고 또한 열광하게 되었다. 아메리카 대륙의 인디언들에게서 옥수수콩, 땅콩, 토마토 등을 제공 받았고 옥수수와 콩 요리법, 옥수수 빵 등의 요리법을 알게 되었다.

[표 3-6] **신세계와 구세계의 주요 식품**

신세계	구세계
옥수수	–
각종 콩	–
땅콩	밀
감자	쌀
고구마	보리
카사바	귀리
단호박	호밀
호박	사탕수수
파파야	기장
석류	바나나
악어배	사탕수수 설탕
파인애플	커피
토마토	가지
칠레후추	–
고추	–
코코아	–

식민 시대의 미국의 조리법은 주로 끓이거나, 구이, 찜, 볶음 등이 이용되었고 건조법, 소금 절임, 식초 절임, 냉장방법 등을 이용해 저장하였으며 인디언들의 조리기술을 혼합함으로써 다양한 음식을 얻을 수 있었다. 주 요리로는 육류를 말리거나 소금에 절여 사용했으며 과일, 채소, 곡물, 낙농 식품, 콩, 설탕 절임, 알코올 등을 사용하였다. 또한 아프리카의 흑인들을 노예로 데려오면서 그들이 가지고 들어온 곡물과 조리법 등도 혼합되어졌다. 대표적인 작물은 오크라, 수박, 검은콩 등으로 루이지애나의 해안 지방의 음식인 검보(gumbo)는 아프리카 흑인의 영향으로 만들어진 것이다.

산업혁명과 함께 요리 기구인 레인지가 개발되어 석탄과 나무가 열원으로 사용되었다. 1755년 캐나다 노바스코티아 주에 살던 프랑스인들이 영국군에 의해 미국의 루이지애나 주로 강제 이주되면서 케이준(cajun) 요리가 나타났는데 케이준은 서부 지역의 마을 이름으로 프랑스의 조리법과 루이지애나 원주민의 조리법이 혼합되어 이루어진 음식으로 맵고 자극적이다. 조리 또한 뉴올리언즈를 중심으로 스페인의 후예인 크레올 인들에 의해 프랑스 조리법과 함께 스페인의 음식을 접목한 크레올(creole) 요리를 개발하였다. 1809년 프랑스에서 요리사인 니콜라 아페르(nicholas appert)에 의해 병조림이 개발되었고 남북 전쟁으로 인해 통조림 산업의 발달에 박차를 가하게 되었으며 19세기 통조림과 레토르트 제품의 발달로 음식 저장 방법이 다양해지면서 저장 산업이 발달하게 되었다.

이태리 이민자들이 미국으로 유입되면서 그들의 요리인 파스타와 감자요리를 선보였고 1920년대에 들어서면서 점차 이태리 음식이 대중화되어 가장 인기 있는 최초의 이민 요리가 되었고 피자도 도우와 토핑이 더욱 두꺼워지는 미국식 피자가 탄생하였다. 독일 이민자들에 의해 햄버거와 소시지가 들어와 오늘날 미국의 외식 문화를 형성하였다. 1920년 경제가 부흥하면서 여성들의 목소리가 높아졌고 전국적으로 레스토랑과 카페테리아가 생겨 간편하게 점심을 해결할 수 있게 되었으며 여러 종류의 샌드위치, 샐러드, 콜드 디저트가 등장하였다.

1940년 미국은 영양학자들과 함께 필수 영양소를 확인, 특성화하였고 식품과 과학을 접목시켜 냉동 식품과 반조리 식품을 개발, 대량 생산 및 판매하였다. 20세기에 들어서면서 생명 공학이 음식 체계에서도 중요한 자리를 차지하게 되었고 이를 통해 대량 생산이 더욱 가능해지고 그 영향력도 막대해지고 있다.

　　미국의 식사는 대체로 주 요리와 부 요리로 구분되고 정식 식사에는 수프와 샐러드 등 전채 요리를 시작으로 주 요리로 이어져 디저트로 마무리된다. 그러나 오늘날은 높은 칼로리 섭취로 인해 비만이 많아지고 건강을 위해 빵이나 디저트를 생략하기도 한다. 주 요리는 주로 육류나 고칼로리의 식단으로 이루어져 있어 고혈압, 심장질환 등의 성인병을 유발하기 쉬우므로 저염식, 저칼로리, 저콜레스테롤 등의 식품과 요리가 각광받고 있다. 간단한 음식을 선호하며 아침식사로 콘플레이크, 오트밀, 우유, 스크램블 에그 등을 먹으며 유대인의 음식이지만 뉴욕에서 유명해진 베이글과 크림치즈도 아침식사로 먹는다. 미국인들은 종종 회사 동료, 친구들, 가족들과 함께 간단한 파티를 열어 음식을 즐긴다.

[그림 3-22] 샌프란시스코 마켓의 상품들

(4) 미국의 모임

1) 디너파티

저녁 모임으로 주최자는 전화로 초대를 한다. 의상은 자유로운 편으로 초대받은 시간의 10분 정도 전에 도착하여 식사 시작 전에 간단히 칵테일을 마시며 식사는 초대 시간 정각에 이루어지는 것이 관례다. 감사 기도와 함께 식사가 시작되며 음식을 먹을 때는 음식을 만든 사람을 위해 여러 번 칭찬을 아끼지 말아야 하며 식사가 끝나도 바로 자리를 떠나는 것이 아니라 대화를 어느 정도 한 후에 자리를 떠나는 것이 예의이다. 떠나는 시간은 되도록 밤 11시를 넘기지 않도록 하고 디너파티(dinner party)가 끝난 다음날에는 주인에게 감사의 전화를 하거나 엽서, 메일을 하는 것이 좋다.

2) 칵테일파티

술과 함께 하는 모임으로 미국인들의 사회생활에 없어서는 안 될 요소라고 할 수 있다. 칵테일파티(cocktail party)는 주최자가 시간투자를 많이 하지 않아도 가질 수 있는 모임으로 대표적인 스탠딩파티라고 할 수 있다. 일반적으로 초대장을 발행하며 주로 저녁시간에 시작된다. 의상은 되도록 잘 차려 입어야하며 남자는 정장, 여자는 드레스로 멋을 낼 수 있는 좋은 기회이다. 칵테일과 포테이토칩이나 올리브와 같은 간단한 안주와 함께 저녁 식사를 대신 할 수 있도록 푸짐한 음식이 뷔페로 준비되기도 한다.

3) 포틀럭파티

포틀럭(potluck party)파티는 각자 자신이 먹을 음식을 준비하여 파티에 참석하는 모임

으로 격식 없이 나누어 먹는 교회 모임에서 유래되었다. 보편적으로 개인의 제안으로 이루어지기도 하지만 모임에서 주로 행해지고 있다. 형식 없이 편안하게 참석하면 되는데 주최자가 음식을 정해주기도 하지만 본인이 미리 어떤 종류의 음식을 준비해 갈지 이야기하면 주최자에게 큰 도움이 된다. 단점은 예상 밖의 많은 음식이 남을 수 있다는 점이다.

4) 바비큐파티

가정집 뒷마당에서 그릴만 있으면 가능한 파티(barbecue party)로 남자들의 주도로 이루어진다. 바비큐그릴에 불을 붙이고 고기를 굽고 서빙도 남자들의 몫이며 격식 없이 편안하게 즐길 수 있다. 바비큐용 고기는 지역에 따라 다르며 남부 지역에서는 바비큐 소스에 중점을 두고 있다. 그릴 위에서 굽는 음식의 종류는 고기, 옥수수, 소시지 등 다양하다.

5) 브런치

브런치(brunch)는 아침과 점심을 하나로 합쳐 일요일 오전 10~2시 사이에 열리는 모임으로 음식의 종류는 보편적으로 아침 식사에 가깝게 가볍다. 과일 주스와 샐러드, 페이스트리, 달걀 등의 요리와 샴페인이나 토마토와 보드카를 혼합한 블러드 메리가 메뉴로 등장한다. 반 캐주얼 정도로 격식을 차린 듯 하면서도 간단한 복장을 입는다.

> **TIP 14 패스트푸드(fastfood)**
>
> 1950년 미국에서 본격적으로 출발한 패스트푸드가 오늘날 음식소비의 40%를 차지할 정도로 성장하였는데 그 시초는 캘리포니아에서 열린 리차드 딕 맥도날드로 오늘날의 맥도날드이다. 패스트푸드가 급속도로 성장하게 된 요인으로 요리할 시간을 줄여야 하는 사회의 성향과 편리성, 수입의 증대, 여가 시간의 확대를 들 수 있고 가장 큰 요인으로는 막대한 자본을 투자한 대대적인 광고이다. 맥도날드의 성공으로 그 뒤를 이어 버거킹, 켄터키 프라이드 치킨 등 패스트푸드 체인점들이 더욱 생겨났으며 지금은 전 세계적으로 입지를 굳히고 있다.

(5) 미국의 요리

1) 베이글

뉴욕을 대표하는 빵으로 유대인 이주민들에 의해 알려졌다. 베이글(bagel)은 동그란 빵

한 가운데에 구멍이 뚫려있고 일반 빵보다 지방, 설탕의 사용량이 적어 소화도 잘되고 맛이 담백하다. 빵을 발효 후 바로 굽는 것이 아니라 뜨거운 물에 살짝 데친 후 다시 오븐에 굽는 방식으로 질감이 더욱 쫄깃하고 조직력이 조밀하다. 빵을 반으로 잘라 그 사이에 크림치즈, 치즈, 버터, 잼, 훈제연어, 고기 등을 넣어 샌드위치처럼 만들어 먹는다.

2) 햄버거

독일 이주민에 의해 알려진 햄버거(hamburger)는 갈은 고기와 볶은 양파 등을 혼합하여 만든 함박 스테이크를 둥글게 만들어 빵 사이에 토마토, 양파, 양상추, 치즈, 케첩 등 여러 재료와 함께 넣어 만든 패스트푸드이다.

3) 핫도그

독일 이주민에 의해 알려진 핫도그(hot dog)는 간단하여 식사대용으로 대중화된 음식이다. 긴 롤빵을 반으로 자른 후 부드럽게 익힌 소시지를 넣고 다진 양파, 렐리쉬, 피클, 머스터드, 케첩 등을 넣어 한입에 먹을 수 있는 테이크 아웃이 가능한 음식이다.

4) 칠면조 요리

크리스마스, 부활절에 꼭 먹어야 하는 대표적인 요리로 커다란 칠면조 몸통 안에 소시지, 양파, 파슬리, 셀러리 등 각종 채소와 향신료를 넣고 오븐에서 1시간 이상 굽는다. 빠져나온 육즙은 밀가루와 함께 그레이비 소스를 만들어 곁들인다.

5) 호박파이

호박은 인디언들에게도 아주 중요한 재료였으며 미 대륙의 중요한 식재료다. 호박파이(pumpkin pie)는 부활절 디저트로 항상 등장한다. 파이 반죽을 만들어 틀에 씌운 후 호박을 넣고 오븐에 굽는다.

(6) 식사예절

레스토랑은 되도록 예약을 한다.

레스토랑에서 남자는 바지와 구두를 착용하고 여성은 핸드백을 의자 뒤나 옆에 두며 테이블 위에 두지 않는다. 크기가 큰 가방은 의자 옆에 놓는다.

팁 문화가 발달한 나라로 계산이 끝나면 15%의 팁을 테이블에 올려놓는데 팁은 동전이 아닌 지폐로 놓는 것이 예의이다.

2. 캐나다(Canada)

(1) 지리적 특징

미국과 마찬가지로 연방국가인 캐나다는 10개의 주(州)와 3개의 준주로 나뉜다. 그 영토의 가로 길이는 7,700km로 대서양과 접한 지역부터 태평양과 접한 지역으로 광활하여 자동차로 쉬지 않고 달려도 2주라는 시간이 걸린다. 면적은 1,000만km²로 인도의 4배로 러시아 다음인 세계 2위이다. 가장 동쪽의 대서양과 접한 지역은 노바스코샤, 뉴브런즈윅, 프린스 에드워드 섬, 뉴펀들랜드, 래브라도 주이고 서쪽의 태평양과 접한 지역은 퀘벡, 온타리오, 브리티시 컬럼비아로 이루어져 있다.

캐나다는 추운 지역이 많아서 사람이 거주할 수 있는 지역이 그리 많지 않아 총 인구는 3,483만 명 정도이며 인구의 3/4 정도는 대부분 도시에 몰려 산다. 캐나다의 광범위한 영토에 비해 살고 있는 인구는 적지만, 영어와 프랑스어를 공용어로 사용하며 퀘벡 주를 제외한 대부분의 주에서는 영어를 사용한다. 100만개에 달하는 강과 호수가 있어 전 세계의 20%를 차지하고 있으며 그중에는 5대호처럼 미국과 같이 공유하고 있는 곳도 있다. 광활한 영토를 가지고 있는 캐나다는 태평양 연안 지대, 대서양 연안 지대, 산악 지대, 중앙 지대, 동부 지대, 뉴펀들랜드 지역으로 나뉘며 이 여섯 개의 지역은 각각의 시간대를 가지고 있다. 위도가 높아 겨울에 강추위가 오고 서부지역과 태평양 연안 지대는 바다의 영향으로 따뜻하고 비가 많이 온다.

1) 대서양 연안

대서양 연안에 위치한 주는 뉴브런즈윅, 노바스코샤, 프린스 에드워드 아일랜드로 대부분이 해안 지역이며 대서양 연안과 맞닿아 있어 울창하게 우거진 숲으로 덮여 있는 언덕과 구릉 지대, 해안 지역의 절벽 지대 등으로 다른 지역과는 확연한 차이를 보이고 있다. 사람이 살아 갈 수 있는 지역적인 환경이 받쳐주지 못하여 마을들이 작은 집단을 이루어 여러 군데 흩어져 있어 인구 밀집 지역은 되지 못하였다. 애팔레치아 산맥이 북동쪽 방향으로 뻗어 있어 기후는 대서양의 영향을 받으며 주요 산업인 어업으로 생활하며 캐나다에서 제일 낙후된 지역이다.

2) 로렌시아 순상지

캐나다 대륙의 반을 차지하고 있는 순상지는 매니토바 주 북쪽 지역과 퀘벡, 뉴펀들랜드 지역으로 이어지며 그 역사는 20억년이 훌쩍 넘는다. 빙하로 인해 침식된 이 지역은 강과

호수, 그리고 울창한 숲으로 이루어져 있고 동부와 서부를 나누어주는 경계선이라 할 수 있다.

이 지역은 자원이 풍부하여 캐나다 자원의 40%를 훨씬 넘는 매장량을 가지고 있으며 코발트, 구리, 금, 철, 니켈, 은, 우라늄, 목재 등 그 종류도 다양하다. 로렌시아 순상지의 목재를 이용하여 만든 종이와 펄프 생산량은 세계 2위를 차지할 정도이다.

3) 5대호와 세인트로렌스

남쪽 지대로 퀘벡과 온타리오 주를 포함하고 있으며 면적은 그리 넓지 않지만 캐나다 인구의 50%가 몰려 살고 있는 지역이다. 퀘벡 주와 온타리오 주에는 주요 도시인 토론토, 퀘벡 시, 몬트리올과 수도인 오타와가 있는 지역이다. 프렌치 캐나다의 중심부라고 할 수 있는 지역으로 퀘벡 시 인구의 95% 정도가 불어를 사용하고 있으며 퀘벡 시의 수도인 몬트리올은 중요한 항구도시이면서 금융, 비즈니스의 중심지이고 프랑스계 캐나다인들의 예술의 중심지라고 할 수 있다. 예술적인 특징은 도시 전체를 이루고 있는 유럽풍의 건물에서 충분히 나타나고 있으며 퀘벡 시의 구시가지는 유네스코 세계 문화유산에 등록되어 있다. 퀘벡 시는 프랑스계 민족주의로 인해 독립과 분리에 대한 논의가 지속되고 있어 제 2의 캐나다라는 별명이 붙어 있다. 변덕스러운 기후로 여름에는 덥지만 겨울에는 매우 춥다. 이 지역에는 미국과 함께 공유하고 있는 나이아가라 폭포가 있는 온타리오 지역도 속해 있다.

4) 내륙 평원

캐나다의 내륙지방은 평원과 광활한 초원으로 이루어져 있으며 한 지방은 앨버타, 서스캐처원, 매니토바 남쪽 지방이 속해있고 서쪽지역에는 로키 산맥이 걸쳐있다. 내륙 평원의 1/2은 울창한 숲으로 이루어져 있고 1/2은 평원 지역의 농지로 밀, 귀리, 보리, 호밀 등 곡물을 재배하는 곡창 지대로 미국에 이어 곡물 수출 2위라는 타이틀을 가지고 있다. 내륙 평원 지대의 대표적인 주는 앨버타로 석유와 천연가스가 풍부하고 석탄, 광물 등이 풍부하게 매장되어 있으며 축산업이 발달하여 최고의 품질을 자랑하고 있다. 또한 앨버타는 세계적으로 공룡의 뼈가 가장 많이 발견된 지역으로 주립공원이 있어 공룡 시대의 유적을 볼 수 있고 유네스코 세계문화유산에 등록되어 있다.

대륙성 한랭 기후로 차갑고 건조한 공기이며 여름에는 따뜻하고 일조량이 많지만 해가 들지 않는 지역에 있으면 서늘하다. 겨울에는 영하 45도의 차가운 기온을 나타낸다.

[그림 3-23] 로키 산맥이 있는 캘거리 코크레인

5) 브리티시 컬럼비아

캐나다에서 가장 아름다운 자연을 가지고 있는 지역으로 주로 언덕과 산, 숲, 호수, 강이 조화를 이루고 있어 관광 산업이 발달했다. 태평양과 인접한 지역으로 밴쿠버, 빅토리아 섬이 속해있다. 이 지역은 농지가 많이 부족하고 토양이 척박하여 농작물을 경작하여도 대부분 사료용으로 밖에 사용할 수 없으나 광물이 풍부하고 원양어업이 발달했다. 이 지역에 속한 빅토리아 주는 섬으로 브리티시 컬럼비아에서 두 번째로 큰 도시이며 독특한 영국풍의 분위기를 잘 간직하고 있다. 애덤스 강에서는 4년에 한번 10월마다 바다로 간 붉은 연어들이 산란을 위해 강을 거슬러 올라가는 장관을 볼 수 있다.

[그림 3-24] 빅토리아 섬의 부챠트 가든

6) 노스웨스트 테리토리스

노스웨스트 테리토리스 지역은 캐나다 지역의 1/3을 차지하고 있으며 국경 지역이 속해 있다. 수도는 옐로우 나이프로 현대적인 분위기와 두 개의 금광이 있는 구 시가지를 동시에 가지고 있는 지역으로 오로라와 백야를 볼 수 있다. 구시가지는 골드 러쉬 시절 모습을 그대로 품고 있어 관광지로도 유명하다.

7) 유콘

인디언어로 '가장 위대한' 이라는 의미인 유콘은 광물이 풍부하여 광산업이 발달한 지역으로 험난한 산악 지대와 끝없이 이어지는 강 줄기 등으로 아직도 사람의 손길이 닿지 않은 지역이 많다. 툰드라 지대로 알래스카와 접해 있는 지역은 10월 중순~4월 중순까지 겨울로 7월에도 얼음이 녹지 않는 곳이 많다.

8) 누나부트

누나부트 지역은 1999년 새롭게 캐나다의 영토가 된 준주(準州)에 해당하며 캐나다 영토의 1/5 정도이다. 대부분의 인구 분포는 이누이트족으로 구성되어 있으며 수도는 이칼루이트로 북극과 가까운 지역이다. 석탄, 금, 은, 납, 다이아몬드 등 다양한 광물을 가지고 있고 이글루와 에스키모, 북극곰을 볼 수 있는 곳 이다.

(2) 역사

인디언과 에스키모 인이 살고 있던 캐나다의 원주민들은 스칸디나비아 반도의 노르웨이 인들에 의해서 처음 발견되었고 그 후 프랑스인 사무엘 드 샹플랭과 피에르 드 라 베렁드리가 캐나다 내륙 지방까지 들어가 그들이 가지고 있던 냄비, 칼, 총, 의복 등을 인디언들이 가지고 있던 모피와 함께 물물 교환하며 자리를 잡아갔다.

1660년 영국은 새로운 국가를 개척하길 원하여 캐나다로 들어오게 되었고 노바스코샤를 식민지화했으며 뉴펀들랜드, 뉴브런즈윅, 프린스에드워드, 허드슨 만(灣) 등을 식민지화 하면서 프랑스와 영국의 본격적인 식민지 경쟁이 시작되었다. 프랑스는 1608년 퀘벡 시와 몬트리올을 식민지화 하였으나 1756년부터 1763년 동안 7년 간의 전쟁으로 영국이 프랑스의 식민지를 점령하여 캐나다는 영국령이 되었다. 7년 전쟁 이후 1791년 캐나다는 두 지역으로 나뉘게 되는데 영어권을 사용하는 어퍼(upper) 캐나다와 불어권을 사용하는 로우(low) 캐나다로 나뉜다.

1812년 미국과 영국간에 캐나다 영토의 5대호 지역과 지금의 캐나다와 미국의 국경 부

분의 식민지를 두고 2년간의 전쟁이 치러지고 전쟁 이후 1841년 캐나다는 본격적으로 국가를 형성하게 되었다. 캐나다에 있던 원주민들은 유럽에서 이주해 온 영국과 프랑스인들에 의해 서쪽 지역으로 그들의 본거지를 옮겨가게 되었으며 1905년 새로운 이주자들이 더욱 늘어나게 되었다. 1926년 캐나다는 영국으로부터 공식적으로 캐나다의 자치를 완전히 인정받았으며 1949년 캐나다의 헌법 개조와 함께 완전한 독립 국가가 탄생하였고 1982년 영국과의 법적 종속 관계조차 완전히 정리되어 주권 국가로 완벽히 성장하였다. 1965년 캐나다는 2개 국어를 채택하고 단풍잎을 넣은 국기를 만들었다. 퀘벡 주의 독립운동은 계속되었으나 1979년 국민 투표에 의해 퀘벡 주의 분리는 무효화되었다.

TIP 15 캐나다의 인디언들

캐나다 지역에서 먼저 자리를 잡고 살았던 약 2%의 원주민인 인디언과 에스키모 인들은 유럽 이주민에 의해 서쪽으로 점점 그들의 보금자리를 옮겨가기 시작했으나 에스키모인인 이누이트족은 주로 북쪽에 거주하고 있다. 현재 인디언의 60%는 1871년 '인디언 조약'에 의해 연방 정부의 보호를 받고 있으며 인디언 거주 지역을 만들어 보호라는 명목 하에 인디언들을 격리시키고 있다.

(3) 축제

1) 1월

아이스 와인 페스티벌은 브리티시 컬럼비아 주의 오카나간 지역의 축제로 따뜻한 기후와 아름다운 호수로 이루어진 겨울의 와인 축제이다.

2) 2월

오타와 윈터루드 축제는 온타리오 주의 수도 오타와의 겨울 축제로 오타와에 있는 리도 운하가 얼면 세계에서 가장 긴 스케이트장이 만들어진다.

3) 3월

누나부트 스노우 챌린지는 누나부트 이누이트족의 축제로 320km의 얼음 위를 스노모빌을 타고 경주하는 축제이다.

4) 4월

브랜트 야생동물 축제는 브리티시 컬럼비아 주 퀄리컴 해변의 야생동물인 퍼시픽 블랙 브랜트 거위를 보호하기 위해 만들어진 축제이다.

5) 5월

튤립 페스티벌은 제 2차 세계대전 때 독일에 의해 점령당한 네덜란드의 왕족이 캐나다로 망명하면서 캐나다는 네덜란드의 독립에 영향을 끼쳤다. 이로 인해 네덜란드는 매년 만 개의 튤립 구근을 캐나다로 보내게 되면서 시작된 축제로 수도인 오타와에서 열린다.

샬럿 타운 페스티벌은 빨강머리 앤의 배경이 된 프린스 에드워드 아일랜드의 축제이다.

6) 6월

몬트리올 국제 재즈페스티벌은 퀘벡 주 몬트리올에서 열리는 축제로 재즈 뮤지션들이 참가하는 세계적인 음악 축제이다.

7) 7월

캘거리 스템피드는 역마차 경주와 카우보이 옷을 입고 거리 행진을 하는 축제로 앨버타 주의 캘거리에서 열린다.

[그림 3-25] 앨버타 주의 특산품

8) 8월

카리바나는 매년 토론토에서 열리는 축제로 카리브 식으로 화려하다.

에드먼튼 헤리티지 페스티벌은 앨버타 주의 수도 에드먼튼의 축제로 60개의 다양한 민족들이 모여 그들 각각의 전통 음식과 무용, 공예 등을 선보인다.

9) 9월

토론토 국제 영화제는 캐나다 최대도시인 토론토에서 열리며 50여개국이 모여 영화를 가지고 경쟁하는 축제로 약 300여 편의 영화를 볼 수 있고 세계 4대 영화제 중 하나로 꼽힌다.

10) 10월

키치너-워털루 옥토버페스트는 독일 바이에른의 맥주 축제인 옥토버페스트와 비슷하며 북미에서 최대로 큰 규모이다.

11) 11월

캐나다 스트랫 포드 축제는 영국의 셰익스피어 작품을 공연하는 축제로 연극과 뮤지컬 등 현대극과 고전극을 8개월 동안 계속 공연한다.

12) 12월

브리티시 컬럼비아 주의 빅토리아 섬 안에 있는 부챠트 가든에서 열리는 크리스마스 축제로 600만평의 땅에 가꾼 정원을 크리스마스트리로 만드는 축제이다.

(4) 식생활 문화

광활한 면적의 영토와 풍부한 자연 환경을 바탕으로 캐나다는 세계적인 농업, 임업 그리고 축산업 국가가 되었으며 브리티시 컬럼비아의 붉은 훈제 연어와 퀘벡 주의 메이플 시럽 등 자연환경과 문화적 특성을 잘 나타내는 음식들이 등장하게 되었다. 동과 서로 바다와 접해 있는 캐나다는 수많은 호수와 강, 비옥한 영토를 가지고 있어 새우, 게, 연어와 같은 해산물과 송어, 농어, 빙어와 같은 담수어가 풍부하다. 또한 세계 5대 어류와 해산물 수출국으로 대구, 새우, 바닷가재, 청어, 가자미 등을 수출하고 서쪽의 태평양에서 잡은 신선한 참치, 조개류는 종류도 풍부하며 맛도 좋고 동쪽의 대서양에서 잡은 바닷가재, 새우, 게는 품질이 우수하다. 또한 춥고 혹독한 날씨로 인해 기름지고 영양가 높은 음식을 선호하는 경향이 있어 육류요리가 발달하였는데 앨버타 주의 최고급 비프 스테이크는 품질과 맛

이 최상급이고 앨버타의 전통 요리인 '척 웨건 스튜'는 카우보이 시절 목장에서 즐겨먹던 쇠고기 스튜이다. 뉴펀들랜드에서는 기름과 가죽을 얻기 위해 바다표범을 사냥해 왔으며 그러한 전통이 플리퍼 파이를 탄생시켰다. 플리퍼 파이는 어린 바다표범의 지느러미를 이용해 만든 파이로 오늘날에는 여러 단체에서 4월과 5월에 플리퍼 파이로 만들어 만찬을 연다.

또한 대구의 혀를 이용한 요리인 '코드텅(cod tongue)'은 씹히는 질감이 가리비나 대합조개와 비슷한 맛을 가지고 있어 인기가 좋다. 노바스코샤 지방에는 스코틀랜드, 영국, 독일, 프랑스의 유럽 이민자들이 유독 많아 다양한 전통 요리를 선보이고 있으며 청어를 소금에 절인 후 식초, 설탕과 함께 마리네이드한 '솔로몬 그런디'는 전통 유럽의 영향이다.

퀘벡 주는 프랑스의 영향을 가장 많이 받은 지역으로 투르티에르(tourtière), 콩 수프, 메이플 시럽, 오카 치즈 등을 들 수 있는데 투르티에르는 프랑스계 캐나다인들의 돼지고기 파이로 크리스마스에 먹는 전통 음식이다. 또한 유제품이 발달하여 체다 치즈, 오키, 까망베르와 같은 치즈가 발달하였다. 과일과 채소류는 생육할 수 있는 기간이 그리 길지 않아 주로 수입을 통해 충당하고 있으나 여름과 가을에는 농지에서 직접 수확을 하여 옥수수, 멜론, 체리와 같은 제철 과일들을 도로로 가지고 나와 직접 판매를 하거나 직접 과일을 딸 수 있는 재미도 엿볼 수 있다.

이렇듯 캐나다는 지역마다 특징을 가지고 있는 전통적인 진미들과 함께 프랑스, 영국의 개척자들과 그 외의 유럽, 아시아 이주자들의 다양한 음식들이 들어오면서 전통적인 음식들은 캐나다의 새로운 음식으로 변모하였다.

캐나다의 아침식사는 7~8시 30분 사이에 시작되며 베이글, 시리얼, 토스트, 베이컨, 팬케이크, 달걀 등을 먹는다. 점심은 12~1시 사이로 수프와 샐러드, 샌드위치, 과일 등을 먹거나 도시락을 준비하여 점심을 해결하는 사람들도 많다. 저녁식사는 오후 5~6시 30분 정도로 가장 중요하게 생각하며 수프와 샐러드를 시작으로 메인 요리와 디저트까지 하루 중 가장 많이 먹는 시간이다.

캐나다의 가정식

캐나다의 아침식사

감자요리 푸틴

피시 앤 칩스

[그림 3-26] 캐나다의 다양한 음식들

(5) 요리

1) 메이플 시럽

단풍 시럽(maple syrup)으로 봄에 단풍나무의 진액을 채취한 후 그 진액을 끓여서 만드는 밝은 갈색의 시럽으로 온타리오 주와 퀘벡 주의 특산품이다. 전 세계적으로 생산량의 78%를 차지하고 있으며 그 중 90% 이상이 퀘벡 주에서 생산하고 있다.

17세기에 유럽 이주민들이 원주민들에게 제조법을 배워 만든 것으로 팬케이크에 뿌려 먹거나 홍차에 넣어 먹는다.

[그림 3-27] 메이플 시럽

2) 오카 치즈

퀘벡을 대표하는 오카 치즈(okha cheese)는 트라프스트 수도회의 수도사가 만든 것으로 맛이 부드럽고 풍미가 좋다.

3) 클램 차우더

뉴브런즈윅의 세디악 지방에서 잡은 커다란 대합조개를 이용하여 만든 조개 크림수프(clam chowder)이다.

4) 블루베리 그런트

블루베리 그런트(blueberry grunt)는 아카디아 지방의 특산물인 블루베리를 이용하여 소스를 만들어 빵 반죽과 함께 요리한 것이다.

5) 캐나다 위스키

캐나다의 위스키(canada whiskey)는 주로 호밀을 이용해 만든 것으로 '라이 위스키' 라는 별칭을 얻고 있다. 캐나다의 주류 판매는 허가받은 상점에서만 판매가 가능하여 슈퍼마켓에서는 판매를 하지 않는다.

245

6) 아이스 와인

아이스 와인(ice wine)은 캐나다 고유의 포도주로 나이아가라 폭포 주위인 나이아가라 온 더 레이크 지방에서 재배하는 당도가 높은 포도를 이용하여 만든다. 익은 포도에 첫눈이 오고 포도가 얼 때 까지 수확하지 않고 있다가 건포도처럼 건조되어 당도가 높아진 상태의 포도를 초겨울에 수확하여 와인을 만든 것이어서 아이스(ice)라는 이름이 붙는다.

7) 팀 홀튼 커피

캐나다의 유명한 아이스하키 선수인 팀 홀튼(Tim hortons)이 교통사고로 사망하자 그의 부인이 남편의 이름을 따서 만든 커피 전문회사로 캐나다의 커피 체인점을 대표하며 캐나다 전역에서 볼 수 있다.

[그림 3-28] 캐나다의 대형 마트

VI 오세아니아(Oceania)

1. 호주(Australia)

(1) 지리적 특징

호주(濠洲)는 한글로 해석을 하면 '큰 대륙의 나라' 라는 의미인데 라틴어로는 '남쪽의 거대한 대륙' 이라는 뜻이다. 남북의 길이는 약 3,700km, 동서의 길이는 약 4,000km으로 면적은 알래스카를 제외한 미국과 비슷한 774만km²로 세계에서 6번째로 큰 영토를 가지고 있다.

호주는 일반적으로 평평한 대륙으로 평균고도가 300m 정도로 전 세계의 평균고도 700m에 못 미친다. 광활한 호주의 대륙은 그 특성상 크게 서부고원 지대, 중부 저지대, 동부 고지대로 나눌 수 있다. 서부고원 지대는 오래된 지층을 형성하고 있으며 해발 350m의 고원으로 이루어진 지역으로 금과 같은 고가의 광물인 망간, 알루미늄, 천연가스 등이 풍부하게 매장되어 있고 철의 매장량은 세계의 50%를 차지하고 있다. 중부 저지대는 호주 영토의 25%를 차지하고 있으며 고도는 150m 정도로 매우 낮다. 농업과 목축업이 발달한 지역으로 일찍부터 지하수와 하천을 개발하여 밀농사와 양과 소를 사육하는데 적합한 지역이다.

동부 고지대는 대륙 북쪽의 퀸즈랜드부터 타스마니아 섬까지 동쪽 해안을 따라 형성된 지역으로 '호주의 알프스' 라는 별명을 가지고 있지만 평균 해발은 910m정도 밖에 되지 않는다. 최고봉은 해발 2,228m인 '코셔스코' 로 동부 고지대도 평평한 고원지대를 이루고 있다. 전 국토가 바다로 둘러 쌓여 있는 호주는 대륙성 온대 기후로 우리나라와는 정반대의 상황을 나타내고 있는데 여름인 12~2월까지 북쪽 해안 지역은 습도가 무척 높아 불쾌지수도 높은 열대성 날씨이고 겨울인 6~8월에는 내륙 지역과 남부 지역은 차가운 바람의 영향으로 눈이 오기도 한다. 호주의 7월과 8월이 가장 추운 달이고 1월과 2월이 가장 더운 날씨이다. 또한 여름에 비해 겨울이 짧은데 호주의 여름은 유난히 더워 40℃를 오르내리는 날씨가 다반사이다. 해양 대륙은 건조한 성향을 나타내고 호주의 1/2에 해당하는 지역의 연평균 강우량이 300m 정도 밖에 되지 않고, 3/4에 해당하는 지역도 연평균 강우량이 600m에 미치지 못하지만 북부 열대 지역에 위치한 타스마니아 섬은 강우량이 2,000m가 넘는다. 이와 같이 호주의 강우량은 지리적으로 또는 계절적으로 많은 차이를 가지고 있으나 사람이 사는 가장 건조한 지역임을 무시할 수는 없다.

호주의 우기는 일반적으로 여름과 겨울로 북쪽 지방에서는 여름철에 1년 동안 내릴 비가

전부 내린다고 할 수 있어 어느 지역에서는 짧은 시간 안에 400m 이상의 비가 내려 홍수가 난다. 우기에는 천둥 번개와 우박을 동반하는데 북쪽 지방에서는 천둥 번개가 일 년 동안 평균 60회를 기록하였고 천둥 번개와 함께 우박을 동반하는 남부지역에서는 겨울과 봄에 10mm 이하의 우박으로 농작물의 피해가 막중하다. 우기에 연강우량의 비가 다 내리고 그 외의 시기에는 가뭄을 동반하는 특이한 기후로 호주의 농작물과 목축업에 많은 피해를 주고 있으며 몇 년간 계속되는 가뭄으로 인해 목축업자들은 양들이 먹을 풀을 찾기 위해 유랑을 떠나기도 하고 건초를 찾지 못해 대량의 가축을 생매장하기도 한다.

인구는 약 2,200만 명으로 국토 면적에 비해 인구 밀도가 그리 높지 않으며 61%의 농목 지역과 5%의 산림지 등으로 66% 정도의 낮은 국토 이용률을 보여주고 있고 전체 인구의 85% 이상이 도시에 거주한다. 인구의 종족배경은 제 2차 세계대전 이전에 주로 영국인과 아일랜드 인 중심이었던 유럽계 백인이 89%로 압도적인 비율을 차지하고 있고, 130여 개의 나라에서 이민 온 이주민들은 아시아인 4%, 아랍인 1%, 호주의 원주민인 애보리진(aborigines)이 2% 정도이다.

(2) 역사

호주의 역사는 비공식적으로 보자면 약 4만 년 전 빙하기에 동남아 지역에서 이주하여 온 원주민인 애보리진이 사냥과 수렵을 통해 전 지역으로 흩어져 생활을 하고 있었고 그들의 수는 대략 60~100만 정도로 500명 정도의 소규모 부족을 이뤄 고유의 전통 생활 풍습과 언어를 가지고 있었다. 그러나 공식적인 호주의 역사는 유럽인의 정착이 이뤄지면서 백인과 유럽인의 역사로서 시작되었다.

스페인이나 네덜란드보다 늦은 식민지 개발이 시작된 영국은 1688년 호주에 대해 막대한 관심을 가지게 되었고 1756년 프랑스가 영국령인 미노르카를 선공하면서 인도, 서인도 제국, 유럽, 북미 등에서 영국과 프랑스간의 7년간의 전쟁이 시작되었고 최종적으로 영국의 승리와 함께 프랑스는 북미대륙과 인도의 상당부분을 영국에 빼앗기게 되었다. 1770년 영국 해군 장교인 제임스 쿡(James cook) 선장에 의해 지금의 시드니 부근의 보터니 만에 도착, 호주의 동쪽 해안에서부터 영국의 지배가 시작되고 뉴 사우스 웨일스(new south wales)라는 이름으로 영국에 합병되었다.

실질적으로 호주의 땅이 척박하고 황량하여 유용성을 찾지 못한 영국은 호주에 대한 직접적인 식민지화를 이루는데 18년이라는 세월이 걸렸다. 1776년부터 1783년까지 영국은 미국이 독립국가가 되는 것을 막기 위해 전쟁을 하였고 미국에 패한 영국은 13개의 미국

식민지를 잃으면서 호주로 눈길을 돌려 식민지로 개척, 호주에 대한 소유권을 프랑스나 네덜란드보다 먼저 확보하고 항구를 건설하여 태평양을 통한 물자와 식량을 자급자족할 수 있도록 할 뿐 아니라 영국 내륙에 있던 죄수들의 유배지로 사용하였다.

영국에는 범죄자 또는 부랑자를 국외로 추방하는 제도가 있었고 급속도로 불어나는 죄수들을 북미로 유배시켰으나 북미의 독립 전쟁으로 인해 죄수를 실은 뱃머리를 호주로 돌려 1787년 아더 필립 대령과 함께 죄수 732명을 포함하여 1,373명의 영국인들이 호주에 정착하였고 필립 대령은 지금의 호주 건국일(Australian day)인 1월 26일에 영국 국기를 게양하고 뉴 사우스 웨일스를 정식 영국 식민지로 공표하였다.

호주 식민지는 처음 뉴 홀랜드(new holland)로 이름 지어졌으나 1814년 지금의 오스트레일리아(Australia)라는 이름을 갖게 되었다. 호주로 유배된 죄수들로 형성된 노동자, 이주자들의 증가로 그 범위가 동부에서 서부로 점점 확장되어 가면서 초기에는 자급자족의 농업, 고래잡이, 바다표범 사냥이 주 사업이었으나 영국 왕실의 양(羊)과 남아프리카에서 들여온 양으로 인한 양모 산업이 발달하여 호주의 경제 발전을 이루는 초석을 이루었고 영국으로 유배 되어온 죄수들로 인해 호주 건국의 기초를 다지게 되었다. 유배된 죄인들 중에는 국민의 권리를 주장하던 '스코틀랜드의 순교자', '아일랜드 독립운동가', '인권운동가' 와 같은 정치가들이 상당수 포함되었다. 시간이 흐를수록 영국에서 죄수 유배에 대한 비난이 일자 1840년 호주로의 유배가 중지되었고 죄수들도 시간이 지나면서 자유인이 되고 크고 작은 마을과 농장들이 개척되었으나 호주의 토양이 비옥하지 못하고 기후도 건조하여 농사에 큰 도움을 줄 수는 없었다. 대신 풍부한 목초지로 인해 면양과 목축업이 성행할 수 있었다.

1851년 에드워드 하그레이브라는 영국인에 의해 호주의 금광이 서머 힐(summer hill)에서 발견되어 영국의 지질조사와 함께 호주의 골드러시가 시작되었는데 이 열풍은 호주의 인구 이동뿐 아니라 이민자들의 숫자도 급속도로 증가하게 만들었고 음주, 절도, 폭력과 같은 사회적인 문제의 발생을 초래했으며 주정부의 도로 보수, 항만 시설 개설 등의 사회 개혁 운동이 일어나게 되었고 금을 제련하기 위한 제련업과 제조업이 함께 발달하였다. 식민지의 확장으로 인해 통치가 어렵게 되면서 자치 정부를 세우고 그로 인해 1841년 뉴질랜드가 식민지로서 독립을 하게 되었으며 타스마니아 주, 빅토리아 주, 남부호주 주, 퀸즐랜드 주, 서부호주 주, 뉴 사우스 웨일스 주인 6개의 독립된 식민지로 분할되었다.

1887년 금광 노동자의 이주민들이 급증하면서 중국 이민자들의 숫자가 급속도로 늘어났고 호주 연방은 백호주의(white australian policy)를 주장, 유색인 이민자의 숫자를 제

한하는 안을 제시하였다. 점점 영국으로부터 독립을 원한 호주는 1901년 호주 연방정부를 구성하여 영국으로부터 완전한 독립 국가로 성장하면서 1913년 캔버라를 수도로 지정하고 1940년 미국과 대사를 교환함으로써 전 세계로부터 독립 국가로 인정받게 되었다.

(3) 식생활 문화

호주는 다양한 민족과 음식 그리고 식재료가 풍부한 나라로 세계 각국의 요리가 잘 발달되어 있는 나라다. 호주가 음식과 문화에 다양성을 가질 수 있었던 이유는 이민자들의 유입이었는데 제 2차 세계대전 이후 이탈리아, 그리스, 레바논, 중동국가, 중국, 베트남, 인도, 아시아계에 이은 이민자들에 의해 새로운 음식문화와 조리법이 전해질 수 있었다. 호주의 전통 음식은 원주민인 애보리진에 의해 형성된 음식으로 이렇다 할 특징이 없으나 호주식 바비큐가 가장 대표적이다. 가정에서의 음식 준비는 여성들에게 맡겨지지만 호주식 바비큐는 남자들이 직접 나서서 준비하고 그릴에 굽고 여성들은 샐러드만 준비한다. 바비큐에 이용되는 재료로는 스테이크를 주 요리로 해산물, 샐러드, 과일, 음료수 등이며 대부분 뷔페식으로 식사를 한다. 목축업이 발달하여 양고기와 쇠고기, 캥거루 고기 등 풍부한 육류요리가 발달하였는데 한 해 동안의 육류 소비량도 1인당 40kg에 달한다. 1억 3천만 마리의 양을 소유하고 있어서 양고기를 가장 많이 소비하고 있다.

1990년 이후 현대 호주 요리라는 이름하에 새로운 요리들이 선보이기 시작하여 여러 문화들을 조합하여 호주만이 가질 수 있는 독특한 맛을 창조해내었다.

호주의 주요 농산물은 근채류인 타로 토란, 얌 토란과 바나나, 사탕수수 등으로 호주의 지형적인 특성과 기후의 영향을 많이 받았다고 할 수 있다. 호주의 식생활 문화를 결정한 것은 영국의 문화라고 할 수 있으며 또한 기후의 영향도 큰 작용을 하였다. 호주인들의 근무시간은 오전 8~오후 5시까지이며 점심시간 1시간은 매우 자유로운 편이어서 점심시간에 근거하여 다른 식사시간이 자연스럽게 결정된다. 여름의 저녁식사시간은 뜨거운 태양빛이 가라앉은 늦은 저녁시간에 마련되기도 한다.

음주문화는 독일, 벨기에에 이어 세계 3위에 달하는 맥주 소비국으로 술은 지정된 장소에서만 구입할 수 있고 '드라이브 인 샵'과 펍, 클럽 등에서만 가능하다. 맥주를 주문할 때는 원하는 맥주의 브랜드와 컵 사이즈를 제시한다.

호주의 식생활 문화를 일반적으로 정리하면 아래의 6가지 특징으로 나눌 수 있다.

1) 세계 요리의 발달

세계 각국의 다양한 이민자들을 받아들인 나라 호주는 기본적으로 영국의 식문화를 바탕으로 해산물이 많이 들어간 남태평양 요리, 중국 화교의 요리, 전통 유럽풍의 요리와 동남아시아와 중동의 요리 등 여러 민족의 독특하고 고유한 음식문화가 서로 조화되어 발달되었다.

2) 육류 요리의 발달

황폐한 영토와 건조한 날씨로 인해 목축업이 발달하였고 쇠고기, 양고기, 닭고기, 캥거루고기, 악어고기, 물소고기 등 육류의 종류도 다양하며 또한 그 소비량도 많다. 돼지고기는 쇠고기보다 비싸고 전통적인 호주식 바비큐 방식으로 구운 쇠고기나 양고기, 돼지고기를 선호한다. 1인당 육류 소비량 또한 세계적으로 가장 높고 바비큐용 고기와 채소는 크고 두껍게 썰어 소금으로 양념하며 정원, 공원 등 자연과 함께 바비큐 요리를 즐긴다.

3) 해산물 요리의 발달

4면이 바다로 뒤덮인 호주는 신선한 해산물이 풍부하고 또한 해산물을 이용한 음식이 발달하였는데 새우, 바닷가재, 굴, 연어, 도미 등 그 종류도 다양하다. 대표적인 요리로 시드니의 생굴요리, 서부지역의 바닷가재 요리가 유명하며 각 나라의 다양한 해산물 조리방법이 관광 산업에 크게 이바지 하고 있다.

4) 테이크 아웃 문화의 발달

유입된 음식 중 하나인 패스트푸드는 호주에 그 종류가 다양하게 분포되어 있다. 영국의 피시 앤 칩스부터 중국의 포장 음식까지 가벼운 식사와 점심식사를 위해 테이크 아웃 음식이 발달하였으며 패스트푸드 소비국으로도 전 세계적 4위를 차지하고 있다.

5) 우유 및 유제품 발달

유가공품인 버터, 치즈 등이 발달하였고 다양한 제품으로 판매되고 있으며 양젖과 염소젖을 이용한 테이스터 치즈와 체다 치즈가 유명하다.

6) 과일, 과일 가공품의 발달

지리적인 위치와 기후로 인해 열대과일이 풍부하고 망고, 바나나, 키위, 오렌지, 아보카도, 파인애플, 파파야 등이 퀸즐랜드와 같은 북쪽 지역에서 재배되고 있다. 특히 태즈매니아 섬은 사과로 유명한데 푸른 사과의 일종인 그래니 스미스 사과는 태즈매니아 섬의 사과

를 개량한 것이다. 과일을 이용한 잼과 주스 등의 가공품도 많이 발달하였다.

(4) 호주의 요리

1) 부시 터커

부시 터커(bush tucker)는 호주 음식의 뿌리라고 할 수 있는 원주민인 애보리진들에 의해 전해진 독특한 음식으로 백인들에게 그리 큰 관심을 받지는 못했지만 오늘날에는 많은 관광객들과 새로운 맛을 찾는 요리사들에 의해 관심이 집중되고 있다. 다양한 약초, 향신료, 과일, 채소, 짐승, 파충류, 곤충류 등 다양한 재료로 만들며 대표적인 요리로는 위체티 그럽이라는 하얗고 통통한 애벌레를 조리과정 없이 씹어 먹는데 아몬드의 맛과 비슷하다고 한다. 또한 호주에 서식하고 있는 캥거루, 에뮤, 악어 고기 요리도 있다.

2) 바비큐

자연과 함께 즐기는 바비큐(barbecue)는 쇠고기, 양고기, 소시지, 채소 등을 직접 구워 약간의 소금 간을 한 후 재료 본연의 맛을 살린 요리이다.

3) 키드니 파이

키드니 파이(kidney pie)는 양파와 쇠고기, 소의 콩팥으로 파이 속을 만들어 구운 후 데친 채소와 함께 먹는다.

4) 미트 파이

쇠고기와 닭고기를 충분히 넣은 고기 파이(meat pie)로 버섯을 넣고 간을 진하게 하여

조린 후 만든다. 추운 겨울에 많이 먹고 호주 인들이 가장 선호하는 요리이다.

5) 베지마이트

호주를 대표하는 스프레드인 베지마이트(vegemite)는 빵에 발라 먹으며 영국의 마미트(marmite)와 비슷하다. 채소 추출액과 소금, 이스트를 혼합하여 만든 짙은 초콜릿색의 스프레드로 리보플라빈, 티아민 등 비타민 B의 보고이고 호주인들의 아침식사에 없어서는 안 될 필수품이다.

6) 악어 크림파이

악어고기를 이용한 파이(crocodile cream pie)로 그 맛은 닭고기와 비슷하다.

7) 캥거루 스테이크

호주 전 지역에서 판매되고 있는 캥거루로 고기(kangaroo steak)의 질감은 약간 딱딱하지만 씹을수록 맛이 나며 지방이 적은 고단백 음식이다.

8) 에뮤 스테이크

에뮤(emu)는 몸의 길이가 1.8m로 엄청 큰 새이다.

9) 치코롤

치코롤(chico roll)은 반원으로 만든 밀가루 반죽 안에 옥수수, 감자, 그레이비 소스를 넣어 만든 과자로 호주 사람들이 즐겨 먹는 간식이다.

10) 파블로바

러시아의 세계적인 발레리나 안나 파블로바를 위해 호주의 한 호텔에서 만든 디저트인 파블로바(pavlova)는 머랭과 생크림, 신선한 과일을 이용한다.

11) 래밍턴

래밍턴(lamington)은 스펀지 케이크에 라즈베리 잼을 바른 후 가나슈를 부어 겉을 씌우고 코코넛을 뿌린 디저트로 1900년대에 퀸즐랜드의 주지사 배런 래밍턴의 이름을 따서 만들었다.

(5) 식사 예절

식사 또는 파티에 초대를 받으면 포도주나 맥주, 디저트 등을 준비해 간다.

식사를 할 때는 소리를 내지 않고 조용하게 먹는다.

다른 사람들의 식사가 모두 준비될 때 까지 기다린다.

식사 중에는 흡연을 하지 않도록 한다.

포크는 왼손, 나이프는 오른손, 빵은 옆 접시에 놓고 손으로 작게 잘라 먹는다.

바비큐 파티에서는 손으로 음식을 집어도 괜찮고 영국식으로 한 손을 사용해도 되고 미국식으로 두 손을 사용해도 상관없다.

바비큐 파티에서 사용한 손을 테이블보에 닦지 않는다.

2. 뉴질랜드(New Zealand)

(1) 지리적 특징

뉴질랜드는 호주로부터 1,600km 떨어져 있으며 쿡 해협으로 격리된 남·북의 두 섬으로 이루어진, 산이 많은 섬나라로 해발 200m 이하의 땅이 섬의 1/6 정도이다. 총면적은 북섬, 남섬, 스튜어트 섬, 그 외 작은 섬들을 모두 합쳐 267,710km²로 영국보다 약간 크고, 일본보다는 작으며, 미국의 콜로라도 주와 비슷하며, 대한민국의 2.7배이다. 전체면적의 43%가 북섬, 56%가 남섬으로 남섬이 더 크다. 두 섬은 지형적 성격이 크게 다른데, 북섬은 전체적으로 구릉성 토지가 펼쳐지는 가운데 2,150m의 에그몬트 산을 비롯하여 화산이 돌출한다. 한편, 남섬은 서쪽에 남알프스 산지가 남북으로 달리고 빙설에 빛나는 고산지형이 탁월하다. 최고봉인 쿡 산 주변에는 태즈만·폭스 등의 대빙하가 발달해 있다. 산록부에는 빙하호가 있고 서해안에는 U자 계곡이 침수한 밀포드사운드 등의 아름다운 피오르드 해안이 발달하였다.

[그림 3-29] 뉴질랜드 전도

　뉴질랜드는 화산과 빙하의 나라로 그 지형이 매우 아름다우며 남섬은 아직 원시림으로 뒤덮인 지역이 많다. 특히 70%가 남알프스 산악 지대를 중심으로 한 산지이며, 평지는 9%에 불과하다. 만년설을 이고 있는 3,000m가 넘는 고산준봉이 잇달아 이어지고 빙하의 침식을 받은 피오르드 지형은 수많은 호수와 U자 계곡을 형성하고 있어 변화가 풍부한 관광지로서 각광을 받고 있다. 반면 북섬의 특징은 지열 지대를 포함한 화산 지대에 온천과 간헐천, 그리고 크고 작은 호수가 널리 분포되어 있으며 비옥한 목초지가 끝없이 펼쳐진다. 국토 최남단엔 스튜어트 섬이 있고 크라이스트 처치로부터 동편으로 멀리 떨어진 태평양에 캐썸 섬(chatham island)이 위치해 있다. 전체적으로 국토는 산과 언덕으로 뒤덮여 있는데 75%가 해발 200m 이상이며, 국토의 최고점은 해발 3,754m인 쿡 산이다. 북섬의 가장 높은 산은 루아페후 산으로서 2,797m이다. 이러한 고산과 타우포 호수, 로토루아 호수는 약 1백만 년 전에 발생한 통가리로 산의 화산활동으로 생성된 것이다. 호수는 서기 186년에 화산폭발로 생성된 북섬의 타우포 호가 최대이다. 가장 긴 강은 북섬의 와이카토 강으로 425km에 달한다.

(2) 기후

뉴질랜드는 온대 지역에 속하지만 지역에 따라 기후가 다양하게 나타난다. 북섬의 최북 단은 연중 따뜻하며 눈을 보기 힘들다. 반면에 남섬의 최남단은 겨울이 춥고 눈이 많이 내 린다. 그리고 서안(西岸) 해양성 기후로서 연강수량은 대부분의 지역에서 600~1,500mm 인데, 남알프스 서쪽 경사면에서는 5,000mm 이상에 이르는 지역도 있어, 동쪽 지역과는 현저한 차이를 보인다. 전 지역이 편서풍대에 속한다. 기온의 교차는 작으며, 연평균 기온 은 북섬의 오클랜드 반도에선 15도, 남섬의 남부에선 10도 안팎이다.

(3) 역사

뉴질랜드(New Zealand) 또는 마오리어로 아오테아로아(Aotearoa)는 남서 태평양에 있는 섬나라이다. 두 개의 큰 섬(남섬과 북섬) 그리고 수많은 작은 섬들로 이루어져 있다. 마오리어 명칭인 아오테아로아는 '하얗고 긴 구름의 나라' 라는 뜻이다.

뉴질랜드를 처음으로 찾은 유럽인은 1642년 남섬 서해안에 도착한 네덜란드의 아벨 타스 만(Abel tasman)이었다. 그는 이곳을 고향 제일란트의 이름을 따서 '노바젤란디아'라고 명 명하였으며, 뉴질랜드는 이 말의 영어식 번역이다. 타스만 이후 뉴질랜드를 찾은 사람은 영 국의 탐험가 제임스 쿡(James cook) 선장으로 1769~1777년에 걸쳐 여러 차례 이 지역을 답 사하였다. 이어 1814년 런던에서 선교사가 와서 개신교 선교를 시작하였다. 그 무렵 이곳은 호주 뉴사우스 웨일스 주의 식민지로서, 고래와 바다표범 잡이의 기지로 이용되고 있었다.

1840년 마오리족은 자신들을 보호해주는 대가로 뉴질랜드의 통치권을 영국에 양도하 는 와이탕이 조약을 체결하였다. 그 이후부터 뉴질랜드 회사, 오타고 협회, 캔터베리협회 등을 통하여 각지에서 이민자가 건너오기 시작하였다. 1880년대 초 냉동선이 개발되자 오 지에서도 농목업이 발전하였고, 1852년에는 뉴질랜드 헌법에 따라 뉴질랜드 정부가 들 어서게 되었다. 그러나 영국의 식민화가 진행됨에 따라서 토지매매와 관련하여 마오리족 과 영국 간에 분쟁이 생겼고, 1843~1870년 사이에는 두 차례에 걸쳐 마오리 전쟁이 일어 났다. 이에 영국은 마오리족의 반영 감정 완화를 위해 힘썼고, 식민지 회의에 마오리족 대 표를 참가시키는 등 영국인과 동등하게 대우하려는 노력을 통해, 1870년부터는 인종분 쟁이 끝나고 마오리족의 영국화가 시작되었다. 이처럼 마오리족과의 공존관계 설정을 통 해 갈등을 해결하고자 한 노력은 다른 식민지에서는 좀처럼 찾아볼 수 없는 해법이어서 높 이 평가되고 있다. 그 후 뉴질랜드는 개척이 진전됨에 따라 1907년 영국의 자치국이 되었 다가 1947년 독립하였으며 제 1·2차 세계대전 때에는 영국 본국과 함께 연합국의 일원

이 되어 참전 · 활약하였다. 1949년 7월 한국을 정식 승인하였고 1950년 한국 전쟁 때에는 총 5,350명이 영국 연방으로 참전하였다. 대한민국과는 1962년 외교관계가 수립되었으며 1964~1972년까지 베트남 전쟁에 군대를 파병하였다. 1951년에 호주, 뉴질랜드, 미국은 공식적으로 안전보장조약인 앤저스 조약(ANZUS treaty)을 체결하였다. 이는 태평양 지역 방어를 위한 군사동맹이다. 1985년에는 비핵화 지대(Nuclear free zone)을 선언하였으며 1987년 데이비드 레인지가 이끄는 노동당에 의해 뉴질랜드 비핵화 지대 선언이 국회에서 통과되었다. 결과적으로, 미국 핵 추진함에 대한 뉴질랜드 기항불허로 이어져 ANZUS조약의 권리가 중지되기도 했다. 그러나 뉴질랜드는 굴하지 않고 이후 남태평양 국가들과의 비핵화선언인 라로통가 조약(treaty of Rarotonga)을 체결, 2006년 기준 노동당(labour government) 헬렌 클라크 총리는 야당인 국민당(national party)의 지지도 함께 이끌며 뉴질랜드 비핵화 지대(nuclear free zone)의 입지를 고수하고 있다.

(4) 환경

전국적으로 13개의 국립공원을 갖고 있으며 이중에서 통가리로 국립공원과 테와히포우나무 국립공원은 세계 유산으로 지정되었으며, 특히 통가리로는 미국의 옐로스톤 국립공원에 이어 세계에서 두 번째로 세워진 국립공원이다. 또한 13곳의 해양보호구역이 지정되어 있다. 여타 지역에서는 이미 사라진 신생대, 중생대의 생물이 많이 발견되고 있는데 그 이유는 약 8천 5백만 년 전인 백악기 때부터 다른 대륙과 격리되어 온 직접적인 결과이다. 이 같은 격리 상태를 단적으로 보여주는 것이 뉴칼레도니아와 함께 유일하게 뱀이 없는 지역이다. 최초의 포유류는 두 종의 박쥐였고 뱀이 없는 나라(동, 철 성분 등이 다량 함유되어 있고, 습기가 많아 서식하지 못함)인 뉴질랜드는 포유류보다 새들의 종류가 많아 약 250종의 새들이 서식하고 있다. 식물 중에는 살아 있는 화석이라 부를 수 있는 카우리 나무가 전 국토의 4%로 높이가 약 40m, 가지가 20m나 된다.

환경보호 활동에 적극적인 뉴질랜드 사람들이지만 그들에게도 그 해결이 쉽지 않은 숙제가 있으니 그것은 바로 사람들의 무관심과 무지로 인해 사라져가고 있는 고유 동식물에 대한 대책이다. 사람들이 이주한 이후 낮은 지대의 늪과 습지대에 사는 고유 동식물 85%가 멸종되었다. 또한 800종 이상의 생물들이 심각한 생존 위험에 처해 있다. 뉴질랜드의 상징인 키위 새 역시 그렇다. 북쪽에 사는 갈색 키위는 멸종위기에 있으며 다른 키위들은 해마다 6% 정도의 감소를 보이고 있다. 뉴질랜드에서 진화하고 생존했던 새는 모두 93종이었으나 이중 43종이 멸종되었고, 37종은 멸종의 위험에 처해 있다. 이와 같은 고유 생

태계의 변화는 주로 서식지의 파괴와 분열, 그리고 해충과 잡초 때문이다. 특히 해충은 뉴질랜드의 생태계와 경제에 심각한 피해를 준다. 외국에서 들어온 해충과 잡초들은 뉴질랜드 고유의 생물들을 멸종으로 몰고 간다. 이 때문에 뉴질랜드 검역당국은 외국에서 입국하는 사람과 화물에 대해 검역을 철저히 한다. 피해를 주는 동식물의 유입을 막기 위해서이다. 생태계에 나쁜 영향을 주는 것으로 빼놓을 수 없는 것이 고양이, 개, 흰 족제비, 주머니쥐와 같이 외국에서 유입된 동물들이다. 이들은 뉴질랜드에 살고 있던 동물이나 꽃등에 악영향을 주었다. 예를 들면 해치는 동물이 없어 날지 못해도 사는 데 지장이 없었던 모아새(멸종)나 키위 새는 이들 외래종에게 먹히기 때문에 생존의 위기에 있는 것이다. 뉴질랜드는 지난 60년까지는 고래를 잡았지만 지금은 열렬한 고래 보호국이다.

(5) 산업

이 나라의 경제는 대부분 농목에 의존하고 있다. 목양(牧羊)은 이 나라 제1의 산업으로서 양은 북섬에 60%, 남섬에 40%의 비율로 분포한다. 양모의 수출이 큰 비중을 차지하며 농산물을 중심으로 하는 1차 산품이 수출의 55%를 차지한다. 그 외 육류·유제품(乳製品)은 양모에 버금가는 수출품이다. 낙농지역은 북섬에 집중하며, 양모에 비하여 훨씬 집약적으로 경영된다. 남섬의 동쪽 및 남쪽 연안에는 혼합농업 지역이 발달하여, 목초 등과 윤작을 하면서 곡류의 생산이 활발하다. 농산물을 중심으로 하는 1차 산품을 수출하고 석유와 공업제품을 수입하는 무역구조이다. 주요 수출품은 낙농품·육류·양모·목재·과실·약재 등이고, 수입품은 공산품·기계류·자동차·철강·원유·비료·금속제품 등이다. 1970년대 초까지는 영국이 주요 무역 상대국이었으나 이후 영국이 차지하는 비중은 크게 줄어들었고, 현재는 미국·중국·호주·일본 등 아시아 태평양 국가와의 교역량이 무역액의 대부분을 차지하고 있다.

(6) 인구와 사람

주민은 유럽계 백인 87%, 마오리족, 폴리네시아인이 있고, 높은 생활수준을 유지하고 있다. 영국계 백인과 마오리족 원주민이 거주, 인도인과 황인도 많이 거주한다. 백인들은 영국계는 물론, 아일랜드계와 네덜란드계 등이 섞여있고, 마오리족은 지역마다 여러 종족들로 나뉘어져있다. 또한 마오리족은 이미 도시로 옮겨가 현대 생활에 적응하였다. 중국인들과 인도인들도 살며, 특히 사모아, 통가, 피지, 쿡 제도 등의 남태평양 도서민들도 늘고 있다. 최근에는 뉴질랜드까지 세계 각지에서 온 이민자들로 섞여있는 편이다. 그래서 최근에는 이민법이 어려워지고 있다.

(7) 복지

사회적·경제적인 상하계급이 나뉘어 있지 않고, 주민 사이에는 평등정신이 강하다. 세계 최초로 양로 연금 제도를 실시하고 완전고용 등 사회보장제도를 발전시키고 있다. 스웨덴, 노르웨이에 이어 세계 3대 복지국가 중의 하나이다. 병이 나면 무료로 요양할 수 있고, 일을 할 수 없는 노인에게는 노인연금이 지급되며, 실업자에게는 실업수당이 지급된다. 또한 초등학교에서 고등학교까지 교육과정이 무상교육이다. 의무 교육 연령은 6세부터 16세까지이다. 대학의 무상교육은 포기되었다. 가족제도는 철저한 핵가족제이며, 20% 이상이 독신이다. 자녀수는 1명인 경우가 많고 이혼율이 점점 증가하는 추세에 있다. 주요 여가 활동은 독서, 친구방문, 음악, 정원관리, 개 기르기 등이다. 경마를 즐기며, 로또는 성인의 2/3가 즐긴다.

(8) 언어

영어와 마오리어가 공용어로 지정되어 있다. 인구의 90%가 공식 국가 언어인 영어를 사용하고 있으며, 1987년부터 마오리어가 공식 언어로 채택되어 두 가지 언어가 공용어로 사용되고 있다.

(9) 문화

마오리족만의 토착 문화와 영국계 백인의 문화가 존재하고 있다. 마오리족은 높은 실업률, 상대적 빈곤, 범죄, 청소년 불량서클, 복지시설 부족 등의 사회적 불이익에 대한 불만으로 마오리족 고유의 문화가 부흥하는 경향이 있다. 오클랜드, 해밀턴, 웰링턴, 크라이스트처치 같은 대도시는 여러 이민자들이 섞여 살기 때문에 뉴질랜드의 전통 문화는 약간 사라져 가는 편이지만 오랜 전통과 다양한 문화를 가지고 있는데, 특히 무대예술 분야가 뛰어나, 음악·연극·무용 등의 전문인들이 활기차게 활동하고 있다. 400개의 박물관과 화랑을 통해 예술 활동이 왕성하게 이루어지고 있으며 뉴질랜드 심포니 오케스트라(NZ symphony orchestra)는 연중 100여회의 콘서트를 가지고 있다. 발레단은 26명의 종신단원으로 구성되어 국내 공연을 펼친다. 2년마다 웰링턴에서 열리는 국제적인 행사가 가장 큰 예술 행사이다. 뉴질랜드는 영연방의 일원으로 럭비는 가장 인기 있는 스포츠이고 그 밖에 크리켓 그리고 네트볼 같은 영국식 스포츠가 성하다. 특히 럭비는 뉴질랜드의 국기이고, 국가대표 럭비 팀은 'All Blacks'로 럭비 월드컵에서 2번, 더 럭비 챔피언십에서 11번 우승하였고, 현재 3번째 우승을 노리고 있다. 서핑, 요트 그리고 조정 등도 인기 있는 레저

이다. 뉴질랜드는 하계 올림픽에서 육상 금메달 총 7개를 딴 바 있고, FIFA 월드컵 본선에도 2회 진출한 바 있다(1982년에는 3전 전패, 2010년에는 3전 전무로 모두 조별리그 탈락). 1980년대부터는 육상보다 카누 같은 기타 종목들이 강세를 보이기 시작했다. 축구 대표팀은 All Whites, 농구 대표팀은 Tall Blacks로 알려져 있다.

(10) 종교

뉴질랜드의 최대 종교는 69.9%로 기독교이며, 그 중에서도 뉴질랜드 성공회가 가장 많은 수를 차지한다. 성공회 24.3%, 장로교 18.0%, 가톨릭 15.2%이다. 신학적으로는 자유주의 신학이 쇠퇴하고 성공회와 장로교를 중심으로 복음주의를 따르는 기독교인들이 늘고 있다.

(11) 관광

오염되지 않은 대자연과 지상 최후의 낙원으로서, 뉴질랜드는 세계적으로 유명한 레포츠 급류타기, 제트 보트, 스키, 트레킹, 번지점프 등 깨끗한 대자연 속에서 인간이 즐길 수 있는 즐거움이 가득한 곳이며, 자연의 부드러운 숨결을 닮은 사람들, 아름다운 황금빛 해변, 광활하게 펼쳐진 푸른 초원 등 모든 아름다움을 느낄 수 있는 곳이다.

(12) 교통

주요도시는 철도로 연결되며 고속도로도 잘 되어 있다. 남섬과 북섬 사이를 운행하는 여객선이 있다. 오클랜드·웰링턴·크라이스트 처치에 공항이 있고 오클랜드·웰링턴 항구가 있는데 오클랜드 국제공항은 대한민국, 일본 등 아시아와 미국, 아르헨티나 등 타 대륙으로 통하는 주요 관문이다. 주요 도시로는 오클랜드·크라이스트처치·웰링턴 등이 있다.

(13) 외교

뉴질랜드는 한국 전쟁에 참전한 대한민국의 우방 국가로, 양국은 우호적인 관계를 유지하고 있다. 1962년 3월 26일 외교관계가 수립되어 서울과 웰링턴에 상주대사관이 개설되어 있다. 대한민국은 오클랜드에도 총영사관을 개설하고 있다. 주 뉴질랜드 대한민국 대사관은 사모아, 통가를 겸임하고 있다.

(14) 협정

양국은 1967년 4월 무역 및 경제협력 협정을 시작으로, 1978년 어업협정, 국제운송소득 면제협정(1978년 12월), 이중과세방지협정(1981년 11월), 항공협정(1993년 8월), 사증면제 협정(1994년 8월), 취업관광사증협정(1999년 5월), 범죄인 인도조약(2002년 4월), 영상산 업 분야 공동협력을 위한 양해각서(2005년 11월), 정보통신협력약정(2006년 12월)을 체결 하였다.

(15) 수출입

뉴질랜드의 대 한국 수출은 2011년을 기준으로 14억 7,400만 미국달러(원목, 낙농품, 가 축육류, 기타 석유화학 제품), 한국의 대 뉴질랜드 수출은 11억 400만 미국달러(승용차, 경 유, 휘발유, 철도차량)로, 대한민국의 적자가 지속되고 있다. 뉴질랜드는 교역 확대를 위해 대한민국과 자유무역협정 체결을 추진하고 있다.

(16) 진출 기업

뉴질랜드에는 한국의 선경(주), 오양, 동원, 대왕수산 등 다수업체가 진출해 있고, 오클 랜드에는 총영사관이 있으며, 대한무역투자진흥공사(KOTRA)도 주재하고 있다. 한국 교 민은 23,877명, 체류자는 9,095명이다(2007년 5월 1일 기준). 한편 조선민주주의인민공 화국과는 2001년 외교관계가 수립되었다. 뉴질랜드는 북한에 상주공관을 개설하지 않았으 며, 서울의 주 대한민국 대사관에서 겸임하고 있다.

(17) 국방

육해공군 약 9,000명의 정규 병력을 보유하고 있다. 모병제를 채택하고 있다. 인접국인 호주와 전통적인 혈맹관계이다.

(18) 오클랜드의 외식시장 조사

오클랜드(oakland)는 인구 약 130만 명의 뉴질랜드의 최대의 도시로, 북섬 북단에 자리 잡고 있다. 오클랜드의 마오리 이름은 Tāmaki-makau-rau인데, 많은 사람의 사랑을 받는다 는 뜻으로 예로부터 많은 부족이 탐내며 서로 침략했던 지역이기 때문에 이런 이름이 붙여 졌다고 한다. 1840년부터 1865년까지 뉴질랜드의 수도였고, 현재도 상공업의 중심지이다.

국제공항, 유람선 항구를 비롯하여 관광객을 돕기 위한 i-SITE 여행자 안내 센터가 많이 있으며 웰링턴과 철도로 이어져 있다. 유럽인들이 도착하기 전에는 원주민인 마오리 족이 약 20여명 살고 있었다. 1840년 홉슨 총독에 의하여 도시가 설립되었고, 1851년에는 자치 도시로 구성되었고, 1854년에는 첫 의사당이 세워졌으며 1871년에는 도시가 되었다.

오클랜드에는 약 199개의 다양한 레스토랑과 카페들이 있는데 가장 번화한 거리인 퀸 스트리트에 미술관과 상점, 은행, 레스토랑, 카페, 바 등이 밀집해 있다. 퀸 스트리트 바로 뒤쪽으로는 벌컨레인과 하이스트리트가 연결돼 있고 이곳에서는 뉴질랜드 디자이너들 작품을 만날 수 있는 멀티숍과 유명 브랜드숍들을 만날 수 있다. 오클랜드 주변의 파넬로드, 폰손비는 우리나라의 압구정이나 청담동에 해당하는 곳으로 유명 레스토랑과 카페, 초콜릿 가게 등이 들어서 있다. 주말이면 각종 공연을 하거나 재래시장이 들어서기도 한다.

오클랜드는 '요트의 도시'라는 애칭답게 걸어서 5분 거리인 바이아덕트(viaduct)에는 요트와 보트 수백 척이 질서정연하게 정박해 있으며 이곳에서 유명한 힐튼 호텔과 소피텔, 그리고 레스토랑과 카페들이 밀집해 있어 낭만적이면서도 활기찬 항구도시의 분위기를 맛볼 수 있다.

오클랜드 시내에서 페리로 약 10분 정도 이동하면 데본포트에 닿게 되는데 아름다운 자연풍광은 물론 낭만적인 레스토랑과 카페가 들어서 있어 많은 사람들이 즐겨 찾는 대표적인 명소이다. 버스로 하버 브릿지를 지나 약 10분 거리에는 타카푸나가 있는데 주말 장터를 비롯하여 아름다운 해변과 역시 레스토랑, 카페 등이 줄지어 있으며 미션 베이도 유명한 곳으로 아름다운 해안을 마음껏 볼 수 있는 곳이다. 이밖에도 마운트 이든, 오클랜드 도메인, 전쟁기념관, 윈터가든, 로즈가든, 스카이타워, 해양박물관, 원트리힐, 콘월공원, 알버트 공원, 빅토리아 공원, 뉴마켓 등 가볼만한 곳이 많다.

뉴질랜드를 대표하는 주요 와인 생산지로는 혹스베이, 마틴보로, 말보로를 들 수 있다. 클래식 뉴질랜드 와인 트레일을 따라 120여 포도원이 있고, 오클랜드 서부, 기스본, 캔터베리, 센트럴 오타고도 와인 투어지역에 포함된다. 대다수 와이너리에서 방문과 시음을 환영하고 레스토랑이 마련되어 있어서 요리사들이 정통 요리에 현지의 풍미를 가미한 흥미로운 요리법을 개발하여 선보이고 있다. 1인 성인의 와이너리 체험비용은 $239~$1,267로 다양하다.

각 도시의 축제에서는 현지 음악인들의 라이브 연주와 함께 독특한 미각 체험을 할 수 있으며 맥주를 선호하는 애주가라면 몇몇 대형 맥주 양조공장뿐 아니라 뉴질랜드 전국에 있는 50여 소규모 부티크 양조장을 방문, 시음할 수 있다. 특히 넬슨은 맥주의 주원료인 홉의 재배지로 유명하다.

뉴질랜드의 전통 요리는 로토루아의 항이(hangi)로 지열로 익힌 마오리 음식이다. 뉴질랜드를 대표하는 음식으로는 피시 앤 칩스와 바비큐이지만 초록 홍합과 가재, 굴을 비롯한 신선한 생선 등은 물론 각종 치즈와 어린 양고기 요리도 빼놓을 수 없다. 무엇보다도 뉴질랜드인 특유의 형식을 차리지 않는 편안하고 여유로운 분위기와 서비스를 경험할 수 있다.

또한 개인 요리 스튜디오 등을 통해 토종 식물을 이용하는 마오리 요리는 물론 직거래 장터에 들러 신선한 식재료를 구입하는 법도 배울 수 있다.

뉴질랜드의 아름다운 자연 속에는 최고급 숙소를 비롯하여 백팩커를 위한 숙소, 에어비앤비(Airbnb)가 자리 잡고 있으며, 웰링턴의 쿠바 쿼터에서는 보헤미안 카페들을 찾을 수 있다. 특히 여름철에는 와인과 음식 축제가 많은 곳에서 열린다. 카휘아 카이 축제(kawhia kai festival)를 비롯하여, 웨스트 코스트의 와일드푸드 페스티벌(wildfoods festival)에서 이색적인 미각 모험도 해볼 수 있다.

뉴질랜드의 유명 요리사로는 애너벨 랭바인과 피터 고든 등을 둘 수 있다.

[표 3-7] **오클랜드 소재 레스토랑 및 카페**

종류	수	종류	수	종류	수	종류	수	종류	수
American	1	Italian	8	Steak	8	Free WI-FI	5	Waterfront	11
Asian	9	Japanese	8	Steak specialists	1	Gift voucher	28	Wedding venue(s)	12
Buffet	2	Kebab	3	Takeaway	22	Home delivery	2	Weekend brunch	30
Burgers	5	Korean	2	Tapas	5	Hotel dining	7	Wheelchair friendly	29
chinese	10	Lamb	1	Thai	18	Large seating (over 100)	25		
Coffee roasting	2	Malaysian	3	Turkish	5	Live music	14		
Dessert	17	Mediterranean	11	Vegetarian	30	Lunch	48		
European	27	Mexican	8	Yum cha	4	Order takeaway ONLINE now	48		
Fine Dining	1	Modern NZ cuisine	15	Bistro	2	Outdoor dining	13		

French	5	Pizza	15	Book a table LIVE	1	Private function room	23		
Gastro pub	1	Portuquese	1	Breakfast	25	Pub	1		
Gluten free	24	Pub food	3	BYO	18	Restaurant with bar	33		
High tea	1	Roast dinner	1	Cafe	17	Small functions	25		
Indian	48	Seafood	26	Child friendly	38	Specials	25		
Indonesian	1	Spanish/ Tapas	6	Conferences	1	Takeaway(s)	48		

※출처: www.eatout.co.nz

- 그리스, 정장진, 2008, 레바캉스
- 네덜란드 엿보기, 최란아, 2002, 학민사
- 네덜란드, 주경철, 2008, 산처럼
- 더불어 사는 숲 캐나다, 송차선, 2004, 창해
- 동남아의 역사와 문화, 메리 하이듀즈, 2005, 솔과학
- 독일 문화의 이해, 이관우, 1999, 학문사
- 러시아를 보면 세계가 보인다, 신현동 외, 2004, 바보새
- 러시아 문화의 이해, 장진헌, 2001, 학문사
- 러시아, 춥기만합니까, 배광옥, 2000, 도서출판 두남
- 라틴아메리카, 오덕룡 · 김태중 외, 2000, 송산출판사
- 말레이시아에서 사는 법, 김유진, 2007, 리빙하우스
- 메스티소의 나라들, 고혜선, 1998, 단국대학교 출판사
- 몽골의 언어와 문화, 유원수, 2005, 소나무
- 몽골의 역사, 강톨가 외, 2012, 동북아 역사 재단
- 미국 문화의 기초, 이현송, 2006, 한울아카데미
- 미국의 음식문화, 김형곤, 1999, 역민사
- 세계의 식생활과 문화, 장정옥 외, 2012, 보문각
- 세계의 식생활과 문화, 조윤준 외, 2011, 파워북
- 세계 속의 인도네시아, 김수일, 1999, PUFS
- 스위스문화이야기, 이성만, 2004, 도서출판 연락
- 스페인 문화예술의 산책, 마상영, 2000, 청동거울
- 스페인 역사, 김수희, 1993, 빛샘
- 스페인 문화의 이해, 안영옥, 2000, 고려대학교 출판부
- 식생활과 문화, 김혜영 · 조영, 2013, 한국방송통신대학교출판부
- 세계의 음식이야기, 원융희, 2003, 백산출판사
- 세계지리 기근도, 이종호, 2010, 시그마프레스
- 아쌈차, 김영자, 2009, 이비락
- 인도네시아, 임진숙, 2009, 즐거운상상
- 인도네시아 들여다보기, 윤문한, 2009, 21세기북스
- 인도사, 정병조, 1992, 대한교과서
- 영국사, 김현수, 1999, 대한교과서
- 영국사, 앙드레 모루아, 2013, 김영사
- 유시민과 함께 읽는 스위스 문화이야기, 유시민, 2006, 푸른나무
- 유시민과 함께 읽는 러시아 문화이야기, 유시민, 2000, 푸른나무
- 유시민과 함께 읽는 헝가리 문화이야기, 유시민, 2000, 푸른나무
- 유시민과 함께 읽는 신대륙문화 이야기, 유시민, 1999, 푸른나무
- 이탈리아, 이탈리아인, 윤종태, 허유희, 1997, PUFS
- 이탈리아사, 크리스토퍼 듀건, 2001, 개마고원
- 이탈리아사, 허인, 2005년, 대한교과서주식회사
- 중남미 국가들의 역사, 노우종, 2004, 교우사

- 주머니속의 미국사, 유종선, 2004, 가람기획
- 캐나다 리빙가이드, 송창환, 1997, 청우, CLG
- 처음 읽는 터키사, 전국역사교사모임, 2010, 휴머니스트
- 프랑스 문화와 사회, 프랑스 문화 연구원, 1998, 도서출판 어문학사
- 필리핀 바로알기, 문종구, 2012, 좋은땅
- 현대 러시아의 이해, 현대 러시아 연구회, 2001, 퇴설당
- 호주, 뉴질랜드, 양승윤, 2006, 한국외국어대학교출판부
- 호주의 사회와 문화, 김형식, 1997, 지구문화사
- curious 베트남, 클레어 엘리스, 2005, 휘슬러
- curious 인도네시아, 캐시 드레인 외, 2005
- curious 말레이시아, 하이디 무난, 2005, 휘슬러
- curious 필리핀, 알프레도 로체스 외, 2005, 휘슬러
- curious 인도, 기탄잘리 수잔 콜라나드, 2005, 휘슬러
- curious 터키, 아른 바이락타로울루, 2005, 휘슬러
- curious 영국, 테리 탄, 2005, 휘슬러
- curious 네덜란드, 헌트재닌&리아반에일, 2005, 휘슬러
- curious 스위스, 셜리우, 2005, 휘슬러
- curious 프랑스, 샐리 애덤슨 테일러, 2005, 휘슬러
- curious 독일, 리처드 로드, 2005, 휘슬러
- curious 이탈리아, 알레산드로 팔라시 외, 2005 휘슬러
- curious 스페인, 마리루이즈 그라프, 2005, 휘슬러
- curious 그리스, 클라이브 L 로린스, 2005, 휘슬러
- curious 헝가리, 주전너 어르도, 2005, 휘슬러
- curious 브라질, 폴커 펠츨, 2005, 휘슬러
- curious 미국, 에스더 와닝, 2005, 휘슬러
- curious 캐나다, 로버트 발라스 외, 2005, 휘슬러
- curious 호주, 일자 샤프, 2005, 휘슬러
- 장정옥, 신미경, 윤계순, 류화정, 김유경 공저, 식생활과 문화, 보문각, 2006
- 세계의 식생활과 문화, 조윤준 외, 파워북, 2011
- 인도네시아, 윤문한, 2009, 21세기북스
- 세계의 식생활과 문화, 조윤준 외, 2011, 파워북
- 스위스 문화 이야기, 이성만, 2004, 도서출판 연락9
- 미국의 음식문화, 김형곤, 1999, 역민사
- 미국 문화의 기초, 이현송, 2006, 한울아카데미
- 미국의 음식문화, 김형곤, 1999, 역민사

찾아보기

ㄱ

가마쿠라 시대 ·················· 36
가스파쵸 ························· 181
간디 ······························· 94
게르 ······························· 55
고랭안 ··························· 79
고이쿠온 ······················· 71
과라나 ··························· 212
광동 요리 ······················ 53
괴즐레메 ······················· 105
구어(鍋) ························ 51
굴라쉬 수프 ·················· 202
그뤼에르 치즈 ··············· 160
기로스 ··························· 189
까망베르 치즈 ··············· 137
깔루아 ··························· 222
깜빠뉴 ··························· 138
꽁떼 치즈 ······················ 137

ㄴ

나라시대 ······················· 35
나레즈시 ······················· 38
나시 ······························· 78
나시 고랭 ················· 16, 78
나시 레막 ······················ 83
나시 쿠닝 ······················ 78
난 ································· 98
남경 요리 ······················ 53
남플라 ··························· 61
노르망디 ······················· 132
뇌샤텔 퐁듀 ·················· 158
뇨끼 ······························· 170
느억 맘 ··························· 70

ㄷ

다마레스 ······················· 221
달 ································· 100
더치하링 ······················· 124
데사유노(desayuno) ········· 180
데킬라 ··························· 221
돈두르마 ······················· 107
돌마데스 ······················· 190
돌체(dolce) ···················· 168
동파육 ··························· 54

ㄹ

라씨 ······························· 100
라클렛 ··························· 159
란고시 ··························· 201
렙쿠헨 ··························· 159
로도스 섬 ······················ 186
로렌시아 순상지 ············· 236
로스트 비프 ·················· 116
로제 와인 ······················ 137
로제타 ··························· 169
로케포르 치즈 ··············· 137
로쿰 ······························· 107
로테르담 ······················· 120
로티 ······························· 98
뢰스티 ··························· 158
루브르 ··························· 128
르와르 ··························· 132
리베르부르스트 ············· 150
리소토 ··························· 172
리옹 ······························· 135
리쿠아도스 ·················· 221

ㅁ

마레 소스 ······················ 171
마르게리타 ·················· 170
마르미타코(marmitako) ····· 178
마젤란(Ferdinand Magellan)
································· 84
먼(燜) ··························· 51
메렌데로 ······················· 179
메를루사(merluza) ·········· 178
메리엔다(merienda) ········· 219
메스티조 ······················· 206
메이지 유신 ·················· 37
메이플 시럽 ·················· 244
메제 ······························· 104
모르세두 ······················· 169
몰레 소스 ······················ 221
무로마치 시대 ··············· 36
무사카 ··························· 190
뮤슬리 ··························· 160
뮬라토 ··························· 207
미나스 ··························· 213
미트 파이 ······················ 252

ㅂ

바라뱅 ··························· 140
바스크 지방 ·················· 128
바슬락 ··························· 56
반짱 ······························· 71
발리족 ··························· 74
베이글 ··························· 234
베이징 요리 ·················· 52
베지마이트 ·················· 253
보드카 ····················· 196, 197
보렉 ······························· 105
보르도 ··························· 134
보르시치 ······················· 196

보르시치 ·············· 198
보르츠 ·············· 57
보크부르스트 ·············· 150
볼로냐 소스 ·············· 171
봉골레 파스타 ·············· 171
부르고뉴 ·············· 134
부시 터커 ·············· 252
부야베스 ·············· 138
북경 요리 ·············· 52
브라만 계급 ·············· 93
브라세리 ·············· 140
브라트부르스트 ·············· 149
브런치 ·············· 234
브르타뉴 ·············· 132
브리 치즈 ·············· 137
브리토 ·············· 222
블루베리 그런트 ·············· 245
블루트부르스트 ·············· 150
비쥬 ·············· 127
비타미나스 ·············· 212
비테르발렌 ·············· 124
빠오(爆) ·············· 50

상해 요리 ·············· 53
새네 펍 ·············· 147
샤슬릭 ·············· 198
샤토브리앙 ·············· 139
세르탕 ·············· 207
세비체 ·············· 221
셰케르 바이람 ·············· 108
쇼유사오(手勺) ·············· 52
수블라키 ·············· 189
슈니첼 ·············· 150
슈라스코 ·············· 211
슈바이네 학센 ·············· 151
스메타나 ·············· 198
스코빌 지수 ·············· 219
스코틀랜드 ·············· 111
스텝 지대 ·············· 194
시드르 ·············· 182
시미트 ·············· 105
시식 ·············· 30
시칠리아 ·············· 166
싸오(燒) ·············· 50

야요이 시대 ·············· 34
약식동원 사상 ·············· 29
에그노그 ·············· 124
에도 시대 ·············· 37
에멘탈 치즈 ·············· 160
에뮤 스테이크 ·············· 253
에스카르고 ·············· 138
에크멕 ·············· 105
엔칠라다 ·············· 222
오르되브르 ·············· 141
오르세 미술관 ·············· 129
오스만 투르크 ·············· 102
오조니 ·············· 42
올멕(olmec) 문명 ·············· 215
요크셔 푸딩 ·············· 116
우갈리 ·············· 16
우랄 산맥 ·············· 193
우조 ·············· 191
울란바토르 ·············· 54
웨일스 ·············· 111
유칼립투스 ·············· 252
음양오행 ·············· 48
인디오(indio) ·············· 217
잉글랜드 ·············· 111

사모사 ·············· 99
사우어 크라우트 ·············· 151
사천 요리 ·············· 53
사테 ·············· 79
산가요록 ·············· 26
산토리니 섬 ·············· 185
산토스 ·············· 213
살라미 ·············· 168
살롱 드 떼 ·············· 140
살치차 ·············· 181
살팀보카 ·············· 170
상그리아 ·············· 182
상파뉴 ·············· 133

아란치니 ·············· 171
아리안족 ·············· 92
아사이볼 ·············· 212
아삼 지역 ·············· 91
아스카 시대 ·············· 35
아이스 와인 ·············· 246
아이스바인 ·············· 151
아즈치·모모야마 시대 ·············· 36
아즈텍 문명 ·············· 215
아차르 ·············· 78
아펜젤 치즈 ·············· 160
암스테르담 ·············· 120
애저요리 ·············· 181
앵글로색슨족 ·············· 112

자바족 ·············· 74
잠보(zambo) ·············· 216
절식 ·············· 30
제민요술 ·············· 26
중앙 시베리아 고원 ·············· 193
지엔(煎) ·············· 50
짜(炸) ·············· 50
짜요 ·············· 72

269

ㅊ

차오(炒) 50
차이 100
차조 71
차지키 190
차파티 15
청교도 114
초르바 105
초리조 181
츠뉘니 157

ㅋ

카놀리 169
카니발 207
카르보나라 소스 171
카리오카스 207
카보클로 207
카오팟 62
카차카 213
칼초네 170
캐비어 197
캥 63
캥키오완 63
커리 락사 83
커리부르스트 150
켈트족 112
콘야 108
쿠르반 바이람 108
쿠스쿠스 15, 139, 211
퀘사디아 222
크나이펜 147
크레올(creole) 216
크레타 섬 184
크레페 139
크루아상 138
클램 차우더 245

ㅌ

키드니 파이 252
키클라데스 군도 185

타베르나(taverna) 189
타이가(삼림대) 지대 193
타파스 179
탄두르 치킨 99
토르마 수프 201
토르티야 220
토스카나 165
토카이 와인 203
톰얌 63
투르티에르 243
툰드라 지대 194
트뤼프 138

ㅍ

파로스 섬 185
파스티치오 190
파에야 182
파울리스타노스 207
팔라친타 202
팔랑카 203
팟시유 62
팟타이 62
패스트푸드 234
페이조아다 211
페타 치즈 190
페퍼론치노 소스 171
포(pho) 16, 69, 71
포카치아 169
포틀럭파티 233
퐁듀 160
퐁피두 국립 현대 미술관 129

푸리 98
푸아그라 138
프로방스 134
프로슈토 169
프리모 피아토(primo piatto) 167
플라우 97
피시 앤 칩스 116
피타 189
피테 202
필라프 16

ㅎ

하몽 181
헤기스 116
헤네시 182
헤이그 120
헤이안 시대 35
훈족 199

저자소개

백승희

- 독일 Saarbrücken Hotel Fachschule 졸업
- 중앙대학교 일반대학원 식품영양학과 조리전공 이학박사
- 현 천안 연암대학 외식산업계열 교수

윤선영

- 명지대학교 식품영양학과 졸업
- 프랑스 르꼬르동 블루 졸업
- 현 천안 연암대학 외식산업계열 외래 강사

식생활과 문화

발 행 일	2015년 8월 17일 초판 인쇄 2015년 8월 20일 초판 발행
지 은 이	백승희 · 윤선영
발 행 인	김흥용
펴 낸 곳	도서출판 **효일**
디 자 인	에스디엠
주 소	서울시 동대문구 용두동 102-201
전 화	02) 460-9339
팩 스	02) 460-9340
홈 페 이 지	www.hyoilbooks.com
E m a i l	hyoilbooks@hyoilbooks.com
등 록	1987년 11월 18일 제6-0045호
I S B N	978-89-8489-393-1

값 23,000원